VDE-Schriftenreihe **135**

# Zu den Autoren

Dipl.-Ing. Dipl.-Wirtsch.-Ing. **Ralf Ensmann** (Herausgeber und Autor), 1968 in Köln geboren, absolvierte nach der Ausbildung zum Energieanlagenelektroniker das Ingenieurstudium der Elektrotechnik mit der Fachrichtung Elektrische Energietechnik und war danach im Bereich elektrischer Versorgungsnetze – insbesondere im Bereich der Oberschwingungsanalysen und der Netzqualitätsbestimmung – tätig. Es folgte ein Studium der Wirtschaftswissenschaften mit den Schwerpunkten Energiewirtschaft, Rechnungswesen und Controlling und dem Abschluss Diplom-Wirtschaftsingenieur. Ralf Ensmann ist Mitglied im VDE sowie im VDI und wird zudem beim Bundesverband Deutscher Sachverständiger des Handwerks e. V. (BDSH) als geprüfter Sachverständiger für die Organisation des elektrotechnischen Betreibsbereichs geführt. Langjährige, bundesweite Trainer- und Beratererfahrung sowohl im Bereich der technischen als auch im Bereich der kaufmännischen Mitarbeiterqualifikation für das Haus der Technik oder die Technische Akademie Wuppertal; Lehraufträge an verschiedenen Fachhochschulen. Schwerpunkte seiner selbstständigen Tätigkeit sind neben den „grundlegenden elektrotechnischen Vorschriftenwerken" die Themengebiete „Qualifikation von Elektrofachkräften", die „Ausbildung von Elektrofachkräften für festgelegte Tätigkeiten" sowie die Qualifizierung und Betreuung von verantwortlichen Elektrofachkräften. Ein weiterer wesentlicher Schwerpunkt liegt in der Beratung von Unternehmen jeder Größe beim Aufbau einer rechtssicheren Organisationsstruktur im elektrotechnischen Bereich. Beispielhaft genannt seien hier die Deutsche Post AG, die Deutsche Bahn AG, BP Europe SE oder die ZF Friedrichshafen AG. Er ist zudem Autor diverser Bücher, Loseblattwerke, DVD und Veröffentlichungen in Fachzeitschriften.

**Stefan Euler** (Autor), Jahrgang 1965, Berufsausbildung zum Energieanlagenelektroniker bei der Michelin Reifenwerke AG & Co. KGaA. Danach ein berufsbegleitendes Studium mit dem Abschluss zum staatlich geprüften Elektrotechniker. Von 1995 bis 2006 verantwortliche Elektrofachkraft der Linde AG, Mainz-Kostheim. Leiter der Maschinen- und Energietechnik von 2006 bis Juli 2007 bei der Königsbacher Brauerei GmbH & Co. KG in Koblenz. Seit August 2007 bei der Mebedo GmbH in Koblenz. Als Geschäftsführer für den Bereich Beratung sowie Schulung und BDSH-geprüfter Sachverständiger für das Prüfen von elektrischen Arbeitsmitteln werden bundesweit die Kunden der Mebedo GmbH beraten. Im Jahr 2000 gründete er nebenberuflich das Ingenieurbüro SE-Elektrotechnik und ist seit dieser Zeit als Fachdozent im Bereich der Elektrotechnik tätig. Schwerpunkt seiner Dozententätigkeit für den TÜV, Haus der Technik, Technische Akademie Esslingen oder die unterschiedlichsten Messgerätehersteller sind die Erst- und Wiederholungsqualifikationen von Fachkräften in Handwerk und Industrie. Ein weiterer heutiger Schwerpunkt liegt in der Beratung von Unternehmen beim Aufbau einer rechtssicheren Organisationsstruktur im elektrotechnischen Bereich sowie in der Unterstützung bei den unterschiedlichsten Mess- und Prüfanforderungen. Er ist Autor diverser Bücher, Software, Loseblattwerke und Veröffentlichungen.

RA **Claus Eber** (Autor), Jahrgang 1966, Studium der Rechtswissenschaften an der Universität Konstanz und der Universität Pisa/Italien (1987–1992), anschließend Rechtsreferendariat in Ravensburg (1992–1995); anschließend selbstständiger Rechtsanwalt seit August 1995, seit Januar 1998 Partner der Sozietät Bott & Eber in Grünkraut. Seit 1997 Fachanwalt für Steuerrecht, Tätigkeitsschwerpunkt: Steuerstrafrecht. Seit 2002 Geschäftsführer der RABE Unternehmensberatung GmbH, dort Beratungsleistungen für mittelständische Unternehmen, u. a. auf dem Gebiet der Arbeits- und Betriebssicherheit. Ebenfalls seit 2002 als Rechtsanwalt mit neuem Tätigkeitsschwerpunkt „Arbeitssicherheit – Arbeitsschutz – Betriebssicherheit". Seither verstärkte Mandatsannahme in diesem Bereich sowohl im Zivil- als auch im Strafrecht. Zudem seit 2002 Referent für verschiedene Veranstalter zum Thema „Betriebssicherheit – Arbeitssicherheit – Arbeitsschutz". Er ist in diesem Bereich beispielsweise als Referent tätig für den TÜV, für Berufsgenossenschaften, für technische Akademien, für diverse Industrie- und Handelskammern sowie Handwerkskammern.

VDE-Schriftenreihe Normen verständlich **135**

# Die verantwortliche Elektrofachkraft

Grundzüge und praktische Aspekte beim Aufbau einer rechtssicheren Organisationsstruktur im Bereich der Elektrotechnik nach DIN VDE 1000-10 – richtig organisieren, delegieren und kontrollieren

Dipl.-Ing. Dipl.-Wirtsch.-Ing. Ralf Ensmann
Stefan Euler
RA Claus Eber

**VDE VERLAG GMBH** • Berlin • Offenbach

Die zusätzlichen Erläuterungen geben die Auffassung der Autoren wieder. Maßgebend für das Anwenden der Normen sind deren Fassungen mit dem neuesten Ausgabedatum, die bei der VDE VERLAG GMBH, Bismarckstr. 33, 10625 Berlin und der Beuth Verlag GmbH, Burggrafenstr. 6, 10787 Berlin erhältlich sind.



**Bibliografische Information der Deutschen Nationalbibliothek**
Die Deutsche Nationalbibliothek verzeichnet diese Publikation in der Deutschen Nationalbibliografie; detaillierte bibliografische Daten sind im Internet über http://dnb.d-nb.de abrufbar.

ISBN 978-3-8007-3149-7
ISSN 0506-6719



Druck: H. Heenemann GmbH & Co. KG, Berlin
Printed in Germany

2011-02

# Vorwort

Die Verfasser beobachten in ihrem Berufsalltag als Unternehmensberater, Seminarleiter, Sachverständiger oder Rechtsanwalt immer wieder erschreckende Lücken in der elektrotechnischen Betriebsorganisation von Unternehmen jeder Größe. Diese Defizite sind neben anderen Ursachen auch einer großen Unwissenheit und einer großen Unsicherheit geschuldet. Das vorliegende Buch will einen Beitrag dazu leisten, diese abzubauen. Die Verantwortlichen für den Elektrobereich des Unternehmens, das sind die verantwortliche Elektrofachkraft und immer auch der Unternehmer selbst, erhalten ein Kompendium, das die wichtigsten Fragestellungen zum Thema der möglichst rechtssicheren Organisation im Elektrobereich behandelt und auch praxisnah beantwortet.

Die Verfasser möchten den verantwortlichen Elektrofachkräften in den Unternehmen bei ihrer nie endenden „Sisyphus-Aufgabe“ hilfreich zur Seite stehen. Die Verfasser danken an dieser Stelle allen Kollegen, die mit Anregungen, Wünschen und Kritik oder durch ihre Hilfe zum Gelingen des Buchs beigetragen haben. Hier seien Dipl.-Ing. *René Rethfeldt* und *Michael Schäfer*, Fachdozenten bei der Mebedo GmbH sowie *Stefan Hechler*, verantwortliche Elektrofachkraft bei der Fraport AG genannt. Besonderer Dank gilt auch unserem Mentor Dipl.-Ing. *Hans Heinrich Egyptien*, selbst Verfasser zahlreicher Veröffentlichungen zu diesem Thema, für seine vielfältigen persönlichen und fachlichen Anregungen. Für die verlagsseitige Bearbeitung danken wir Dipl.-Ing. *Michael Kreienberg*.

Die Autoren sind über den Herausgeber oder den VDE VERLAG zu erreichen und für Anfragen, Anregungen und Kritik offen.

Köln, im Januar 2011

*Ralf Ensmann* · *Stefan Euler* · *Claus Eber*
ralf@ensmann.com

# Geleitwort von Dipl.-Ing. *Hans Heinrich Egyptien*

Die elektrische Energie kann bei unsachgemäßer Nutzung, wie übrigens auch andere Energieformen, zu erheblichen Gefährdungen von Personen und Sachen führen. Diese Tatsache war in breiten Bevölkerungskreisen und insbesondere in der Fachwelt schon immer bekannt. So verwundert es nicht, dass bereits in einer der ersten Ausgaben der „Sicherheitsvorschriften für den Betrieb elektrischer Starkstromanlagen“, herausgegeben vom Verband Deutscher Elektrotechniker im Jahr 1897, der Einsatz von „instruiertem Personal“ bei Arbeiten in und an elektrischen Anlagen gefordert wurde. Später wurden die Begriffe „Elektrofachmann“ und „elektrotechnisch unterwiesene Person“ in den Normen eingeführt. Seit dem Jahr 1979 fordert die berufsgenossenschaftliche Vorschrift „Elektrische Anlagen und Betriebsmittel“ (BGV A3) die „Elektrofachkraft“ für die Errichtung, Änderung und Instandhaltung elektrischer Anlagen und Betriebsmittel und schließlich wird im Arbeitsschutzgesetz seit dem Jahr 1996 und der Betriebssicherheitsverordnung seit dem Jahr 2002 die „befähigte Person“ für Arbeiten aller Art vorgeschrieben.

In diesen Regelungen wird jeweils der Unternehmer, Arbeitgeber, Dienstherr und letztlich jede Führungskraft zur Auswahl des Personals und die Durchführung der notwendigen Maßnahmen als Verantwortlicher genannt. Dies mag bei vielen Arbeiten im Handwerk, der Industrie und auch der Verwaltung eine Aufgabe sein, die der zuständigen Führungskraft oder auch dem Unternehmer zugemutet werden kann, da sie die jeweiligen Tätigkeiten und die damit verbundenen Gefahren sowie die Maßnahmen zu deren Abwehr häufig aus eigener Praxis kennen.

Anders ist die Situation bei der umfassend verwendeten und in immer komplexeren Formen genutzten elektrischen Energie zu sehen. Als Beispiel sei erwähnt, dass in breiten Kreisen der Öffentlichkeit und in vielen Betrieben nicht einmal die Begriffe für elektrische Arbeit (kWh) und elektrische Leistung (kW) präzise definiert oder auseinandergehalten werden können. Wie soll da die praktizierende Elektrofachkraft vor Ort ihrem Vorgesetzten elektrotechnische Zusammenhänge und Notwendigkeiten, z. B. die immer mehr zunehmende Neutralleiterbelastung durch nichtlineare Verbraucher und die daraus abzuleitenden Konsequenzen, erläutern können.

Diese Situation führte zu der Notwendigkeit, für die Betriebe allgemein eine Elektrofachkraft zu fordern, die in der Lage ist, die teilweise abstrakten Zusammenhänge bei der Nutzung der elektrischen Energie zu verstehen und zu beurteilen. Ein DKE-Komitee erarbeitete daher in den 1980er-Jahren die Norm DIN VDE 1000–10, in der für alle Betriebe ein Mitarbeiter gefordert wird, der durch seine Aus- und Fortbildung befähigt ist, grundlegende (Sicherheits-)Fragen auf dem Gebiet der Elektrotechnik zu beurteilen.

Danach soll die verantwortliche Elektrofachkraft seit Mai 1995, dem Zeitpunkt zu dem die Norm in Kraft trat, bei allen elektrotechnischen Fachfragen Ansprechpartner für den Unternehmer und Führungskräfte einerseits und die vor Ort tätigen Elektrofachkräfte auf der anderen Seite sein. Eine Norm enthält kompaktes Wissen und umfassende Regelungen, die im Einzelfall nicht selten der Kommentierung und Erläuterung bedürfen. Dies gilt auch für die Norm DIN VDE 1000–10.

Daher ist es sehr zu begrüßen, dass sich die Verfasser der Mühe unterzogen haben, in dem vorliegenden Werk „Die verantwortliche Elektrofachkraft“ Zweck, Aufgaben und Ziele sowie die Stellung in der betrieblichen Hierarchie aus rechtlicher und praktischer Sicht zu erläutern, Randbedingungen für den Einsatz in kleineren und mittleren Betrieben aufzuzeigen und die Anforderungen an Mitarbeiter zu definieren, die die Aufgabe der verantwortlichen Elektrofachkraft übernehmen sollen.

Eine solche Darstellung hat bisher gefehlt. Sie bietet dem Praktiker eine wichtige Hilfe sowohl hinsichtlich des beschriebenen umfangreichen Hintergrundwissens als auch in Bezug auf konkrete Arbeitshilfen für die tägliche Praxis. Seit der ersten Herausgabe der Norm hat es keine derart zusammenfassende Beschreibung von Aufgabe und Stellung der verantwortlichen Elektrofachkraft gegeben. Man kann daher nachdrücklich feststellen, dass eine solche Information lange überfällig war.

Das vorliegende Werk zeigt jedem Praktiker, sei er Unternehmer, Führungskraft oder verantwortliche Elektrofachkraft, seine Verantwortung auf und hilft ihm, seine Aufgaben und Pflichten klar einschätzen und somit auch besser umsetzen zu können. Der in diesem Zusammenhang häufig verwendete Aphorismus „Vor Gericht und auf hoher See ist man in Gottes Hand“ verliert einen Teil seines Schreckens, wenn die Ausführungen dieses Buchs gelesen, verstanden und unter Berücksichtigung der jeweiligen betrieblichen Verhältnisse in die Praxis umgesetzt werden. Wichtig ist, dass die Verantwortlichen im Elektrobereich sorgfältig und umsichtig handeln. Dabei haben Sorgfalt und Umsicht in vielen Fällen sowohl mit gesundem Menschenverstand und praktischer Erfahrung als auch mit konkreten Gesetzen und Vorgaben zu tun. Trotz allem soll an dieser Stelle auch nicht verheimlicht werden, dass die Funktion der verantwortlichen Elektrofachkraft mitunter auch eine „ehrenvolle Zumutung“ sein kann.

Ich wünsche den Lesern dieses Buchs, also den Unternehmern und Führungskräften ebenso wie den verantwortlichen Elektrofachkräften (oder denen, die es werden wollen oder sollen ...), dass es eine möglichst große und praxistaugliche Unterstützung sein möge, um die Sicherheit bei Anwendung der elektrischen Energie weiter zu verbessern. Gleichzeitig wünsche ich den Autoren bei dem mit diesem Buch beschrittenen Weg weiterhin viel Erfolg und gutes Gelingen.

Dipl.-Ing. *Hans Heinrich Egyptien*

## Geleitwort von Dipl.-Ing. *Herbert Schmolke*

Ein Buch, das zutreffend beschreibt, wie die Verantwortung im Elektrobereich „von oben nach unten“ geregelt sein muss, war längst überfällig. Die Umsetzung von entsprechenden Anforderungen der verschiedenen Regelwerke hat in der Praxis zum Teil Fragen aufgeworfen, die leider nicht immer einheitlich beantwortet wurden. In diesem Zusammenhang ist die Herausgabe der vorliegenden VDE-Schriftenreihe 135 erfreulich, denn sie beschreibt verständlich und nachvollziehbar eine rechtssichere Organisationsstruktur im Bereich der Elektrotechnik. Auch aus Sicht der Versicherungswirtschaft ist ein rechtssicherer Aufbau der elektrotechnischen Betriebsbereiche dringend notwendig und nicht zuletzt der hohen Elektrifizierung in den Unternehmen geschuldet.

Durch meine Tätigkeit bei der VdS Schadenverhütung GmbH für unsere Muttergesellschaft, den Gesamtverband der Deutschen Versicherungswirtschaft (GDV) und für dessen Versicherungsnehmer und meine Mitarbeit in vielen einschlägigen regelsetzenden Gremien, beispielsweise im DKE-Komitee K 224 (Erarbeitung der DIN VDE 0105-100) oder beim VDI (Erarbeitung der Richtlinie VDI 4068 „Befähigte Personen“) bin ich über die Herausforderungen, die die Leitung des elektrotechnischen Betriebsteils mit sich bringen, gut im Bild und sehe den Nutzen des Buchs, das hier alle wesentlichen Aspekte in strukturierter und praxisorientierter Form aufzeigt.

Da die Anerkennung von Fachkräften im Elektrobereich, wie Elektrosachverständige, Elektrothermografen und Blitzschutzfachkräfte, zu meinen Hauptaufgaben gehört und ich den von uns anerkannten Fachleuten stets beratend zur Seite stehe, sind mir die Fragestellungen zu diesem Themenkomplex nicht nur theoretisch, sondern auch aus der täglichen Praxis geläufig. Auch in diesem Bereich leistet die VDE-Schriftenreihe 135 wertvolle Hilfestellungen für den betrieblichen Praktiker.

Ich wünsche den Verfassern, dass sich das Werk bei den verantwortlichen Elektrofachkräften in der Praxis etabliert. Gleichzeitig verbinde ich meine guten Wünsche abschließend mit einem Appell an die Leser, also an die Anwender, die im Buch diskutierten Aspekte auch nachhaltig in der betrieblichen Praxis umzusetzen und so maßgeblich zur elektrotechnischen Sicherheit beizutragen.

Dipl.-Ing. *Herbert Schmolke*

# Geleitwort Deutsche Post DHL
# *Thorsten Bechhaus* und Dipl.-Wirtsch.-Ing. *Markus Klar*

*„Es ist der gewöhnliche Fehler der Menschen, bei gutem Wetter nicht an Sturm zu denken."*

*Niccolò Machiavelli*

„Rechtssicheres Organisieren" soll angeblich ein probates Mittel gegen den immer häufiger erhobenen Vorwurf des Organisationsverschuldens sein. Doch wie organisiert man rechtssicher? Ist erst einmal etwas passiert, dann fragen die mit der Ermittlung beauftragten Personen und ggf. auch der Richter unbarmherzig nach. Dem Betroffenen helfen dann keine weichen Formulierungen und keine Ausflüchte, dass keine Zeit gewesen sei oder dass die Wirtschaftlichkeit habe erhöht werden müssen. Wenn ein Mensch verletzt wurde oder gar ums Leben gekommen ist, stellt sich die Frage, ob man Gesundheit bzw. ein Menschenleben mit Geld aufwiegen kann. Was jetzt zählt, sind Fakten. Der verantwortliche Vorgesetzte ist nun die Person, auf die sich die Fragen fokussieren und dieser muss – wie schon der eigentliche Wortsinn andeutet – Antworten geben und – wenn diese gewogen und als zu leicht befunden werden – persönlich haften. Dabei ist zu berücksichtigen, dass die Organisations-, Auswahl- und Kontrollverantwortung bei jeder Aufgabendelegierung „wie Teer am Schuh" des Delegierenden kleben bleiben.

Um unsere Rolle kurz darzulegen: Wir sind Konsumenten dieses Buchs – gehören also zur Zielgruppe. Als gesamtverantwortliche Elektrofachkräfte für die Unternehmensbereiche Brief und Paket der Deutschen Post AG sind wir für die Betriebstechniken von 115 Standorten zuständig. Seit mehreren Jahren arbeitet die Deutsche Post AG bereits kontinuierlich an der Etablierung einer rechtssicheren Struktur der elektrotechnischen Betriebsteile. In diesem Zusammenhang haben wir auch die Beratung und die Expertise der Autoren in dieser Thematik schätzen gelernt und dankbar in Anspruch genommen.

Ein solches, wie das hier vorliegende Werk, hätte uns seinerzeit die Einstiegshürden erheblich verringert. Wir finden uns in diesem Buch wieder und können insoweit durchaus bestätigen: Der Aufbau einer rechtssicheren Organisation des Elektrobereichs ist kein Sportwagen, der „von null auf 100 in unter 5 s" gejagt werden kann, sondern vielmehr ein iterativer Prozess, in dem man jeden Tag ein Stückchen besser werden muss.

Elektrosicherheit ist Arbeitsschutz und vorbeugender Brandschutz in einem. Wer dies erkennt, weiß um den Wert eines sauber organisierten Elektrobereichs im Unternehmen. Genau hier setzt das Buch an: Den Autoren ist für ihr Engagement nicht hoch genug zu danken. Die Buchinhalte spiegeln wider, dass die Autoren sowohl über fundiertes theoretisches Wissen als auch über profunde Praxiskenntnisse aus ihrer Tätigkeit als Unternehmensberater verfügen. Sie haben es unternommen, die schwer verständliche und häufig interpretationsbedürftige juristische Materie mit technischen und kaufmännischen Belangen zu verknüpfen und so ein Werk geschaffen, das für kaufmännische und technische Verantwortungsträger gleichermaßen geeignet und vor allem verständlich lesbar ist.

Frei nach *Eugen Kogon* kann man feststellen: *„Der Techniker ist das Kamel, auf dem der Kaufmann zum Erfolg reitet."* So wie der Reiter die Belange seines Kamels erkennen und verstehen muss, um sicher durch die Wüste ans Ziel zu kommen, so muss der Kaufmann auch den Techniker verstehen lernen.

Wir wünschen uns sehr und hoffen, dass dieses Buch den Weg in die Büros und auch in die Köpfe der Leitungsebenen und Organisationsstäbe sowie natürlich zu den heutigen und künftigen verantwortlichen Elektrofachkräften findet. „Triple-E" („*Ensmann–Euler–Eber*") möge sich als Erfolgsmarke und das Buch zum Standardwerk etablieren.

*Thorsten Bechhaus* · Dipl.-Wirtsch.-Ing. *Markus Klar*
Deutsche Post AG

# Inhalt

# 1 Juristische Grundlagen

## 1.1 Rechtliche Rahmenbedingungen

### 1.1.1 Hierarchie der Rechtsnormen

**Europäisches Recht**

An oberster Stelle der Gesetzeshierarchie steht das europäische Recht. Soweit der europäische Gesetzgeber aufgrund der ihm durch den EG-Vertrag zugesprochenen Gesetzgebungskompetenz EG-Verordnungen erlässt, sind diese mit der Veröffentlichung sofort im gesamten Gemeinschaftsgebiet gültig und setzen entgegenstehendes nationales Recht außer Kraft.

EG-Richtlinien hingegen werden erst durch die Umsetzung des nationalen Gesetzgebers rechtsverbindlich. Der europäische Gesetzgeber verpflichtet dabei die Mitgliedsstaaten, eine EG-Richtlinie innerhalb einer gewissen Frist in nationales Recht umzusetzen.

**Bundesrecht**

Art. 31 des Grundgesetzes mit dem Titel „Bundesrecht bricht Landesrecht" stellt eine nationale Hierarchie dar, die trotz Föderalismus dem Bundesrecht Vorrang vor dem Landesrecht einräumt. Selbstverständlich gilt dies nur dort, wo das Grundgesetz dem Bund überhaupt eine Gesetzgebungskompetenz, d. h., eine Zuständigkeit einräumt.

Im Bereich des Bundesrechts ist zunächst das Grundgesetz einschlägig, nachrangig dann die formellen Gesetze (Gesetze, die im verfassungsrechtlich vorgesehenen Verfahren zustande gekommen sind) und wiederum nachrangig die Rechtsverordnungen, die aufgrund gesetzlicher Ermächtigungen von den ermächtigten Stellen (zumeist Bundesregierung oder Bundesministerien) erlassen werden.

**Landesrecht**

Dort, wo der Bund keine Gesetzgebungskompetenz zugewiesen bekommen hat, kann der Landesgesetzgeber für den Bereich seines Bundeslands gesetzliche Regeln aufstellen. Das Nebeneinander von Landes- und Bundesrecht ist Ausdruck des Föderalismusprinzips. Als praktisches Beispiel seien hier die teilweise unterschiedlichen Bauordnungen der einzelnen Bundesländer genannt.

Auch im Bereich des Landesrechts besteht – analog zu den Ausführungen des Bundesrechts – die interne Hierarchie wie folgt: Landesverfassung, formelle Landesgesetze und Rechtsverordnungen der ermächtigten Stellen (zumeist Landesregierung oder Landesministerien).

## Satzungsrecht

Auf der untersten Ebene findet sich das sog. Satzungsrecht. Hierunter versteht man das Recht, das die einzelnen Selbstverwaltungskörperschaften zumeist per Satzung erlassen. Selbstverwaltungskörperschaften sind z. B. Städte und Gemeinden, aber auch die Berufsgenossenschaften, denen die Selbstverwaltung im Bereich der gesetzlichen Unfallversicherung übertragen worden ist (Erlass von berufsgenossenschaftlichen Vorschriften).

## Nicht gesetzliche Regeln

Entgegen weitverbreitetem Irrglauben stellen interne Verwaltungsanweisungen, „allgemein anerkannte Regeln der Technik, der Arbeitssicherheit, der Arbeitsmedizin, und andere" sowie „gesicherte wissenschaftliche Erkenntnisse" keine verbindlich gültigen Rechtsnormen dar. Hierzu zählen auch DIN-Normen, VDE-Bestimmungen, berufsgenossenschaftliche Regeln, BMA-Richtlinien und BMA-Merkblätter sowie VDI-Richtlinien. Es liegt weder ein Gesetzes- noch ein Verordnungs- oder Satzungsrang vor. Sie werden allgemein als „nicht gesetzliche Regeln" bezeichnet.[1] Bedeutung gewinnen diese „nicht gesetzlichen Regeln" insbesondere dann, wenn

- Gesetze oder Verordnungen auf sie (beispielsweise auf den Stand der Technik) verweisen; dann werden die nicht gesetzlichen Regeln zur Ausfüllung bzw. zur Konkretisierung der Norm herangezogen;
- berufsgenossenschaftliche Vorschriften konkret auf Regelwerke privater Normengeber referenzieren („elektrotechnisch Regeln");
- interne Verwaltungsanweisungen die zuständigen Behörden verpflichten, Lücken im Gesetz oder gewährte Ermessensspielräume auf eine bestimmte Art und Weise zu behandeln. Dadurch erlangen interne Verwaltungsanweisungen durch entsprechendes Verwaltungshandeln mittelbare Auswirkungen;
- im Rahmen von Gerichtsprozessen das Verhalten des Beklagten im Zivilprozess und des Angeklagten im Strafprozess bewertet werden muss; handelt es sich um komplexe Zusammenhänge, die das Gericht nicht selbst bewerten kann, muss zur Aufklärung ein Sachverständiger herangezogen werden. Dieser wird sich im Rahmen seines Gutachtens auch auf anerkannte Regeln, auf den Stand der Technik, auf DIN-Normen und VDE-Bestimmungen stützen.

Auf den „Stand der Technik" verweisen u. a. das Bundesimmissionsschutzgesetz, die Gefahrstoffverordnung und das Patentgesetz. Auch wenn die Definitionen in den Kommentierungen dieser Einzelgesetze voneinander abweichen, kann der Stand der Technik allgemein wie folgt definiert werden:

*„Stand der Technik ist der Entwicklungsstand fortschrittlicher Verfahren und Einrichtungen, der die praktische Eignung der Maßnahme im Hinblick auf die angestrebten*

---

[1] Siehe zu diesem Thema auch die Ausführungen in Kapitel 2.1.3 „Regelwerke privater Normengeber"

*Ziele insgesamt als gesichert erscheinen lässt. Dieser ist aber noch nicht hinreichend bzw. über einen längeren Zeitraum erprobt.“*

Auf die „anerkannten Regeln der Technik“ verweisen u. a. die Allgemeinen Vertragsbedingungen für die Ausführung von Bauleistungen (VOB/B), das Bundesberggesetz und das Strafgesetzbuch in § 319 (Baugefährdung). Die allgemein übliche Definition lautet:

*„Als anerkannte Regeln der Technik gelten technische Festlegungen, die von einer Mehrheit repräsentativer Fachleute als Wiedergabe des Stands der Technik angesehen werden.“*

Die anerkannten Regeln der Technik können nicht mit Normen, beispielsweise DIN-Normen, gleichgesetzt werden; sie gehen vielmehr über diese hinaus. Sie sind regelmäßig länger erprobt und stehen auf technisch sicheren Beinen.

Der Stand der Technik ist somit als höhere Stufe der technischen Entwicklung anzusehen, der sich jedoch noch nicht längerfristig bewährt haben muss. Diese Attribute werden hingegen der anerkannten Regel der Technik zugeschrieben, sodass eine Abgrenzung an diesen Kriterien erfolgen kann.

**Bild 1** Regelwerke-Pyramide

### 1.1.2 EU-Rahmenrichtlinie Arbeitsschutz

Seit einer Änderung des EG-Vertrags im Jahr 1986 hat die Europäische Union auch Gesetzgebungskompetenz im Bereich des Arbeitsschutzes. Normativ ist dies in Art. 138 des EG-Vertrags verankert.

Die Grundlage des europäischen Arbeitsschutzrechts stellt die Richtlinie 89/391/EWG vom 12. Juni 1989 dar, die auch als „Rahmenrichtlinie Arbeitsschutz“ bezeichnet wird und von der „Durchführung von Maßnahmen zur Verbesserung der Sicherheit und des Gesundheitsschutzes der Arbeitnehmer bei der Arbeit" handelt. Ziel des europäischen Gesetzgebers war es hierbei, die in den einzelnen Mitgliedsstaaten sehr unterschiedlich ausgeprägten Arbeitsschutzstandards auf einen einheitlichen, europaweit gültigen Stand zu bringen.

Neben der Vereinheitlichung und Verbesserung des Arbeitsschutzes war auch die Vermeidung von Standortvor- bzw. Standortnachteilen ein erklärtes gesetzgeberisches Ziel. Nirgends innerhalb der EU sollte sich ein Unternehmer einen wirtschaftlichen Vorteil verschaffen können, der auf niedriger ausgeprägten oder im Extremfall sogar nicht vorhandenen Arbeitsschutz zurückzuführen ist.

Inhaltlich hat die Rahmenrichtlinie die Grundverantwortung des Arbeitgebers für den Arbeitsschutz in seinem Betrieb zum zentralen Gegenstand. Der Arbeitgeber wird verpflichtet, eine Gefährdungsbeurteilung in Bezug auf Sicherheit und Gesundheit der Arbeitnehmer durchzuführen, geeignete Arbeitsschutzmaßnahmen festzulegen, die Arbeitnehmer darüber zu unterrichten und zur Einhaltung dieser Maßnahmen zu verpflichten.

Über eine Ermächtigung in Art. 16 der Rahmenrichtlinie hat sich der Rat der EU die Möglichkeit offengehalten, auch weiterhin Einzelrichtlinien für spezielle Fragen des Arbeitsschutzes erlassen zu können. Von dieser Möglichkeit wurde bereits mehrfach Gebrauch gemacht.

EU-Richtlinien müssen vom nationalen Gesetzgeber (letztlich vom Parlament auf Vorlage der Bundesregierung) in nationales Recht umgesetzt werden. Während EU-Verordnungen Vorrang vor nationalem Recht genießen und somit sofort nach Erlass und Veröffentlichung unmittelbare Gesetzeswirkung für alle Mitgliedsstaaten der EU erlangen, bedarf die EU-Richtlinie immer noch eines weiteren gesetzgeberischen Akts, der Umsetzung in nationales Recht, um Gesetzesrang im Inland zu erlangen. Diese Umsetzung kann (aus zeitlichen und vor allem aus parteipolitischen Gründen) durchaus zäh verlaufen und die vorgegebenen Fristen deutlich überschreiten.

### 1.1.3 Arbeitsschutzgesetz

Im August 1996 trat in Deutschland das „Gesetz über die Durchführung von Maßnahmen des Arbeitsschutzes zur Verbesserung der Sicherheit und des Gesundheitsschutzes der Beschäftigten bei der Arbeit", kurz das Arbeitsschutzgesetz (ArbSchG), in Kraft.

Vor dieser gesetzlichen Verankerung behalf man sich im Arbeitsschutzbereich rechtlich mit den (selbstverständlich auch weiterhin gültigen) Verkehrssicherungspflichten und Fürsorge- bzw. Treuepflichten, die im Arbeitsverhältnis zwischen den Vertragspartnern bestehen.

Mit der erstmaligen Normierung in Gesetzesform wurden die Sicherheit und der Gesundheitsschutz bei der Arbeit als gesetzliche Ziele definiert und der Anwendungsbereich auf praktisch sämtliche Tätigkeitsbereiche aller Beschäftigungsarten ausgeweitet. Das Gesetz findet ebenso Anwendung auf die „Schreibtischarbeit" im

Büro eines Freiberuflers wie auf die hochgefährliche Tätigkeit eines Arbeiters am Hochofen; erfasst werden ebenso Tätigkeiten im öffentlichen Dienst, im Rahmen des Wehr- oder Zivildiensts sowie in der Landwirtschaft. Ausgeschlossen in diesem Gesetz hingegen ist beispielsweise der Arbeitsschutz von Hausangestellten in privaten Haushalten, von Beschäftigten auf Seeschiffen und in Betrieben, die dem Bundesberggesetz unterliegen.

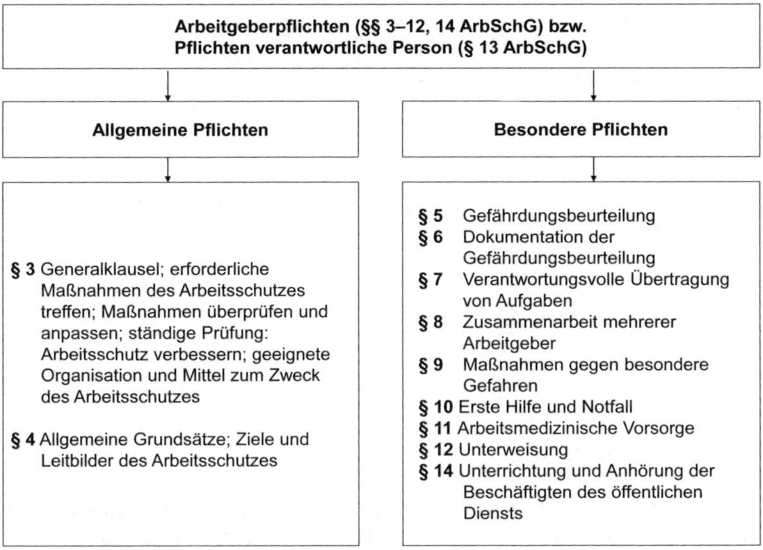


**Bild 2** Allgemeine und besondere Arbeitgeberpflichten

Kernstück des Arbeitsschutzgesetzes sind die im zweiten Abschnitt (§§ 3–14) geregelten Pflichten des Arbeitgebers, denen im dritten Abschnitt (§§ 15–17) die Rechte und Pflichten der Beschäftigten nachfolgen. Der Begriff der „Beschäftigten“ ist dabei weiter als der der „Arbeitnehmer“, was sich aus der Legaldefinition des § 2 Abs. 2 ArbSchG ergibt. Während der Begriff des Arbeitnehmers als „jede im Lohn- und Gehaltsverhältnis zum Arbeitgeber stehende Person“ definiert wird, fallen unter die Definition der „Beschäftigten“ auch Auszubildende, arbeitnehmerähnliche Personen, Beamte, Richter, Soldaten und Beschäftigte in Behindertenwerkstätten. Der Begriff der „arbeitnehmerähnlichen Personen“ wird von der Rechtsprechung als Auffangtatbestand verstanden. Hier werden von der Rechtsprechung Einzelfälle erfasst, die nicht unter die anderen Definitionen passen, so z. B. Praktikanten, Helfer im freiwilligen sozialen Jahr, „Ein-Euro-Jobber“ im Rahmen von Sozialhilfeverhältnissen.

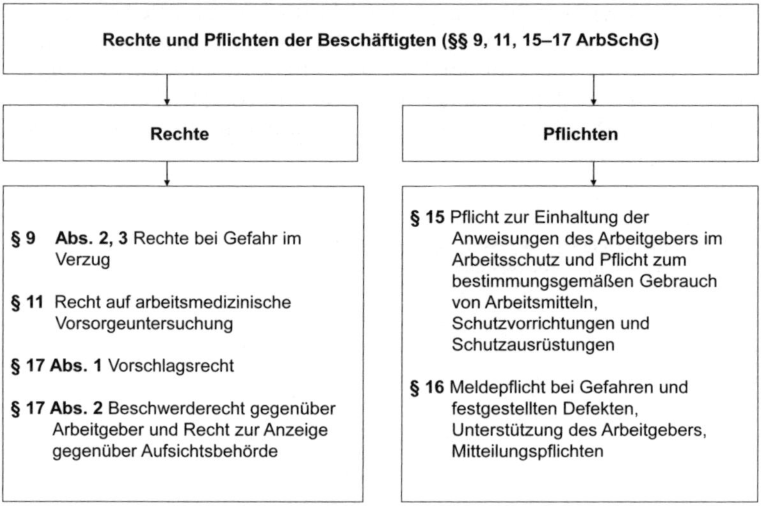


**Bild 3** Rechte und Pflichten der Beschäftigten

### 1.1.4 Siebtes Sozialgesetzbuch

Historisch bedingt sind in Deutschland neben den Behörden des Arbeitsschutzes auch die gesetzlichen Unfallversicherungsträger im Bereich des Arbeitsschutzes tätig. Dieses System geht zurück bis in die Zeit des Reichskanzlers *Otto von Bismarck* und dessen Reichsversicherungsordnung (RVO). So kommt es, dass das Arbeitsschutzgesetz eine gesetzliche Parallele im siebten Sozialgesetzbuch (SGB VII) findet und diese Parallele diverse Überschneidungen, Berührungen und Ergänzungen mit sich bringt.

Während das Arbeitsschutzgesetz die Grundlagen des Arbeitsschutzes sowie die Rechte und Pflichten von Arbeitgebern und Beschäftigten regelt, legt das Sozialgesetzbuch VII die von den gesetzlichen Unfallversicherungsträgern geforderten Präventionsmaßnahmen der Unfallverhütung fest.

Der Gesetzgeber hat die parallele Geltung beider Gesetze, das sog. „duale System“, bewusst in Kauf genommen und dies auch in § 21 Abs. 2 ArbSchG zum Ausdruck gebracht.

Damit die Kräfte gebündelt werden und möglichst wenig inhaltliche Überschneidungen anfallen, sind sowohl die Arbeitsschutzbehörden als auch die Träger der gesetzlichen Unfallversicherung vom Gesetzgeber verpflichtet worden, eng zusammenzuarbeiten und Erfahrungen auszutauschen.

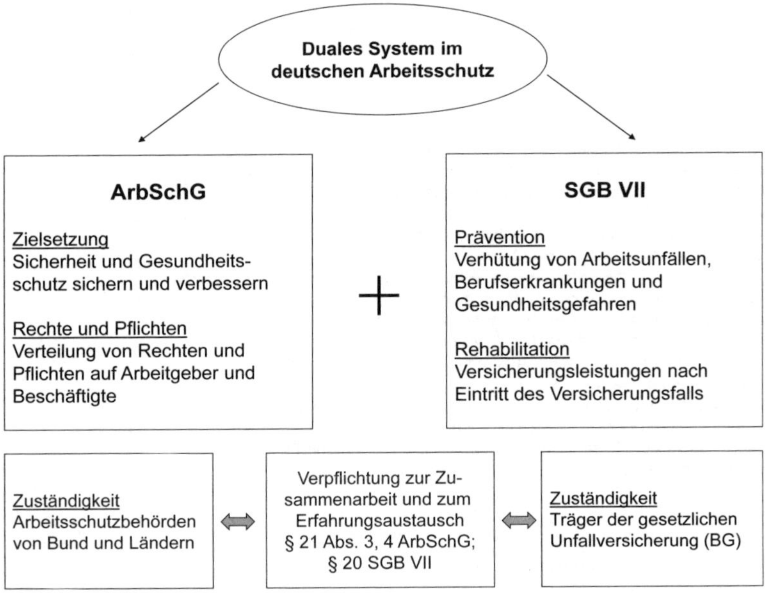


**Bild 4** Duales System im deutschen Arbeitsschutz

### 1.1.5 Unfallverhütungsvorschriften

Die Unfallverhütungsvorschriften der Berufsgenossenschaften (BG-Vorschriften oder BGV) beschreiben Schutzziele und Anforderungen an Gesundheitsschutz und Arbeitssicherheit; sie werden eingeteilt in die Kategorien A bis D; in der Kategorie A werden allgemeine Themen und die Organisation des Arbeitsschutzes abgehandelt. Die Unfallverhütungsvorschrift „Grundsätze der Prävention" (BGV A1) hat hier grundlegende Bedeutung, da sie – wie bereits aus dem Titel „Grundsätze der Prävention" ersichtlich – Grundsätze des Arbeitsschutzes aufstellt, die in sämtliche anderen Unfallverhütungsvorschriften der BG ausstrahlen.

Inhaltliche Überschneidungen zwischen dem ArbSchG, der BetrSichV und der BGV A1, manchmal sogar inhaltsgleiche Regelungen sind nicht zu übersehen.

Beispiele hierfür sind § 13 Abs. 2 ArbSchG und § 13 BGV A1, § 8 ArbSchG und § 6 BGV A1 sowie § 9 BetrSichV und § 4 BGV A1. Die Verankerung gleicher Pflichten in verschiedenen Regelwerken könnte zwar technisch durch Verweisungen vermieden werden, andererseits schadet eine mehrfache Nennung in verschiedenen Regelwerken auch nicht, sondern verdeutlicht dem Unternehmer eher die Wichtigkeit, die der Gesetz-, Verordnungs- oder Satzungsgeber diesen Pflichten beimisst.

| BGV A1 – Pflichten des Unternehmers | |
|---|---|
| **§ 2** | Grundpflichten zur Verhütung von Arbeitsunfällen, Berufskrankheiten und arbeitsbedingten Gesundheitsgefahren; Verbot sicherheitswidriger Weisungen |
| **§ 3** | Gefährdungsbeurteilung, deren Dokumentation, Auskunftspflicht an BG |
| **§ 4** | Unterweisungspflicht |
| **§ 5** | Hinweis auf Grundpflichten bei Vergabe von Aufträgen |
| **§ 6** | Zusammenarbeit mehrerer Unternehmer |
| **§ 7** | Auswahlpflicht bei der Übertragung von Aufgaben. Verbot der Übertragung von Aufgaben an dafür nicht geeignete Versicherte |
| **§ 8** | Einsetzen von Aufsichtspersonen bei gefährlicher Tätigkeit |
| **§ 9** | Anordnung von Zutritts- und Aufenthaltsverboten |
| **§ 10** | Pflichten gegenüber der BG (u. a. Auskunft, Betriebsbesichtigung) |
| **§ 11** | Maßnahmen bei Mängeln |
| **§ 12** | Zugänglichmachen der Unfallverhütungsvorschriften an Versicherte |
| **§§ 19–31** | Besondere Pflichten der Organisation des betrieblichen Arbeitsschutzes (besondere Gefahren, Erste Hilfe, Schutzausrüstungen, Sicherheitsbeauftragte, betriebsärztliche Betreuung) |

**Bild 5** Pflichten des Unternehmers nach BGV A1

Auch in dieser Regelung spielen die Rechte und Pflichten der Beteiligten (Unternehmer und Versicherte) die zentrale Rolle.

| BGV A1 – Pflichten des Versicherten | |
|---|---|
| **§ 15** | Pflicht zur Unterstützung des Unternehmers im Bereich des Arbeitsschutzes; Pflicht, die Ziele des Arbeits- und Gesundheitsschutzes nicht durch eigenes Fehlverhalten, insbesondere Alkohol-, Drogen und Medikamentenkonsum, zu gefährden |
| **§ 16** | Besondere Unterstützungspflichten; insbesondere Melde- und Mitteilungspflichten |
| **§ 17** | Pflicht zum bestimmungsgemäßen Gebrauch von Einrichtungen, Arbeitsmitteln, Arbeitsstoffen und Schutzvorrichtungen |
| **§ 18** | Einhaltung von Zutritts- und Aufenthaltsverboten (korrespondierend mit der Pflicht des Unternehmers aus § 9) |
| **§ 28** | Unterstützungspflichten (Erweiterung des § 15) |

**Bild 6** Pflichten des Versicherten nach BGV A1

Seit dem 1. Juni 2007 werden die gewerblichen Berufsgenossenschaften, die Unfallkassen und Gemeindeunfallversicherungsverbände von dem gemeinsamen Spitzenverband Deutsche Gesetzliche Unfallversicherung e. V. (DGUV) vertreten. Auch dieser Verband veröffentlicht Schriften zum Arbeitsschutz aus Sicht der Unfallversicherer.

### 1.1.6 Betriebssicherheitsverordnung

Im September 2002 trat die Betriebssicherheitsverordnung (BetrSichV) in Kraft. Sie wurde nicht nur zur Umsetzung mehrerer EG-Richtlinien geschaffen, sondern enthält auch eine komplette Neuordnung der Betriebs- und Anlagensicherheit. Die Eigenverantwortung des Arbeitgebers bzw. Betreibers wurde im Vergleich zu frühen Regelungen deutlich ausgeweitet. Die Gefährdungen, die von Arbeitsmitteln, Maschinen, Geräten und Anlagen ausgehen, werden in der Verordnung erfasst und der Schutz gegenüber diesen Gefährdungen einheitlich geregelt.

Die BetrSichV übernimmt den seit dem Jahr 1996 im § 7 des ArbSchG geprägten Begriff der „erforderlichen Befähigung der Beschäftigten“ (Definition in § 2 Abs. 7 BetrSichV), die besonders bezeichnete Prüfungsaufgaben wahrnehmen kann, die Einführung eines freien Prüfungsmarkts durch ein neues Zulassungsverfahren zur Schaffung „zugelassener Überwachungsstellen“ ab dem Jahr 2008 (§ 21 BetrSichV) sowie die Einführung des „Ausschusses für Betriebssicherheit“ (§ 24 BetrSichV).

Kernstück der BetrSichV stellen Abschnitt 2 „Gemeinsame Vorschriften für Arbeitsmittel“ und Abschnitt 3 „Besondere Vorschriften für überwachungsbedürftige Anlagen“ dar, die dem Arbeitgeber und/oder dem Betreiber einer überwachungsbedürftigen Anlage Pflichten auferlegen.

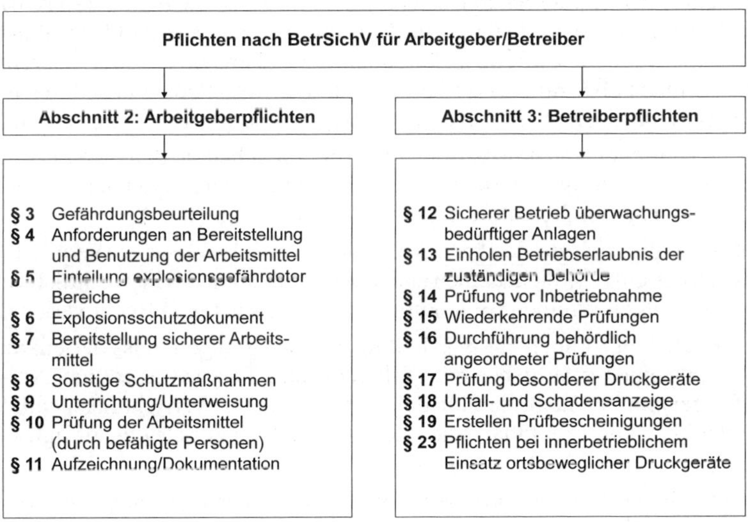


**Bild 7** Arbeitgeberpflichten nach Betriebssicherheitsverordnung

Pflichten des Arbeitgebers, die im Arbeitsschutzgesetz nur allgemein umrissen werden, sind im Abschnitt 2 der BetrSichV konkreter dargelegt. Einzelne Pflichten sind sogar sehr detailliert geregelt (vgl. §§ 3, 6 oder 10 BetrSichV).

### 1.1.7 Bürgerliches Gesetzbuch

Sobald zwischen Arbeitgeber und Arbeitnehmer ein Beschäftigungsverhältnis begründet wird, entstehen neben den vertraglichen Hauptpflichten (verkürzt: Arbeitsleistung gegen Lohn bzw. Gehalt) auch weitere gesetzliche und vertragliche Nebenpflichten, deren schuldhafte Verletzung zu Schadensersatzansprüchen führen kann. § 618 Bürgerlichen Gesetzbuchs (BGB) benennt eine der wichtigsten Verpflichtungen des Arbeitgebers gegenüber seinen Mitarbeitern: die Fürsorgepflicht. Diese Pflicht kann vertraglich nicht aufgehoben oder beschränkt werden (§ 619 BGB). Der Arbeitgeber ist verpflichtet, seine Mitarbeiter vor Gefahren für Leib und Leben zu schützen. Dies beginnt bei der Zurverfügungstellung, Wartung und Instandhaltung von geeigneten und sicheren Arbeitsmitteln, Geräten und Anlagen und endet bei der Unterweisung, der Schulung, dem Erstellen von betriebsinternen Regeln sowie deren Überwachung.

Auf dem Betriebsgelände hat der Arbeitgeber/Unternehmer zudem die allgemeine Verkehrssicherungspflicht einzuhalten; wie jeder Eigentümer bei Schneefall den Zugang zum Haus von Schnee und Eis freihalten muss, ist der Unternehmer auf dem Betriebsgelände verpflichtet, die Wege freizuhalten, den Mitarbeitern und Besuchern zu ermöglichen, sich gefahrlos und sicher auf dem Gelände fortzubewegen.

Zivilrechtliche Schadensersatzansprüche ergeben sich aus der vertraglichen sowie der deliktischen Haftung (Haftung aus „unerlaubter Handlung“).

Ein zentraler Paragraf der vertraglichen Haftung ist § 280 BGB; die dem § 280 BGB nachfolgenden Paragrafen konkretisieren die Haftung aus einem Schuldverhältnis (u. a. aus Vertrag). Vertragliche Haftung ist überall dort gegeben, wo ein oder mehrere Vertragspartner die ihnen übertragenen Pflichten schuldhaft verletzen und dadurch in kausaler Folge bei einem oder mehreren anderen Vertragspartnern ein Schaden entsteht.

Gemäß § 278 BGB haftet ein Vertragspartner auch für den Schaden, den eine Person einem Dritten schuldhaft zufügt, deren er sich zur Erfüllung einer eigenen (vertraglichen) Schuld bedient (gesetzlich als „Erfüllungsgehilfe“ bezeichnet).

Deliktische Haftung ergibt sich aus den §§ 823 ff. BGB. Zum Schadensersatz verpflichtet ist grundsätzlich derjenige, welcher einen anderen schuldhaft und widerrechtlich an Leben, Körper, Gesundheit, Freiheit, Eigentum oder einem sonstigen Recht verletzt.

Besonders hervorzuheben ist noch der § 831 BGB. Hier ist geregelt, dass derjenige, der sich zur Erfüllung eigener Aufgaben bzw. Pflichten einer Person (gesetzlich „Verrichtungsgehilfe“ genannt) bedient, für Schäden haftet, die dieser Verrichtungsgehilfe in Ausführung der Tätigkeit schuldhaft und widerrechtlich einem Dritten zufügt.[2]

---

[2] Vergleiche zum Erfüllungs- und Verrichtungsgehilfen auch die Ausführungen in Kapitel 1.2.1 „Übertragung von Unternehmerpflichten“.

### 1.1.8 Ordnungswidrigkeitengesetz

In zahlreichen Gesetzen und Verordnungen werden Zuwiderhandlungen gegen Gesetze oder Verordnungen als Ordnungswidrigkeiten definiert. In der BetrSichV und im ArbSchG sind dies z. B. jeweils der § 25, im Geräte-Produktsicherheitsgesetz (GPSG) der § 19.

Das Ordnungswidrigkeitengesetz (OWiG) selbst enthält nur wenige eigene Ordnungswidrigkeitentatbestände; es regelt vielmehr allgemeine Dinge, z. B. das Bußgeldverfahren, das behördliche Vorverfahren, den Erlass von Bußgeldbescheiden und das hiergegen mögliche Rechtsbehelfsverfahren oder die Vollstreckung von Bußgeldbescheiden.

Ein wichtiger Tatbestand, der sich direkt aus dem OWiG ergibt, ist § 130 OWiG; dort wird der Betriebsinhaber/Unternehmer belangt, sollte er erforderliche Aufsichtspflichten verletzen. Hierzu zählt das Gesetz auch die Bestellung, die sorgfältige Auswahl und die Überwachung von Aufsichtspersonen.

Dass der im jeweiligen Tatbestand genannte Täter, egal ob er nun als Arbeitgeber, Betreiber oder Inhaber eines Betriebs bezeichnet wird, bei Begehung einer Ordnungswidrigkeit persönlich haftet, liegt auf der Hand.

§ 9 OWiG weitet die Haftung auf vertretungsberechtigte Organe von juristischen Personen oder rechtsfähigen Personengesellschaften aus (Abs. 1), darüber hinaus auf Betriebsleiter und sonstige beauftragte Personen, denen in Teilbereichen des Unternehmens Pflichten vom Unternehmer wirksam übertragen wurden (Abs. 2).

Auch eine juristische Person oder eine rechtsfähige Personenvereinigung (zumeist: Personengesellschaft) kann in den in § 30 OWiG genannten Fällen Adressat eines Bußgeldbescheids sein.

### 1.1.9 Strafgesetzbuch

Straftatbestände finden sich ebenfalls in zahlreichen Einzelgesetzen, grundlegende Tatbestände aber vorwiegend im Strafgesetzbuch (StGB).

Beispielhaft für Straftatbestände in Einzelgesetzen seien an dieser Stelle § 26 ArbSchG, § 26 BetrSichV und § 20 GPSG genannt. Aus dem StGB spielen bei Arbeitsunfällen zumeist die Körperverletzungsdelikte (§ 223 StGB – Körperverletzung; § 224 StGB – Gefährliche Körperverletzung; § 226 StGB – Schwere Körperverletzung; § 227 StGB – Körperverletzung mit Todesfolge; § 229 StGB – Fahrlässige Körperverletzung) und die Tötungsdelikte (weniger § 212 – Totschlag; eher § 222 – Fahrlässige Tötung) eine entscheidende Rolle. Der § 14 des StGB entspricht dem § 9 des OWiG; die Haftung der Organe, der Betriebsleiter, der beauftragten Personen wird hier bei „Handeln für einen anderen" für die Strafgesetze normiert.

## 1.2 Grundlagen der betrieblichen Organisation

### 1.2.1 Übertragung von Unternehmerpflichten

Je größer ein Unternehmen ist, desto verständlicher ist die Tatsache, dass der Unternehmer viele ihm auferlegte Pflichten intern an andere Personen delegieren muss, um diese Pflichten auch erfüllen zu können. Diese in quasi allen Unternehmen notwendige „praktische Übung" findet ihren Niederschlag auch in diversen Rechtsnormen. Der Gesetzgeber sieht die Notwendigkeit der Delegierung von Führungsaufgaben und Unternehmerpflichten; er stellt hierfür Regeln auf und weist auf die Rechtsfolgen für die Beteiligten hin.

**Pflichtenübertragung im Bereich des OWiG und des StGB**

Im Bereich der Ordnungswidrigkeiten nennt der Gesetzgeber in § 9 Abs. 2 OWiG die Leiter eines Betriebs bzw. eines Teilbetriebs sowie die beauftragten Personen, die Unternehmerpflichten in eigener Verantwortung zu erfüllen haben, soweit sie entsprechend beauftragt worden sind. Verletzen diese Personen schuldhaft die ihnen übertragenen Pflichten, so sind sie hierfür haftbar zu machen; Rechtsfolge von Ordnungswidrigkeiten sind regelmäßig Bußgelder, die in Bußgeldbescheiden festgesetzt werden.

Aus § 130 OWiG haftet zunächst der Unternehmer selbst, wenn er es schuldhaft unterlässt, Aufsichtsmaßnahmen zu treffen, die Zuwiderhandlungen gegen Unternehmerpflichten verhindern sollen. Laut Gesetzestext gehören zu diesen Maßnahmen insbesondere auch die Bestellung, die sorgfältige Auswahl und die Überwachung von Aufsichtspersonen. Wenn der Unternehmer diese gesetzliche Verpflichtung auf die in § 9 Abs. 2 OWiG genannten Personen überträgt und diese mit den Aufsichtsmaßnahmen betraut, haften diese in gleichem Maß wie der Unternehmer selbst.

Im strafrechtlichen Bereich entspricht § 14 Abs. 2 StGB dem § 9 Abs. 2 OWiG; ansonsten fehlt im Strafrecht eine Norm, die der „Generalklausel" des § 130 OWiG entspricht. Hier gilt weiterhin der Grundsatz, dass jede Person für ihr eigenes Tun und Unterlassen die strafrechtliche Verantwortung trägt. Dies betrifft im gleichen Maß den Unternehmer bei der Wahrnehmung seiner Pflichten wie auch die Personen, denen Unternehmerpflichten wirksam übertragen worden sind.

In der berufsgenossenschaftlichen Informationsschrift „Übertragung von Unternehmerpflichten" (BGI 508) wird ausdrücklich auf die Regelungen des OWiG, insbesondere § 9 OWiG verwiesen.

**Pflichtenübertragung im Bereich des ArbSchG und der BGV A1**

Auch das Arbeitsschutzgesetz geht davon aus, dass Pflichten des Arbeitgebers auf andere Personen delegiert werden können. § 13 Abs. 1 Nr. 4 und 5 ArbSchG nennen Personen, die mit der Leitung eines Unternehmens oder eines Betriebs oder mit einzelnen Aufgaben und Befugnissen beauftragt sind; klargestellt wird hier, dass die Verantwortung entsprechend der übertragenen Aufgaben und Befugnisse umgrenzt ist. § 13 Abs. 2 ArbSchG spricht von zuverlässigen und fachkundigen Personen, denen der Arbeitgeber Pflichten zur eigenverantwortlichen Wahrnehmung übertragen kann.

Auch § 13 BGV A1 stellt klar, dass der Unternehmer zuverlässige und fachkundige Personen damit beauftragen kann, die Durchführung der Unfallverhütungsmaßnahmen in eigener Verantwortung wahrzunehmen.

In diesem Zusammenhang ist zu diskutieren und zu entscheiden, in welchem Umfang in der Elektrotechnik Unternehmerpflichten auf verpflichtete Mitarbeiter übertragen werden können. Bei der verantwortlichen Elektrofachkraft ist das unstrittig, bei den Begrifflichkeiten nach DIN VDE 0105-100 „Anlagenverantwortlicher" und „Arbeitsverantwortlicher" ist dies noch juristisch zu klären.

## Pflichtenübertragung im Bereich des Zivilrechts

Bedient sich der Unternehmer außerhalb eigener Vertragspflichten zur Verrichtung von Aufgaben und Tätigkeiten eines Dritten, so wird diese Person als „Verrichtungsgehilfe" bezeichnet. Wenn der Verrichtungsgehilfe in Ausführung der Verrichtung einen Dritten widerrechtlich und schuldhaft schädigt, kann der geschädigte Dritte Schadensersatz vom delegierenden Unternehmer verlangen (§ 831 Abs. 1 Satz 1 BGB).

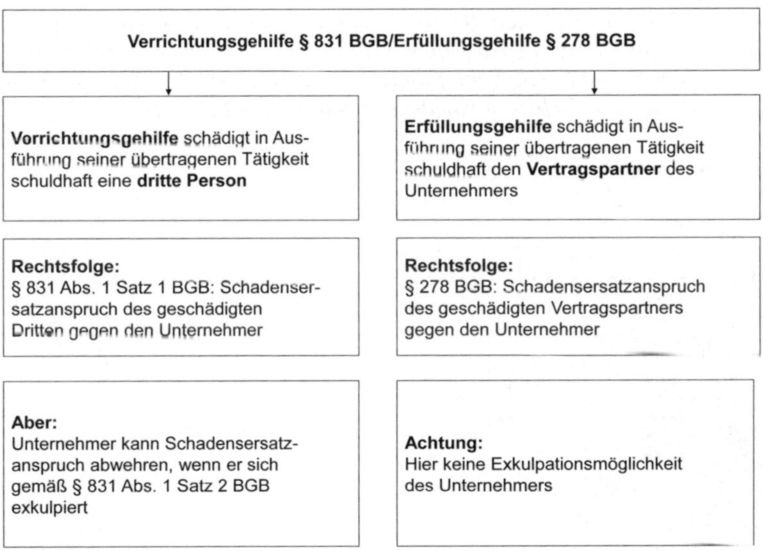


**Bild 8** Gegenüberstellung Verrichtungs- und Erfüllungsgehilfe

Das Gesetz bietet dem in Anspruch genommenen Unternehmer im § 831 Abs. 1 Satz 2 BGB jedoch die Möglichkeit, den Schadensersatzanspruch abzuwehren (sich juristisch zu entlasten), wenn er nachweist und im späteren Zivilprozess auch beweist, dass er bei der Auswahl des Verrichtungsgehilfen die im Verkehr erforderliche Sorgfalt beobachtet hat oder feststeht, dass der Schaden auch bei Beachtung dieser Sorgfaltspflicht eingetreten wäre.

Auch zur Erfüllung seiner schuldrechtlich eingegangenen Verpflichtungen (zumeist aus einem Vertrag) bedient sich der Unternehmer regelmäßig anderer Personen, die in § 278 BGB als „Erfüllungsgehilfen“ bezeichnet werden. Auch in diesem Rahmen werden Unternehmerpflichten delegiert. Verletzt der Erfüllungsgehilfe die ihm übertragenen Pflichten schuldhaft und entsteht dadurch ein Schaden, so haftet der delegierende Unternehmer für diesen vom Erfüllungsgehilfen angerichteten Schaden „wie für eigenes Verschulden“ (§ 278 Satz 1 BGB). Eine Möglichkeit der Exkulpation, also der Entlastung (wie im Fall des § 831 Abs. 1 Satz 2 BGB), besteht an dieser Stelle nicht.

Ob der vom Unternehmer bestellte Gehilfe im Einzelfall Erfüllungs- oder Verrichtungsgehilfe ist, kann nur nach dem zugrunde liegenden rechtlichen Anspruch entschieden werden, der die Haftung begründen soll. Dass ein und dieselbe Person rechtlich gesehen auch gleichzeitig Verrichtungs- und Erfüllungsgehilfe sein kann, verdeutlicht das nachfolgende Beispiel:

*Ein Hotel beauftragt einen Elektrofachbetrieb damit, die Leuchtreklame über dem Hoteleingang zu reparieren. Der Elektrofachbetrieb schickt den Gesellen G zum Hotel, um diesen Auftrag zu erledigen. Bei der Ausführung des Auftrags fallen dem G schwere Metallteile und Werkzeuge aus den Händen, die zum einen ein darunterliegendes Hotelfenster zerschlagen, zum anderen den Passanten P verletzen, der in diesem Moment zufällig den Gehsteig vor dem Hoteleingang benutzt.*

**Bild 9** Elektrofachkraft als Verrichtungs- und Erfüllungsgehilfe

*Im Verhältnis zu P ist der Geselle G Verrichtungsgehilfe des Elektrounternehmers; P hat dann einen Schadensersatz- und ggf. Schmerzensgeldanspruch gegen den Elektrounternehmer aus § 831 BGB, wenn sich dieser nicht exkulpieren kann.*

*Im Verhältnis zum Hotelbetreiber ist der G gleichzeitig Erfüllungsgehilfe des Elektrounternehmers, da er im Rahmen eines Vertragsverhältnisses tätig wird; der Hotelbetreiber hat einen Schadensersatzanspruch (Reparatur des Fensters) gegen den Elektrounternehmer aus §§ 280, 278 BGB. Eine Exkulpationsmöglichkeit des Unternehmers besteht hier nicht.*

### 1.2.2 Form und Praxis der Pflichtenübertragung

Längst hat das „Organigramm" in den meisten Betrieben Einzug gehalten. Jeder Betrachter dieses Organigramms ist in der Lage, die jeweilige Struktur, die Hierarchie und die Stellung einer bestimmten Person im Unternehmen herauszufinden. Ein Organigramm ist jedoch dann recht wertlos, wenn nicht den einzelnen Stellen auch klar umgrenzte, deutlich von anderen Positionen abgegrenzte Aufgaben und Kompetenzen zugewiesen werden. Dies gilt sowohl für die Abgrenzung von „unten nach oben" wie auch auf derselben Hierarchieebene nebeneinander. Nur wenn es der Unternehmensführung gelingt, das Organigramm auch mit klar abzugrenzenden Stellen-, Aufgaben- und Arbeitsplatzbeschreibungen zu strukturieren und die einzelnen Stellen mit Kompetenzen auszustatten, kann man dem Grunde nach davon sprechen, dass die Organisationspflichten der Unternehmensführung eingehalten sind. So sind regelmäßig an die Pflichtenübertragung/Bestellung folgende inhaltliche Mindestanforderungen zu stellen:

- der räumliche und organisatorische Verantwortungsbereich muss in alle Richtungen klar abgegrenzt sein;
- die hierarchische Stellung muss sich inkl. eventuellen Weisungsbefugnissen erkennen lassen;
- der sachliche Verantwortungsbereich im Hinblick auf eigenverantwortlich wahrzunehmende Pflichten, die Kompetenzen sowie der Umfang der Tätigkeit müssen bekannt sein.

Dem Grunde nach können Pflichten im Organigramm von oben nach unten „durchdelegiert" werden, solange dies von Führungsseite nicht ausdrücklich untersagt wurde und solange die Wahrnehmung der Pflicht der jeweils unteren Stelle fachlich/persönlich auch übertragen werden kann. Korrespondierend dazu bleiben aber die Verantwortung und die Haftung für die jeweilige Delegierung der Pflichtenwahrnehmung beim Delegierenden (Auswahl, Aufsicht, Kontrolle).

Die Pflichtenübertragung kann bereits im Text des Arbeitsvertrags erfolgen, auch durch Verweis auf eine dem Arbeitnehmer ausgehändigte Stellenbeschreibung. Im laufenden Arbeitsverhältnis ist die Pflichtenübertragung durch eine Einzelvereinbarung, einen Zusatz zum Arbeitsvertrag oder (als äußerstes Mittel) eine Änderungskündigung möglich.

Teilweise ist in den einschlägigen Normen für die Pflichtenübertragung die Schriftform vorgeschrieben, teilweise ist dies auch nicht der Fall. In einigen einschlägigen Regelungen ist die Schriftform vorgeschrieben:

- § 13 Abs. 2 ArbSchG: Hier ist wörtlich geregelt:

  *„Der Arbeitgeber kann zuverlässige und fachkundige Personen schriftlich damit beauftragen, ihm obliegende Aufgaben nach diesem Gesetz in eigener Verantwortung wahrzunehmen."*

  Aus den Motiven des Gesetzgebers ergibt sich, dass durch das Schriftformerfordernis vor allen Dingen die rechtliche Absicherung des Arbeitgebers und des Beauftragten bezweckt werden soll. Ausdrücklich wird die „Beweisfunktion der Schriftform" hervorgehoben; es soll sichergestellt werden, dass zwischen den Beteiligten des Delegierungsvorgangs keine Zweifel über die Beauftragung, deren Inhalt und Umfang bestehen. Die Einhaltung der Schriftform ist Wirksamkeitsvoraussetzung der Beauftragung nach § 13 Abs. 1 Nr. 5, Abs. 2 ArbSchG; dies ergibt sich auch aus § 125 BGB („Nichtigkeit wegen Formmangels").
- § 13 BGV A1: Auch im Bereich der Unfallverhütungsvorschriften ist Schriftform vorgeschrieben, wenn der Unternehmer zuverlässige und fachkundige Personen damit beauftragt, die ihm durch die Unfallverhütungsvorschriften auferlegten Pflichten in eigener Verantwortung wahrzunehmen. Zusätzlich ist sogar geregelt, dass das Schriftstück vom Beauftragten gegenzuzeichnen und ihm eine Ausfertigung der Beauftragung auszuhändigen ist. Auch diese Regelung hat die Vereinfachung und Sicherstellung der Beweislage zum Ziel.

In anderen Regelungen findet sich keine Verpflichtung zur Einhaltung der Schriftform:

- BetrSichV: In der BetrSichV finden sich keine Regelungen, die im Rahmen von Pflichtenübertragungen die Schriftform fordern. Auch die Bestellung einer befähigten Person (§ 2 Abs. 7 BetrSichV), die mit umfangreichen Prüfpflichten beauftragt werden kann (§ 10 BetrSichV), muss nicht zwingend schriftlich bestellt werden, auch wenn sich dies natürlich aus Beweisgründen anbietet. Selbst die „Technischen Regeln für Betriebssicherheit" (TRBS), die bislang erlassen wurden, verlangen die Schriftform in der Regel nicht.
- OWiG/StGB: In den zentralen Normen des § 9 Abs. 2 OWiG und des § 14 Abs. 2 StGB fordert der Gesetzgeber zwar eine „ausdrückliche" Beauftragung und setzt somit schon einen Willensakt der Pflichtenübertragung voraus; die Schriftform ist aber weder vorgesehen noch kann sie im Weg der Auslegung aus der Formulierung „ausdrücklich" entnommen werden.

Allein zu Beweiszwecken ist die Schriftform jedoch in allen Bereichen praktisch unumgänglich, will man in einem möglichen Rechtsstreit nicht nur „Recht haben“, sondern im Ergebnis auch „Recht bekommen“ (vgl. dazu die Ausführungen in Kapitel 1.3.6).

In der täglichen Praxis ist die häufigste Form der Pflichtenübertragung die „multiple Pflichtenübertragung“. Der Unternehmer wird sich zunächst Gedanken darüber machen, welche Pflichten er in seinem Unternehmen an eine Person der nächsten Führungsebene delegieren will, damit diese die ihr zugedachten Aufgaben in eigener Verantwortung wahrnehmen kann. Erst zweitrangig wird der Unternehmer prüfen, in welchen Gesetzen und Verordnungen die Pflichtenübertragung unter welchen Voraussetzungen geregelt ist. Es ist so durchaus gängige Praxis, dass Pflichten übertragen werden, die ihre Verankerung in diversen Gesetzen, Verordnungen oder Satzungen haben. Auch hier gilt: Will man Rechtsunsicherheit in Bezug auf Formvorschriften, (Teil-)Unwirksamkeit und spätere Beweisbarkeit vermeiden, sollte dringend die Schriftform eingehalten werden.

### 1.2.3 Delegierung der fachlichen Pflichten an die VEFK

Oftmals ist in Betrieben die Situation anzutreffen, dass der Unternehmer bzw. eine Führungskraft nicht gleichzeitig eine (Elektro-)Fachkraft ist. Daraus ergibt sich die grundsätzlich problematische Situation, dass der Unternehmer zwar generell die Verantwortung für die Arbeitssicherheit trägt, diese Verantwortung aber im Fachbereich (z. B. im Elektrobereich) mangels entsprechender Kompetenz nicht ausüben kann. Dieses Problem kann nur durch die „Ausgliederung“ der Fachkompetenz und Übertragung dieses Bereichs an eine Fachkraft gelöst werden. Die fachliche Verantwortung liegt dann bei der Fachkraft, während die restliche Verantwortung beim Unternehmer bzw. der Führungskraft verbleibt, auch und insbesondere die Wahrnehmung von Organisations-, Aufsichts- und Auswahlpflichten.

## 1.3 Mögliche Rechtsfolgen bei Pflichtverletzungen

### 1.3.1 Grundlagen

Als „kleinster gemeinsamer Nenner des Haftungsrechts“ gilt sowohl im Zivilrecht als auch im Strafrecht der Grundsatz:

*„Keine Haftung ohne Verschulden“.*

Dem Schädiger (im Zivilrecht) sowie dem Täter (im Strafrecht) muss also zunächst einmal ein Schuldvorwurf gemacht werden können (Verschuldenshaftung). Durch ein Tun oder ein Unterlassen muss er schuldhaft in Rechte eines Dritten eingreifen

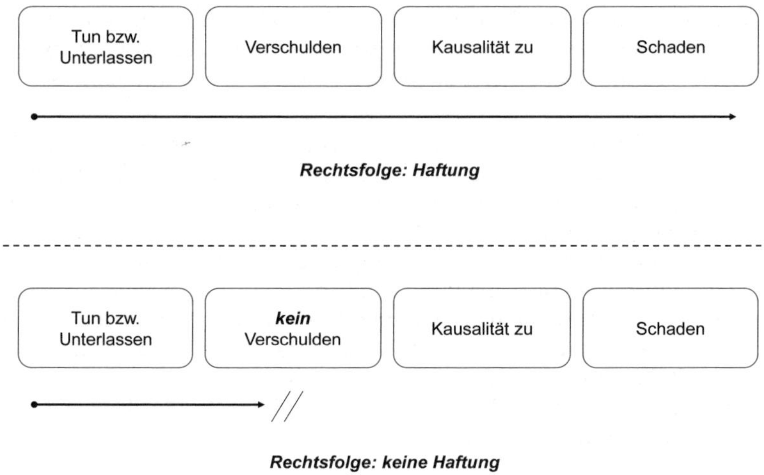


**Bild 10** Schema zur Rechtsfolgenabschätzung

und dieser Eingriff muss kausal zu einem Schaden (im Zivilrecht) bzw. zu einem Taterfolg (im Strafrecht) führen. Kann dem Schädiger/Täter kein Schuldvorwurf gemacht werden, ist die Einzelfallprüfung an diesem Punkt beendet; eine Haftungsfolge tritt nicht ein.

Einzige Ausnahme vom Grundsatz „keine Haftung ohne Verschulden" bildet im Bereich des Zivilrechts die sog. Gefährdungshaftung. Anknüpfungspunkt für die Haftung ist dort nicht das Verschulden, sondern das reine Inverkehrbringen eines fehlerhaften, sprich mangelhaften Produkts. Bekannte Gesetzeswerke in diesem Bereich sind das Arzneimittelgesetz oder auch das Produkthaftungsgesetz.

Was genau ist aber Verschulden? In § 276 BGB wird Verschulden für den Bereich des Zivilrechts als Vorsatz und Fahrlässigkeit definiert.

Diese juristischen Definitionen werden klarer, wenn man sich die Abgrenzung zwischen den einzelnen Verschuldensformen genauer ansieht. Die Abgrenzung ist in der Praxis oft schwierig, da die Abgrenzung teilweise nur im subjektiven Bereich (sozusagen „im Kopf des Täters") angelegt ist. Selbstverständlich spielt die Abgrenzung in der Praxis aber eine wichtige Rolle, gerade auch im Hinblick auf bestehenden Versicherungsschutz. Die vom Unternehmer zumeist abgeschlossenen (Betriebshaftpflicht-)Versicherungsverträge decken Schäden ab, die Dritten durch fahrlässiges Tun oder Unterlassen zugefügt werden. Versicherungsschutz für vorsätzliche Taten (auch für bedingt vorsätzliche Taten) besteht aber selbstverständlich nicht.

Klar abzugrenzen ist in der Praxis die stärkste Vorsatzform der Absicht von sämtlichen Formen des Vorsatzes. Schwieriger ist die Abgrenzung zwischen dem bedingten

| Vorsatz: | Fahrlässigkeit: |
|---|---|
| • Absicht: Der Täter handelt mit Wissen und Wollen. Er beabsichtigt die Herbeiführung eines Taterfolgs.<br><br>• Direkter Vorsatz: Der Täter sieht den Erfolg als notwendige und sicher eintretende Folge seiner Handlung voraus und handelt trotzdem.<br><br>• Bedingter Vorsatz: Der Täter sieht den Erfolg seiner Handlung als möglich voraus und nimmt ihn für den Fall des Eintritts billigend in Kauf. | • Fahrlässig handelt, wer die im Verkehr erforderliche Sorgfalt außer Acht lässt.<br><br>• Grobe Fahrlässigkeit: Grob fahrlässig handelt, wer die im Verkehr erforderliche Sorgfalt in besonders hohem Maße außer Acht lässt.<br><br>• Bewusste Fahrlässigkeit: Der Täter kennt die Gefahrenlage, handelt aber unter Außerachtlassung der gebotenen Maßnahmen im Vertrauen auf den Nichteintritt des Erfolgs.<br><br>• Unbewusste Fahrlässigkeit: Der Täter sieht den Eintritt des Taterfolgs nicht voraus, hätte ihn aber bei Anwendung der erforderlichen Sorgfalt vorhersehen und sich demnach anders verhalten müssen. |

**Bild 11** Verschulden nach § 276 BGB

Vorsatz und den Fahrlässigkeitsformen, insbesondere der bewussten Fahrlässigkeit. Während der bedingt vorsätzlich handelnde Täter den möglichen Taterfolg vor Augen hat (also davon ausgeht, dass der Erfolg eintreten kann), kennt der bewusst fahrlässig Handelnde nur die bestehende Gefahrenlage. Der mit bedingten Vorsatz handelnde Täter nimmt den Eintritt des Taterfolgs billigend in Kauf, während der bewusst fahrlässig handelnde Täter zwar seine Sorgfaltspflichten außer Acht lässt, aber auf den Nichteintritt des Erfolgs vertraut.

Im Zweifel wird vor Gericht zur Abgrenzung der Verschuldensformen also auf subjektive Punkte abzustellen sein; hat der Täter den Taterfolg, z. B. die Verletzung von Personen oder die Beschädigung von Sachen, bereits vor Augen gehabt, den Eintritt für möglich gehalten und gebilligt (dann Vorsatz) oder hat der Täter nur eine Gefahr für Personen und Sachen erkannt, aber gleichzeitig gehofft, dass der Taterfolg, also der Personen- oder Sachschaden nicht eintreten wird (dann Fahrlässigkeit)? Allein an diesen Fragestellungen wird deutlich, dass die Abgrenzung immer auf den Einzelfall bezogen und immer aufgrund subjektiver Merkmale vorgenommen werden muss.

Die Unterscheidung zwischen der Grundform der Fahrlässigkeit, der „einfachen" Fahrlässigkeit und der „groben" Fahrlässigkeit spielt in der Praxis bei BG-Fällen eine bedeutende Rolle. Die für einen Personenschaden zunächst eintrittspflichtige BG wird Regress beim Schädiger nur in Fällen der groben Fahrlässigkeit nehmen.

Auch der Arbeitgeber kann nur in Fällen der groben Fahrlässigkeit darüber nachdenken, intern, d. h. im bestehenden Arbeitsverhältnis, den Schädiger (ArbN) auf

Schadensersatz in Anspruch zu nehmen. Im Rahmen einfacher Fahrlässigkeit wird diese Möglichkeit von den Gerichten in ständiger Rechtsprechung blockiert, sollte der Schaden in Ausübung einer betrieblichen Tätigkeit entstanden sein (Stichwort: Grundsatz der gefahrgeneigten Arbeit).

Im Bereich der Straftaten stellt § 15 StGB, im Bereich der Ordnungswidrigkeiten § 10 OWiG fest, dass dem Grund nach nur vorsätzliches Handeln strafbar bzw. zu ahnden ist, es sei denn, im Gesetz ist auch fahrlässiges Handeln ausdrücklich mit Strafe oder Geldbuße bedroht (so z. B. fahrlässige Körperverletzung oder fahrlässige Tötung; es gibt aber z. B. keine fahrlässige Sachbeschädigung und keinen fahrlässigen Betrug).

Die oben für den Bereich des Zivilrechts angeführten Definitionen können prinzipiell auch in den strafrechtlichen Bereich übernommen werden. Lediglich im Bereich der Fahrlässigkeitsdefinition liegt ein Unterschied vor. Im Zivilrecht wird – wie gesehen – auf die „im Verkehr erforderliche Sorgfalt“ abgestellt; es wird gefragt, was dem Täter in seinem Umfeld (regelmäßig) an Sorgfaltspflichten zugemutet werden kann. Im Ordnungswidrigkeiten- und Strafrecht wird hingegen auf die Sorgfaltspflichten abgestellt, die der Täter „nach seinen persönlichen Verhältnissen, Kenntnissen und Fähigkeiten einzuhalten verpflichtet und in der Lage“ ist; es wird also auf den einzelnen Täter und nicht auf seinen Verkehrskreis abgestellt.

Für die Annahme der Fahrlässigkeit im Sinn des StGB und des OWiG genügt regelmäßig die einfache Fahrlässigkeit; sollte der Täter grob fahrlässig handeln, hat dies nur für die Strafzumessung Bedeutung. In den einzelnen Ordnungswidrigkeiten- und Straftatbeständen finden sich in der Regel Strafrahmen („ […] wird der Täter mit Freiheitsstrafe von sechs Monaten bis zu fünf Jahren bestraft“ oder „ […] mit einer Geldbuße von einem bis zu 10000 € geahndet werden“), innerhalb derer sich der Strafrichter oder die den Bußgeldbescheid erlassende Stelle bewegen können. Im Rahmen der Einzelfallbeurteilung und Ermessensausübung wird eine grob fahrlässige Tathandlung im Strafrahmen regelmäßig zu einer höheren Festsetzung führen als Taten mit einfacher Fahrlässigkeit.

Das Koordinatensystem der Haftungsgrundlagen stellt sich wie folgt dar:

| **Zivilrecht** | **Strafrecht** |
|---|---|
| • Haftung aus Vertrag | • Ordnungswidrigkeiten |
| • Haftung aus Delikt | • Straftaten |
| • Gefährdungshaftung | |

**Bild 12** Haftungsgrundlagen in Zivil- und Strafrecht

### 1.3.2 Vertragliche Haftung

#### *1.3.2.1 Haftung auf Unternehmensebene*

Jeder Unternehmer schließt eine Vielzahl von Verträgen, auf der einen Seite mit Lieferanten und Dienstleistern, auf der anderen Seite natürlich auch mit seinen Kunden und seinen Mitarbeitern.

Der Anknüpfungspunkt für die vertragliche Haftung liegt – allgemein gesagt – in der schuldhaften Verletzung der im Vertrag geregelten oder beinhalteten Pflichten. Kommen die Parteien eines Vertrags ihren vertraglichen Verpflichtungen schuldhaft nicht oder nur mangelhaft nach, so kann sich daraus ein Haftungsanspruch des Vertragspartners ergeben, wenn dieser in seinen Rechten verletzt ist und einen Schaden erleidet.

Wie bereits in den Grundlagen aufgezeigt, muss eine schuldhafte Pflichtverletzung der einen Vertragspartei kausal zu einem Schaden der anderen Vertragspartei führen.

Die Haftungsansprüche gelten aber grundsätzlich nur zwischen den Vertragsparteien. Nur diese verpflichten sich im Vertrag gegenseitig auf die Einhaltung von Rechten und Pflichten. Nicht am Vertragsabschluss beteiligte Dritte können aus dem Vertrag regelmäßig keine Rechte herleiten. Ausnahmen hiervon bilden der „Vertrag zugunsten Dritter“ (§ 328 BGB) und das von der Rechtsprechung entwickelte Rechtsinstitut des „Vertrags mit Schutzwirkung zugunsten Dritter“; diese Ausnahmen seien an dieser Stelle erwähnt, können jedoch aufgrund der Vielseitigkeit der Rechtsprechung und Literatur hierzu nicht behandelt werden.

Neben der Verletzung von vertraglichen Hauptpflichten können auch vertragliche Nebenpflichten verletzt sein. Die Rechtsprechung ordnet den Verträgen diese Nebenpflichten zu, ohne dass diese im Vertragswerk selbst auftauchen. Es handelt sich um gegenseitige Rücksichtnahme-, Schutz-, Sorgfalts- und Treuepflichten, die die Vertragspartner untereinander einzuhalten haben. Auch die schuldhafte Verletzung dieser Pflichten führt zu Schadensersatzansprüchen unter den Vertragspartnern.

##### 1.3.2.1.1 Haftung gegenüber Kunden

Im Rahmen seiner betrieblichen Tätigkeit erbringt der Unternehmer Leistungen an Dritte, zu denen er sich in einem entsprechenden Vertrag (Kaufvertrag, Werkvertrag, Geschäftsbesorgungsvertrag u. a.) verpflichtet hat.

*Beispiel: A und B schließen einen Werkvertrag. Unternehmer A verpflichtet sich dem Betreiber B eine neue Transformatorstation auf dessen Werksgelände zu erstellen. Drei Wochen nach erfolgter Abnahme führt ein Kurzschluss in der Transformatorstation zu dessen Beschädigung und darüber hinaus zu einem Ausfall der Stromversorgung im Betrieb des B und damit verbundenen enormen Produktionsausfällen; bei der Ursachenforschung stellt sich heraus, dass die Montage des A fehlerhaft vorgenommen wurde und der Kurzschluss kausal auf diesen Montagefehler zurückzuführen ist.*

*Betreiber B kann bei Feststellung des Verschuldens des Unternehmers A im Weg des Schadensersatzes nicht nur den sog. Mangelschaden, also den Schaden am Transformator selbst, sondern auch den sog. Mangelfolgeschaden, also z. B. den entgangenen Gewinn wegen Produktionsausfall, verlangen. Gegebenenfalls ist dieses Risiko zu versichern.*

Diese Fälle sind im Bereich des allgemeinen und besonderen Schuldrechts des BGB angesiedelt (häufige Anspruchsgrundlage: § 280 BGB).

#### 1.3.2.1.2 Haftung gegenüber Arbeitnehmern

Verletzt der Arbeitgeber (ArbG) schuldhaft die Rechte seiner Arbeitnehmer (ArbN) aus dem Arbeitsvertrag, kommen auch vertragliche Schadensersatzansprüche in Betracht. Insbesondere die dem Arbeitsvertrag innewohnenden Nebenpflichten sind praktisch von Bedeutung; dabei ist zunächst an die Fürsorgepflicht des Arbeitgebers gegenüber den Arbeitnehmern zu denken, aber auch an die Verkehrssicherungspflicht.

*Beispiel: Arbeitgeber (ArbG) und Arbeitnehmer (ArbN) sind durch den Arbeitsvertrag aneinander gebunden. Bei Glatteis im Winter muss der ArbN die Werkshallen wechseln und stürzt auf einem nicht geräumten und nicht gesperrten Weg. Bei dem Sturz gehen seine Taschenuhr und seine Brille zu Bruch.*

*Der ArbG haftet dem ArbN gegenüber auf Schadensersatz wegen schuldhafter Verletzung der Verkehrssicherungspflicht und der Fürsorgepflicht (Nebenpflichten des Arbeitsvertrags). Möglicherweise tritt eine vom ArbG abgeschlossene Betriebshaftpflichtversicherung für den Sachschaden ein.*

Zu erwähnen ist an dieser Stelle auch das seit dem Jahr 2006 geltende Allgemeine Gleichbehandlungsgesetz (AGG), das es dem Arbeitgeber im bestehenden Arbeitsverhältnis verbietet, Beschäftigte aus Gründen der Rasse, der Herkunft, des Geschlechts, der Religion oder Weltanschauung, des Alters, der sexuellen Identität oder einer Behinderung zu benachteiligen. Verstößt der Arbeitgeber schuldhaft gegen dieses Benachteiligungsverbot, regelt § 15 AGG als Rechtsfolge die Verpflichtung zum Schadensersatz und zum Ersatz des immateriellen Schadens, d. h. Zahlung von Schmerzensgeld.

### *1.3.2.2 Haftung auf persönlicher Ebene*

Eine Außenhaftung des Arbeitnehmers im Bereich der vertraglichen Haftung ist kaum denkbar. Bedient sich der Arbeitgeber/Unternehmer zur Erfüllung einer vertraglich übernommenen Verpflichtung eines Arbeitnehmers, so ist dieser Erfüllungsgehilfe nach § 278 BGB; die Haftung für Verschulden des Erfüllungsgehilfen trifft den Arbeitgeber; er wird Schadensersatz zu leisten haben, wenn der Erfüllungsgehilfe in Erfüllung der ihm übertragenen Aufgaben einen Dritten schädigt. Die Frage, ob der Arbeitgeber bei seinem Arbeitnehmer den Schadensersatz selbst wieder geltend machen kann, ist grundsätzlich mit „Ja“ zu beantworten, denn im Innenverhältnis des Arbeitsvertrags liegt die Pflichtverletzung eindeutig beim Arbeitnehmer/Erfüllungsgehilfen (und evtl. auch bei der VEFK). Diese Regressmöglichkeit ist aber durch die Rechtsprechung der Arbeitsgerichte für die Fälle stark eingeschränkt, in denen der Erfüllungsgehilfe den Schaden bei Ausübung einer betrieblichen Tätigkeit, praktisch nur aufgrund des Arbeitsverhältnisses verursacht.

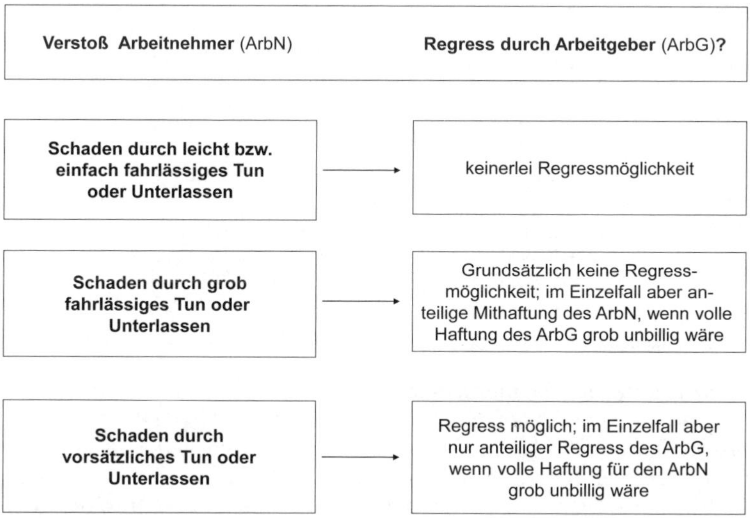


**Bild 13** Regressmöglichkeiten

In den Fällen, in denen von der grundsätzlichen Rechtsprechung abgewichen und der Schaden anteilig auf ArbN und ArbG verteilt wird, hat das Gericht eine Abwägung zwischen den Interessen der Beteiligten vorzunehmen. Dies wird immer dann der Fall sein, wenn der vollständige Verbleib des Schadens auf Arbeitgeber- oder Arbeitnehmerseite im Einzelfall nach der allgemeinen Verkehrsanschauung und unter Beachtung der gegenseitigen Interessen als grob unbillig anzusehen wäre.

Selbstverständlich hat aber auch der Arbeitnehmer vertragliche Verpflichtungen einzuhalten. Er ist weisungsgebunden gegenüber dem Arbeitgeber und den mit Arbeitgeberrechten ausgestatteten Führungskräften, die in der betrieblichen Hierarchie über ihm stehen. Er hat die vom Arbeitgeber aufgestellten Regeln (gerade auch im Bereich des Arbeitsschutzes) einzuhalten und die ihm übertragenen Arbeiten fachlich korrekt auszuführen. Von ihm einzuhaltende vertragliche Nebenpflichten sind insbesondere die Treuepflicht und die Sorgfaltspflicht. Verletzt er seine Pflichten, kann der ArbG aber aufgrund der obigen Rechtsprechung den Schaden nicht vom ArbN ersetzt verlangen, so bleiben als interne Sanktionen „nur“ die arbeitsrechtlichen Instrumente.

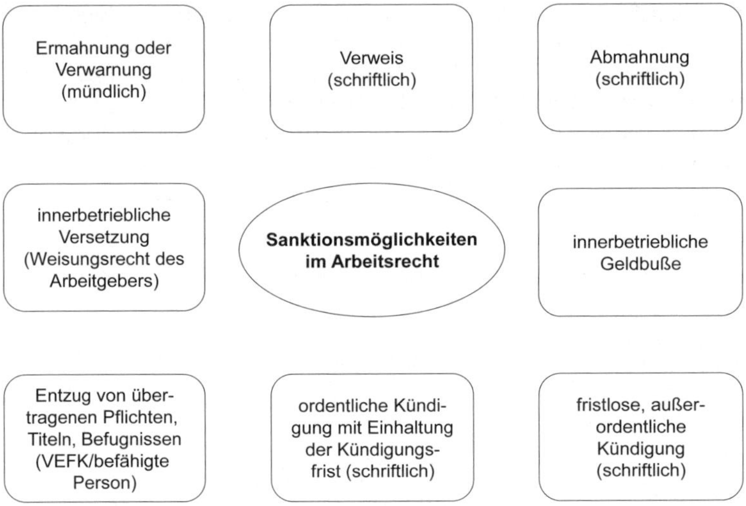


**Bild 14** Sanktionsmöglichkeiten im Arbeitsrecht

*Beispiel: Bei einem Rundgang im Unternehmen wird festgestellt, dass ein Abteilungsleiter, dem Arbeitgeberpflichten in seiner Abteilung zur selbstständigen Wahrnehmung übertragen wurden, die von der Unternehmensführung vorgegebenen Arbeitsschutzmaßnahmen in seiner Abteilung nicht einhält. Folge: Der Abteilungsleiter erhält einen Verweis. Einige Wochen später wird erneut bekannt, dass der Abteilungsleiter sich nicht an die Vorgaben des Arbeitsschutzes hält und seine Mitarbeiter nicht entsprechend anweist. Folge: Es ergeht eine schriftliche Abmahnung. Bei einem möglichen dritten Verstoß gegen diese Pflichten wäre der Entzug der Abteilungsleitung, also die interne Rückstufung (entweder vom Weisungsrecht des Arbeitgebers gedeckt oder im Rahmen einer Änderungskündigung) genauso möglich wie eine ordentliche Kündigung unter Einhaltung der Kündigungsfrist. Für den Fall, dass die wiederholte Nichteinhaltung der Arbeitsschutzvorgaben gar zu einem Vorfall/Unfall in der Abteilung führt, kann auch über eine fristlose Kündigung nachgedacht werden.*

### 1.3.3 Deliktische Haftung

Das Deliktsrecht hat seine gesetzliche Verankerung in den §§ 823 ff. BGB. Der mit Abstand größte Teil der Fälle wird über § 823 Abs. 1 und 2 BGB gelöst.

Diese Gesetzesnorm kann auf unzählige verschiedene Lebenssachverhalte angewendet werden; Voraussetzung ist die schuldhafte Verletzung eines der in Abs. 1 genannten Rechtsgüter. § 823 BGB ist Anspruchsgrundlage für Schadensersatz aus einem Verkehrsunfall, regelt die Rechtsfolge bei Körperverletzung im Rahmen einer Wirtshausschlägerei und greift natürlich auch bei Arbeitsunfällen ein. Dies verdeutlicht die enorme Bandbreite des praktischen Einsatzes.

## § 823 BGB

- Abs. 1: „Wer vorsätzlich oder fahrlässig das Leben, den Körper, die Gesundheit, die Freiheit, das Eigentum oder ein sonstiges Recht eines anderen widerrechtlich verletzt, ist dem anderen zum Ersatz des daraus entstehenden Schadens verpflichtet."
- Abs. 2: „Die gleiche Verpflichtung trifft denjenigen, welcher gegen ein den Schutz eines anderen bezweckenden Gesetz verstößt. Ist nach dem Inhalt des Gesetzes ein Verstoß gegen dieses Gesetz auch ohne Verschulden möglich, so tritt die Ersatzpflicht nur im Fall des Verschuldens ein."

**Bild 15** § 823 des Bürgerlichen Gesetzbuchs

**Prüfungsschema § 823 Abs. 1 BGB**

1. Verletzung eines geschützten Rechtsguts (Leben, Körper, Gesundheit, Freiheit, Eigentum, sonstiges Recht) durch eine rechtswidrige Handlung (Tun oder Unterlassen bei Pflicht zum Tätigwerden) des Täters
2. Verschulden des Täters (Vorsatz oder Fahrlässigkeit)
3. Schaden beim Geschädigten
4. Kausalität zwischen allen Prüfungspunkten (d. h. schuldhafte und rechtswidrige Pflichtverletzung des Täters muss Ursache des Schadens beim Geschädigten sein)
5. Rechtsfolge: Schadensersatz

**Prüfungsschema § 823 Abs. 2 BGB**

1. Verstoß gegen ein Schutzgesetz durch eine rechtswidrige Handlung (Tun oder Unterlassen bei Pflicht zum Tätigwerden) des Täters
2. Verschulden des Täters (Vorsatz oder Fahrlässigkeit), auch wenn das Schutzgesetz selbst kein Verschulden verlangt (vgl. § 823 Abs. 2 Satz 2 BGB)
3. Schaden beim Geschädigten
4. Kausalität zwischen allen Prüfungspunkten (d. h. schuldhafte und rechtswidrige Pflichtverletzung des Täters muss Ursache des Schadens beim Geschädigten sein)
5. Rechtsfolge: Schadensersatz

**Bild 16** Prüfungsschema § 823 BGB

„Schutzgesetz" im Sinn des § 823 Abs. 2 BGB ist gegeben, wenn Ziel des jeweiligen Gesetzes zumindest auch der Schutz bestimmter Rechtsgüter oder Interessen des Einzelnen ist. Wann dies der Fall ist, lässt sich entweder aus dem Gesetzestext selbst, aus den Motiven des Gesetzgebers und insbesondere aus der Rechtsprechung entnehmen, die bei Anwendung des § 823 Abs. 2 BGB in Verbindung mit einem anderen Gesetzeswerk immer wieder entscheiden muss, ob es sich dabei um ein Schutzgesetz handelt oder nicht.

Beispiele:

- Das Strafgesetzbuch ist natürlich „Schutzgesetz" im Sinn des § 823 Abs. 2 BGB. Wenn der Gesetzgeber die Körperverletzung unter Strafe stellt, bezweckt er damit vorwiegend den Schutz des jeweiligen Opfers.
- Die Betriebssicherheitsverordnung (BetrSichV) hinsichtlich der Arbeitgeber- und Betreiberpflichten,
- das Geräte- und Produktsicherheitsgesetz (GPSG) im selben Umfang,
- die Gefahrgutverordnung Straße sowie
- das Arbeitsschutzgesetz (ArbSchG) und das Jugendarbeitsschutzgesetz (JArbSchG), soweit Arbeitgeberpflichten begründet werden, sind ebenfalls Schutzgesetze.

Der Art nach können „Schutzgesetze" Gesetze, Rechtsverordnungen, öffentlich-rechtliche Satzungen und selbst Tarifverträge oder Betriebsvereinbarungen sein. Keine Schutzgesetze hingegen sind nach ständiger Rechtsprechung die von Verbänden aufgestellten technischen Regeln und Standardnormen, wie die Unfallverhütungsvorschriften der BG, sämtliche DIN-Normen und VDE-Bestimmungen.

*Beispiel: Ein Abteilungsleiter, dem auch minderjährige Auszubildende im Rahmen der Berufsausbildung zugewiesen sind, kennt zwar seine Unterweisungspflichten, hält diese aber in der Praxis für weniger wichtig und vernachlässigt sie ständig. Auch als die Abteilung mit neuen Stanzgeräten ausgerüstet wird, kommt er seiner Unterweisungspflicht nicht nach. Ein Auszubildender erleidet aufgrund falscher Bedienung eine Verletzung am Arm; der Auszubildende gibt an, in den Gebrauch des neuen Stanzgeräts nicht eingeführt worden zu sein.*

*Der Abteilungsleiter hat die ihm übertragene Arbeitgeberpflicht nach § 29 JArbSchG verletzt; er ist trotz entsprechender Verpflichtung nicht tätig geworden. Das JArbSchG ist ein Schutzgesetz im Sinn des § 823 Abs. 2 BGB. Sein Verhalten war schuldhaft, zumindest fahrlässig. Der Auszubildende erlitt eine Verletzung am Arm, die kausal auf das Fehlverhalten des Abteilungsleiters zurückzuführen ist. Wäre der Auszubildende korrekt unterwiesen worden, hätte er die Stanzmaschine nicht fehlerhaft bedient und der Körperschaden wäre zu vermeiden gewesen.*

Da es sich in diesem Beispiel unstreitig um einen Arbeitsunfall handelt, ist die gesetzliche Unfallversicherung (BG) für den Schaden eintrittspflichtig (§§ 7–9 SGB VII). Reguliert die BG den Schaden, kann der Auszubildende keine weiteren Ansprüche direkt gegen den Abteilungsleiter aus § 823 Abs. 2 BGB i.V.m. § 29 JArbSchG geltend machen. Sein gesamter Schaden (inkl. Schmerzensgeld) ist mit der BG-Leistung abgegolten und erledigt. In unserem Beispiel könnte der Auszubildende nur dann direkt gegen den Abteilungsleiter vorgehen, wenn dieser vorsätzlich gehandelt hätte; ob der Sachverhalt hierfür ausreicht, wäre im Einzelfall gerichtlich zu klären.

Die BG kann und wird den von ihr regulierten Schaden im Weg des Regresses beim Unfallverursacher/Schädiger (hier der Abteilungsleiter) zurückverlangen. Die entsprechende Anspruchsgrundlage hierfür bildet § 110 SGB VII. Allerdings ist der Regress auf Unfälle beschränkt, die auf vorsätzliches oder grob fahrlässiges Verhalten des Schädigers beruhen. Liegt nur einfache Fahrlässigkeit vor, ist diese Regressmöglichkeit nicht gegeben.

*Beispiel (Abwandlung bzw. Ergänzung des vorherigen Beispiels): Bei dem Unfall mit der Stanzmaschine verletzt sich der Auszubildende nicht nur am Arm; es wird auch seine teure Armbanduhr (Erbstück) zerstört.*

Die Haftung aus § 823 BGB wurde bereits bejaht; die BG ist für Personen-, nicht jedoch für Sachschäden eintrittspflichtig. Dementsprechend kann der Auszubildende Schadensersatz wegen Zerstörung seiner Uhr gegen den Abteilungsleiter direkt geltend machen. Ob eine vom Arbeitgeber abgeschlossene Betriebshaftpflichtversicherung den Schaden reguliert, ist für den Anspruch selbst nicht von Bedeutung.

Eine weitere Regressnorm für die BG stellt der § 116 SGB X dar. Diese Anspruchsgrundlage tritt dann ein, wenn der Schädiger nicht (wie im obigen Beispielsfall) Beschäftigter desselben Betriebs, sondern ein „externer Schädiger“ ist. Während im Fall der „internen Schädigung“ nach § 110 SGB VII vorsätzliches oder grob fahrlässiges Verhalten vorliegen muss, um Regress nehmen zu können, reicht im Fall der „externen Schädigung“ nach § 116 SGB X bereits einfache Fahrlässigkeit aus.

Neben Schadensersatzansprüchen kann auch ein immaterieller Schaden (Schmerzensgeld) ersetzt verlangt werden, soweit dieser vorliegt. Die Anspruchsgrundlage hierzu findet sich in § 253 Abs. 2 BGB. Dort ist nur bestimmt, dass der Schädiger dem Geschädigten eine „billige Entschädigung in Geld“ zu leisten hat. Der Begriff „billig“ hat nichts damit zu tun, dass die Schmerzensgeldbeträge in Deutschland vonseiten der Rechtsprechung bewusst niedrig gehalten werden, um ein Ausufern der Beträge (wie in den USA) zu vermeiden; vielmehr wird auf eine „billige“ bzw. „angemessene“ Entschädigung verwiesen. Was im Einzelfall billig oder angemessen ist, entscheiden die Gerichte im jeweiligen Verfahren.

### 1.3.4 Ordnungswidrigkeiten

Ordnungswidrigkeiten werden oft als „kleine Straftaten“ bezeichnet; diese Bezeichnung ist zwar juristisch ungenau, trifft aber den Kern ganz gut. Bei Ordnungswidrigkeiten handelt es sich um Verstöße gegen gesetzliche Vorschriften, die nicht mit Strafe, sondern mit Bußgeld geahndet werden.

Will man in Gesetzen und Verordnungen die OWi-Vorschriften finden, liest man den Text am besten von hinten nach vorn. In vielen Gesetzen, Verordnungen und BG-Vorschriften befinden sich die OWi- und Straftatenregelungen ganz hinten im Text. Dies macht insofern Sinn, als vorn im Text zunächst die Pflichten aufgeführt sind und erst nach Kenntnis der Pflichten geregelt wird, ob und wie ein Verstoß gegen diese Pflichten geahndet werden soll.

**Prüfungsschema Ordnungswidrigkeiten**

1. Tatbestand: Durch Tun oder Unterlassen muss eine gesetzlich auferlegte Pflicht vom Täter verletzt worden sein.

2. Rechtswidrigkeit: Die Tat muss der gesetzlichen Regelung widersprechen und darf nicht gerechtfertigt sein.

3. Verschulden: Vorsätzliches Tun oder Unterlassen ist immer schuldhaft; fahrlässiges Tun oder Unterlassen nur dann, wenn gesetzlich die Fahrlässigkeit des Täters ausdrücklich mit Geldbuße bedroht ist (vgl. § 10 OWiG).

4. Rechtsfolge: Geldbuße im genannten Bußgeldrahmen.

**Bild 17** Prüfungsschema Ordnungswidrigkeiten

Dieses allgemeine Schema kann auf alle gesetzlichen OWi-Regelungen angewandt werden; z. B. auf den § 130 OWiG,

**Prüfungsschema § 130 OWiG**

1. Tatbestand: Unterlassen von Aufsichtsmaßnahmen, die erforderlich sind, um im Unternehmen Pflichtverletzungen zu verhindern, die bei gehöriger Aufsicht hätten verhindert werden können. Als Täter sind der Betriebs- oder Unternehmensinhaber genannt; über § 9 OWiG erstreckt sich der Täterkreis auch auf Führungskräfte und verantwortliche Personen.

2. Rechtswidrigkeit: Die Tat muss der gesetzlichen Regelung widersprechen und darf nicht gerechtfertigt sein.

3. Verschulden: Vorsätzliches oder (ausdrücklich genannt!) fahrlässiges Unterlassen.

4. Rechtsfolge: Abs. 3, je nachdem, ob die (durch Unterlassen nicht verhinderte) Pflichtverletzung mit Strafe oder Geldbuße bedroht ist.

**Bild 18** Prüfungsschema § 130 OWiG

oder auch auf spezialgesetzliche Regelungen wie § 25 BetrSichV.

### Prüfungsschema § 25 Abs. 1 BetrSichV

1. Tatbestand: Täter stellt nicht sicher, dass Arbeitsmittel gemäß § 10 Abs. 1 bzw. § 10 Abs. 2 Satz 1 BetrSichV rechtzeitig geprüft werden oder im Fall des § 10 Abs. 2 Satz 2 BetrSichV einer außerordentlichen Prüfung unterzogen werden. Täter ist, an wen sich die Pflicht richtet, hier: der Arbeitgeber, aber auch die in § 9 OWiG genannten Personen.

2. Rechtswidrigkeit: Die Tat muss der gesetzlichen Regelung widersprechen und darf nicht gerechtfertigt sein.

3. Verschulden: Vorsätzliches oder (ausdrücklich genannt) fahrlässiges Unterlassen.

4. Rechtsfolge: Rechtsfolgenverweis auf § 25 Abs. 1 Nr. 1, Abs. 2 ArbSchG (Geldbuße).

**Bild 19** Prüfungsschema § 25 Abs. 1 BetrSichV

### Prüfungsschema § 25 Abs. 3 Nr. 1 BetrSichV

1. Tatbestand: Täter betreibt eine überwachungsbedürftige Anlage, die entgegen § 12 Abs. 5 BetrSichV nicht sicher ist oder entgegen § 14 Abs. 1 oder 2, 15 Abs. 20 BetrSichV vor Inbetriebnahme nicht geprüft worden ist. Täter ist, an wen sich die Pflicht richtet, hier: der Betreiber, aber auch die in § 9 OWiG genannten Personen.

2. Rechtswidrigkeit: Die Tat muss der gesetzlichen Regelung widersprechen und darf nicht gerechtfertigt sein.

3. Verschulden: Vorsätzliches oder (ausdrücklich genannt) fahrlässiges Unterlassen.

4. Rechtsfolge: Rechtsfolgenverweis auf § 19 Abs. 1 Nr. 1a, Abs. 2 GPSG (Geldbuße).

**Bild 20** Prüfungsschema § 25 Abs. 3 Nr. 1 BetrSichV

Aus diesen Beispielen wird deutlich, dass der Erlass eines Bußgeldbescheids nicht von einem Unfall oder Vorfall abhängig ist. Sanktioniert wird vielmehr ein Fehlverhalten, eine Verletzung gesetzlich auferlegter Pflichten. Diese Pflichtverletzungen werden der zuständigen Behörde zumeist durch Überprüfungen der tatsächlichen Gegebenheiten und insbesondere der Dokumentationen vor Ort bekannt, oft aber auch durch entsprechende Anzeigen.

Dem Grund nach setzt die Verwirklichung eines OWi-Tatbestands eine Handlung im Sinn eines aktiven Tuns voraus. In vielen Tatbeständen werden aber Unterlassungen sanktioniert. So auch in § 25 BetrSichV, der die Unterlassung der Durchführung von Prüfungen mit Geldbuße bedroht. Nach § 8 OWiG wird ein Unterlassen dem aktiven Tun gleichgestellt, wenn sich der Täter in einer sog. Garantenstellung befindet. Eine Garantenstellung setzt eine Verpflichtung des Täters voraus, in einer bestimmten Situation tätig zu werden.[3]

Die zuständige Behörde (Gewerbeaufsicht bzw. Amt für Arbeitsschutz) hat den Bußgeldbescheid mit dem vorgeschriebenen Inhalt (§ 66 OWiG) zu erlassen und im gesetzlich vorgesehenen Bußgeldrahmen die Höhe des Bußgelds nach eigenem Ermessen festzusetzen. Ab Zustellung des Bußgeldbescheids hat der Betroffene innerhalb einer Frist von zwei Wochen die Möglichkeit, Einspruch hiergegen einzulegen, was zur Abgabe des Verfahrens an das örtlich zuständige Amtsgericht führt (§§ 67, 68 OWiG).

Der Einspruch kann sich sowohl gegen den gesamten Bußgeldbescheid, also den (rechtswidrig und schuldhaft begangenen) Tatvorwurf und die Rechtsfolge richten; der Einspruch kann aber auch auf die Rechtsfolge beschränkt werden, wenn aufseiten des Betroffenen zwar zugestanden werden muss, dass der Tatvorwurf korrekt ist, die Höhe des Bußgelds aber als zu hoch angesehen und insoweit die Ermessensentscheidung der Behörde angegriffen wird. In diesem Fall beschränkt sich die gerichtliche Überprüfung darauf, ob das verhängte Bußgeld dem begangenen Verstoß der Höhe nach gerecht wird oder nicht.

Nach § 30 OWiG hat die Behörde auch die Möglichkeit, Bußgeldbescheide gegen juristische Personen oder gleichgestellte Personenvereinigungen zu erlassen, auch wenn diese selbst nicht schuldhaft handeln können. Abgestellt wird dann auf die schuldhafte und rechtswidrige Tat eines Organs der jur. Person bzw. eines vertretungsberechtigten Gesellschafters der Personenvereinigung. Die Höhe der Geldbuße bemisst sich in diesem Fall nach den wirtschaftlichen Verhältnissen der jur. Person oder Personenvereinigung, nicht nach denen der handelnden Person.

Die Geldbuße gegen die juristische Person oder Personenvereinigung kann ggf. auch in einem einheitlichen Verfahren mit der Geldbuße gegen die natürliche Person, also parallel, festgesetzt werden.

---

[3] Vergleiche hierzu auch die Ausführungen zur Garantenstellung in Kapitel 1.3.5 „Straftaten“.

### 1.3.5 Straftaten

Straftatbestände ergeben sich aus dem Strafgesetzbuch (StGB) und vielen spezialgesetzlichen Regelungen, die ein Tun oder Unterlassen unter Strafe stellen.

Straftatbestände werden in Vergehen und Verbrechen unterteilt. Verbrechen sind danach rechtswidrige Taten, die im Mindeststrafmaß mit Freiheitsstrafe von einem Jahr bedroht sind; Vergehen sind hingegen rechtswidrige Taten, die als Mindeststrafmaß Geldstrafe oder Freiheitsstrafe unter einem Jahr vorsehen (vgl. § 12 StGB).

**Prüfungsschema Straftaten**

1. Tatbestand: Durch Tun oder Unterlassen ein Straftatbestand verwirklicht werden. Kausalität zwischen Tathandlung und Taterfolg muss gegeben sein.

2. Rechtswidrigkeit: Die Tat muss der gesetzlichen Regelung widersprechen und darf nicht gerechtfertigt sein (z. B. bei Notwehr, Notstand).

3. Verschulden: Vorsatz oder Fahrlässigkeit des Täters. Vorsätzliches Tun oder Unterlassen ist immer strafbar; fahrlässiges Tun oder Unterlassen nur dann, wenn im Gesetz die Fahrlässigkeit des Täters ausdrücklich mit Strafe bedroht ist (vgl. § 15 StGB).

4. Rechtsfolge: Geld- oder Freiheitsstrafe im genannten Strafrahmen.

**Bild 21** Prüfungsschema für Straftatbestände

Dieses allgemeine Schema kann wiederum auf alle Normen des Strafrechts angewandt werden; z. B. auf die Körperverletzung nach § 223 StGB, die gefährliche Körperverletzung nach § 224 StGB, aber auch auf spezialgesetzliche Regelungen wie § 26 Abs. 1 BetrSichV und § 26 Abs. 2 BetrSichV.

## Prüfungsschema § 223 StGB

1. Tatbestand: Körperliche Misshandlung oder Schädigung der Gesundheit eines anderen, kausal verursacht durch den Täter.
2. Rechtswidrigkeit: Die Tat muss der gesetzlichen Regelung widersprechen und darf nicht gerechtfertigt sein (z. B. bei Notwehr, Notstand).
3. Verschulden: Vorsätzliches Tun. (Fahrlässige Körperverletzung ist in einem eigenen Tatbestand geregelt, vgl. § 229 StGB.)
4. Rechtsfolge: Freiheitsstrafe bis zu fünf Jahren oder Geldstrafe.

**Bild 22** Prüfungsschema § 223 StGB

## Prüfungsschema § 224 StGB

1. Tatbestand: Tatbestand des § 223 StGB und hinzutreten eines sog. „qualifizierenden Merkmals“
   - durch Beibringung von Gift o. a. gesundheitsschädlichen Stoffen,
   - mittels einer Waffe oder eines gefährlichen Werkzeugs,
   - mittels eines hinterlistigen Überfalls,
   - gemeinschaftlich mit anderen Beteiligten oder
   - mittels einer das Leben gefährdenden Behandlung.
2. Rechtswidrigkeit: Die Tat muss der gesetzlichen Regelung widersprechen und darf nicht gerechtfertigt sein (z. B. bei Notwehr, Notstand).
3. Verschulden: Vorsätzliches Tun.
4. Rechtsfolge: Freiheitsstrafe von sechs Monaten bis zehn Jahren.

**Bild 23** Prüfungsschema § 224 StGB

## Prüfungsschema § 26 Abs. 1 BetrSichV

1. Tatbestand: Tatbestand der Ordnungswidrigkeit des § 25 Abs. 1 BetrSichV und hinzutreten eines sog. „qualifizierenden Merkmals“

   - Gefährdung von Leben und Gesundheit eines Beschäftigten.

2. Rechtswidrigkeit: Die Tat muss der gesetzlichen Regelung widersprechen und darf nicht gerechtfertigt sein (z. B. bei Notwehr, Notstand).

3. Verschulden: Vorsatz.

4. Rechtsfolge: Rechtsfolgenverweis auf § 26 Nr. 2 ArbSchG; Freiheitsstrafe bis zu einem Jahr oder Geldstrafe.

**Bild 24** Prüfungsschema § 26 Abs. 1 BetrSichV

## Prüfungsschema § 26 Abs. 2 BetrSichV

1. Tatbestand: Tatbestand der Ordnungswidrigkeit des § 25 Abs. 3 BetrSichV und hinzutreten eines sog. „qualifizierenden Merkmals“

   - beharrliche Wiederholung einer Tat,
   - Gefährdung von Leben und Gesundheit eines anderen oder fremder Sachen von bedeutendem Wert.

2. Rechtswidrigkeit: Die Tat muss der gesetzlichen Regelung widersprechen und darf nicht gerechtfertigt sein (z. B. bei Notwehr, Notstand).

3. Verschulden: Vorsatz oder Fahrlässigkeit.

4. Rechtsfolge: Rechtsfolgenverweis auf § 20 GPSG; Freiheitsstrafe bis zu ein Jahr oder Geldstrafe.

**Bild 25** Prüfungsschema § 26 Abs. 2 BetrSichV

Im Gegensatz zu den Ordnungswidrigkeiten, die das reine Fehlverhalten sanktionieren, setzen Straftaten in aller Regel einen Taterfolg voraus, also z. B. eine erfolgte Körperverletzung oder gar eine Tötung. Ausnahme hiervon sind die sog. „Gefährdungsdelikte“. Hier stellt der Gesetzgeber durchaus bewusst bereits die Gefährdung und nicht erst die Realisierung des Taterfolgs unter Strafe. Bestes Beispiel hierfür ist der § 26 BetrSichV; bereits die Gefährdung für Leben und Gesundheit eines Beschäftigten bzw. die Gefährdung von Leben und Gesundheit eines anderen oder fremder Sachen von bedeutendem Wert wird bestraft. Wenn bereits die Gefährdung eines Rechtsguts unter Strafe steht, versteht sich von selbst, dass dann auch die Verwirklichung des Taterfolgs eine Straftat darstellt.

Ein weiterer Unterschied zu den Ordnungswidrigkeiten besteht darin, dass Täter einer Straftat nur natürliche Personen sein können. Eine juristische Person (liegt z. B. bei der Gesellschaftsform AG oder GmbH vor) kann durchaus – wie dargestellt – Empfänger eines Bußgeldbescheids sein; sie kann aber eine Freiheitsstrafe nicht selbst absitzen; das können nur natürliche Personen, also die handelnden Organe der juristischen Person (Vorstand, Geschäftsführer) oder aber die beauftragten Personen (§ 14 StGB).

Soweit eine Tathandlung sowohl ein Strafgesetz als auch eine Ordnungswidrigkeitenvorschrift verletzt, hat das Strafgesetz Vorrang (§ 21 Abs. 1 OWiG). Nur, wenn das Strafverfahren nicht weiter betrieben, also eingestellt wird, kann die Tat noch als Ordnungswidrigkeit verfolgt werden (§ 21 Abs. 2 OWiG).

Für die Verfolgung von Straftaten, auch der Straftaten aus dem ArbSchG, der BetrSichV, dem GPSG, ist ausschließlich die Staatsanwaltschaft zuständig. Verwaltungsbehörden werden selbst nicht strafverfolgend tätig. In § 41 Abs. 1 OWiG ist klar geregelt, dass Verwaltungsbehörden ein Verfahren an die Staatsanwaltschaft abzugeben haben, sollten sich im Rahmen der Prüfung Anhaltspunkte für die Verwirklichung einer Straftat ergeben.

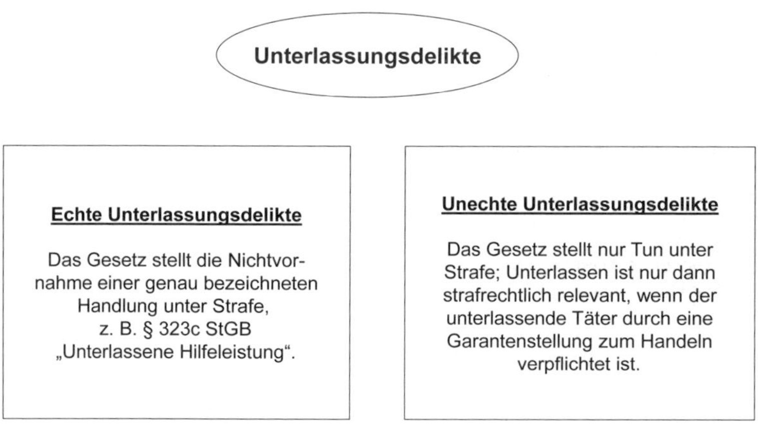


**Bild 26** Unterlassungsdelikte

Auch im Bereich des Strafrechts setzt die Verwirklichung eines Tatbestands grundsätzlich eine Handlung im Sinn eines aktiven Tuns voraus. In vielen Straftatbeständen werden aber Unterlassungen sanktioniert. Nach § 13 StGB wird ein Unterlassen dem aktiven Tun gleichgestellt, wenn sich der Täter in der Garantenstellung befindet. Die Garantenstellung setzt die Verpflichtung des Täters voraus, in einer bestimmten Situation tätig zu werden; sanktioniert wird das „Nicht-tätig-werden".

Woraus ergeben sich aber Garantenstellungen? In der juristischen Rechtsprechung haben sich – neben Einzelfallentscheidungen – im Lauf der Jahre Fallgruppen herausgebildet, die heute allgemein anerkannte Garantenstellungen darstellen:

- Garantenstellung aus Gesetz
  Hier handelt es sich um gesetzlich geregelte Verhältnisse zwischen einzelnen Personen, so z. B. zwischen Ehegatten (§ 1353 BGB) oder zwischen Verwandten und Eltern/Kindern.
- Garantenstellung aus Gewährsübernahme
  Die Garantenstellung kann sich aus einer vertraglichen Übernahme von Pflichten ergeben, so z. B. durch den Arzt einer städtischen Klinik gegenüber einem Patienten im Rahmen des Krankenhausvertrags.
- Garantenstellung aus besonderem Vertrauensverhältnis
  Die Garantenstellung kann aus einem besonders engen Vertrauensverhältnis zwischen Personen in einer speziellen Lebenssituation entstehen, so z. B. zwischen Teilnehmern einer Extrembergtour oder auch zwischen Arbeitskollegen, die mit einer gemeinsamen, nicht alltäglichen Aufgabe betraut sind.
- Garantenstellung aus Ingerenz
  Letztlich kann sich die Garantenstellung aus einem vorangegangenen pflichtwidrigen gefährlichen Tun oder der Schaffung einer Gefahr oder Gefahrenquelle (Ingerenz) ergeben. Die hierzu ergangene Rechtsprechung ist vielfältig und bunt. Nur einige Beispiele:
  - Die Ausgabe von Alkohol an Kollegen während der Arbeitszeit bei Kenntnis der Gefährdungen der Arbeitsleistung (z. B. an Kraftfahrer) begründet eine Garantenstellung.
  - Wer in Gebäuden oder auf Grundstücken Verkehr erlaubt, hat eine Verkehrssicherungspflicht gegenüber den Nutzern; unterlassene Gefahrenabwehr (räumen, streuen) begründet eine Garantenstellung.

**Beispiel Garantenstellung – wann muss eine verantwortliche Elektrofachkraft aktiv handeln?**

*In einer im Jahr 1995 errichteten Produktionsanlage ist bei der Errichtung durch einen großen deutschen Industriekonzern ein Montagefehler unterlaufen, der bis zum Ende des Jahres 2008 nicht aufgefallen ist.*

*Ende des Jahres 2008 entstand beim bloßen Anlegen einer Rogowskispule ein Kurzschluss in der Zuleitung zur besagten Produktionsanlage. Nach dem Freischalten und*

**Bild 27** Herstellerseitiger Anlagenaufbau

*Sichern der Anlage konnte festgestellt werden, dass die dreiphasige Zuleitung der Energieversorgung im Schaltschrank unsachgemäß befestigt wurde: Die Leitungsschellen wurden mit den falschen Schrauben befestigt, sodass die Leitungsisolierung massiv beschädigt wurde.*

**Bild 28** Auswirkungen der fehlerhaften Montage

*Sowohl an der Leitungsschelle als auch an der Schraube ist gut erkennbar, dass sie Strom geführt haben.*

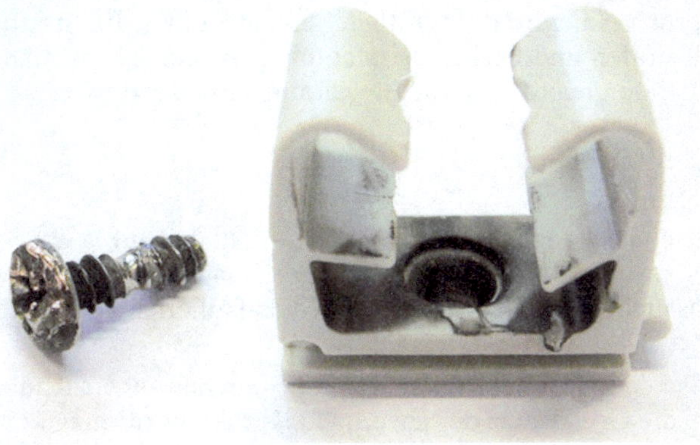

**Bild 29** Ausgebaute Leitungsschelle

*Der Fehler blieb glücklicherweise ohne Folgen, d. h. ohne Personen- und ohne nennenswerte Sachschäden.*

*Bis zum ersten Auftreten des Fehlers konnte dieser als „unerwartet" und „nicht vorhersehbar" durchgehen. Aber die verantwortliche Elektrofachkraft hat weiter gedacht, denn das Produktionsunternehmen besitzt bundesweit noch über 100 baugleiche Anlagen, die Mitte der 1990er-Jahre alle vom gleichen Hersteller aufgebaut wurden. Die verantwortliche Elektrofachkraft hat also unverzüglich alle Standorte mit konkreter Terminvorgabe und Rückmeldungsverpflichtung angeschrieben und um vorsichtige sowie sorgfältige Überprüfung der Maschinen am jeweiligen Standort gebeten. Als Ergebnis ist festzuhalten, dass rund 20 weitere Anlagen ebenfalls fehlerhaft waren.*

*Durch das konkrete Handeln der verantwortlichen Elektrofachkraft wurde die elektrische Sicherheit der Anlagen erhöht und vorausschauend gehandelt. Hätte die verantwortliche Elektrofachkraft nicht gehandelt und es wäre an einem anderen Standort zu einem ähnlichen „Zwischenfall" mit Personen- oder Sachschaden gekommen, so hätte sich die verantwortliche Elektrofachkraft für ihr Nichthandeln verantworten müssen.*

Kommt die zuständige Staatsanwaltschaft im sog. Ermittlungsverfahren zu dem Ergebnis, dass ein rechtswidriges, schuldhaftes Verhalten des Beschuldigten nicht vorliegt, werden die Ermittlungen eingestellt. Geht die Staatsanwaltschaft hingegen von einem dringenden Tatverdacht aus, wird sie beim hierfür zuständigen Gericht Anklage erheben oder den Erlass eines Strafbefehls beantragen. Im Fall der Anklage wird das Gericht einen Verhandlungstermin bestimmen; im Fall des Antrags auf Erlass eines Strafbefehls wird der Strafbefehl mit dem notwendigen Inhalt (§ 409 StPO) erlassen und dem Beschuldigten zugestellt. Dieser hat sodann innerhalb von zwei Wochen die Möglichkeit, Einspruch gegen den Strafbefehl einzulegen, was dann auch eine mündliche Verhandlung vor Gericht nach sich zieht. Legt der Beschuldigte keinen fristgerechten Einspruch ein, wird der Strafbefehl rechtskräftig. Im Strafbefehlsverfahren können Geldstrafen und Freiheitsstrafen bis max. ein Jahr verhängt werden, wenn die Freiheitsstrafe gleichzeitig zur Bewährung ausgesetzt wird.

### 1.3.6 Gerichtsprozesse

Der Wahrheitsgehalt des allseits bekannten Spruchs „Vor Gericht und auf hoher See ist man in Gottes Hand" ist zwar nicht vollständig von der Hand zu weisen, denn oftmals laufen Verfahren aus nicht vorhersehbaren und nicht kalkulierbaren Gründen anders, als zunächst erwartet.

Dennoch sind die Prozessrisiken in einem Großteil der Fälle durchaus überschaubar und kalkulierbar, wenn man die Grundsätze der jeweiligen Verfahrensordnung (z. B. Zivilprozessordnung, Strafprozessordnung) beachtet und auf mögliche Verfahren gut vorbereitet ist.

Die nachfolgende Darstellung ist unterteilt in den Zivilprozess, das strafrechtliche Ermittlungsverfahren und das Strafverfahren.

#### *1.3.6.1 Zivilprozesse*

Für die Geltendmachung von Schadensersatz- und Schmerzensgeldansprüchen, aber auch für die Regressklage der BG gegen einen Schädiger auf Schadensersatz sind die Zivilgerichte zuständig, bei Streitwerten bis 5 000 € die örtlich zuständigen Amtsgerichte, bei Werten über 5 000 € die örtlich zuständigen Landgerichte.

Knackpunkt des Zivilprozesses sind die in der Zivilprozessordnung enthaltenen Beweislastregeln (§§ 284 ff. ZPO). Hierbei handelt es sich (einfach ausgedrückt) um Spielregeln, die den Prozess entscheiden können. Der Grundsatz der gesetzlichen Beweislastregeln lautet:

*„Wer etwas zu seinen Gunsten vorträgt, muss es im Zweifel auch beweisen."*

Diese Regel kommt praktisch immer dann zur Anwendung, wenn die Aussagen beider Parteien in einem prozessentscheidenden Punkt auseinandergehen und das Gericht sich, aufgrund der angebotenen Beweismittel, nicht für die eine oder andere Version entscheiden kann. Dann wird die Entscheidung des Gerichts zulasten der Partei gehen, der die Beweislast für diese entscheidende Tatsache oblag und die diesen Beweis nicht zur Überzeugung des Gerichts führen konnte.

*Beispiel: In einem Schadensersatzprozess trägt der Meister M die Beweislast für die ihm günstige Tatsachenbehauptung, er habe den Auszubildenden A hinsichtlich der Gefahren beim Arbeiten mit Schweißgeräten ordnungsgemäß unterwiesen. Ein Schriftstück liegt nicht vor; er benennt zwei Mitarbeiter als Zeugen, die sich an die Unterweisung erinnern sollen. M trägt vor, er habe unterwiesen; A trägt vor, er sei*

**„Schaffen Sie möglichst viele Unterlagen, mit denen ein Jurist arbeiten kann – am besten mit Datum und Original-Unterschrift."**

**Bild 30** Ein wichtiger Aspekt: vorbereitet sein

*nicht unterwiesen worden. Die benannten Zeugen können sich bei ihrer Vernehmung an die Unterweisung nicht genau erinnern. Die Frage der ordnungsgemäßen Unterweisung bleibt für das Gericht offen und ist nicht aufzuklären. Da M den Beweis für die Unterweisung nicht liefern konnte, geht diese Frage und damit der Prozess aufgrund der Beweislastregeln zu seinen Lasten aus.*

Die Beweismittel, denen man sich im Zivilprozess bedienen kann, sind abschließend in der ZPO aufgezählt. Es handelt sich um den Augenschein, den Zeugenbeweis, den Beweis durch Sachverständige, die Vorlage von Urkunden und die Parteivernehmung. Die Praxistauglichkeit dieser fünf Beweismittel ist sehr unterschiedlich, sodass sich folgende „Hitliste der Beweismittel" ergibt:

1. **Urkunden (§§ 415 ff. ZPO)** – „Wer schreibt, der bleibt". Schriftliche Dokumentation, am besten versehen mit den Unterschriften der Beteiligten. Klarer Sieger!

2. **Sachverständige (§§ 402 ff. ZPO)** – Verstehen in aller Regel ihr Handwerk, erstatten das angeforderte Gutachten und entscheiden mit dem Ausgang des Gutachtens zumeist auch den Prozess.

3. **Zeugen (§§ 373 ff. ZPO)** – Zeugen sind in der Praxis zumeist schlechtere Beweismittel als erwartet. Aussagen „zufälliger" Zeugen sind selten verwertbar; „vorbereitete" Zeugen sind besser (vgl. Beispiel unten).

4. **Augenschein (§§ 371 ff. ZPO)** – Selten einsetzbar, da das Beweismittel im Zeitpunkt des Prozesses noch vorhanden bzw. einsehbar sein muss.

5. **Parteivernehmung (§§ 445 ff. ZPO)** – Kommt in der Praxis kaum vor, da äußerst geringe Beweiskraft.

**Bild 31** Beweismittelübersicht

Es wird wenig überraschen, dass die Vorlage von Urkunden, d. h. Schriftstücken wie Verträgen, Aktennotizen, Schulungsnachweisen etc. das absolut sicherste Beweismittel darstellt. Perfekt ist ein Dokument, das einen klaren Inhalt hat und von den Beteiligten unterzeichnet ist.

*Beispiel: Alle Verträge, z. B. Arbeitsvertrag; Pflichtenübertragung auf niedrigere Führungsebenen mit den Unterschriften des Übertragenden und desjenigen, auf den die Pflichten übertragen wurden; Schulungs- bzw. Unterweisungsnachweis mit Unterschriften des Unterweisenden und des/der Unterwiesenen.*

Der Beweis durch Sachverständige muss hier nicht weiter erläutert werden; es sind zwar Juristen, die einen Prozess entscheiden, aber auch Juristen haben nicht von allen Lebenssachverhalten Kenntnis und Wissen. Für Fragen der Elektrotechnik muss dann eben ein Sachverständiger aus dem Bereich Elektrotechnik herangezogen werden, der die streitigen Fragen fachlich klärt und sie im Idealfall so aufbereitet, dass der Richter den Fall entscheiden kann.

Der Zeugenbeweis ist sicherlich der umstrittenste Beweis in der Praxis. Jeder Rechtsanwalt kann ein Lied davon singen, dass ihm von seinem Mandanten Zeugen „wie sauer Bier" zum Beweis einer streitigen Tatsache angeboten werden, sich diese Zeugen vor Gericht aber als Totalausfälle entpuppen. Dies ist nicht einmal böse oder gar verächtlich gemeint, es liegt in und an der Natur des Menschen. Ein Zeuge, der Vorfälle oder gar Unfälle zufällig beobachtet hat und im Prozess ein halbes Jahr später detailliert wiedergeben soll, ist schlichtweg überfordert. Ein Zeuge, der einen Arbeitsunfall (Sturz von einer Leiter) beobachtet hat, kann sicherlich aussagen, dass und wie der Kollege gefallen ist und wie er sich dabei verletzt hat. Wenn er aber befragt wird, wie die Leiter vor dem Unfall gestanden hat, in welchem Winkel sie zur Wand angelehnt, wie die Leiter gesichert und der Standort der Leiter abgesichert war, endet das Erinnerungsvermögen sehr schnell. Der Zeuge hat im Zeitpunkt des Unfalls darauf nicht geachtet; er ist für diese Fragen ein schlechter Zeuge. Erfahrungsgemäß sind Zeugen dann brauchbar, wenn sie auf ihre Zeugenstellung vorbereitet werden. Dies ist beim Arbeitsunfall zugegebenermaßen recht schwierig, kann aber in anderen Bereichen Anwendung finden, die praktisch von Bedeutung sind.

*Beispiel: In einem Schadensersatzprozess muss ein Abteilungsleiter beweisen, dass er die Firmenleitung mehrfach auf eine mangelhafte Anlage und die davon ausgehende Unfallgefahr hingewiesen hat. Er trägt im Prozess entsprechend vor und behauptet, er sei immer wieder unter Hinweis auf die klammen Finanzen der Firma vertröstet worden. Die Firmenleitung bestreitet dies. Es wird zwar zugestanden, dass der Abteilungsleiter ein Problem mit der Anlage gemeldet, es aber nicht dringend gemacht und insbesondere nicht auf die direkte Unfallgefahr hingewiesen habe. Es steht Aussage gegen Aussage. Schriftstücke gibt es hierzu nicht, auch andere Beweismittel fehlen. Die Beweislastregeln führen zu einer negativen Entscheidung zulasten des Abteilungsleiters.*

*Was hätte der Abteilungsleiter tun können, um sich beweisrechtlich abzusichern? Er hätte seine Hinweise schriftlich formulieren können. Dann hätte er aber auch den*

*Zugang des Schreibens an die Firmenleitung beweisen müssen, falls diese den Erhalt bestreitet. Die Firmenleitung bestätigt den Empfang von Schreiben in der Regel nie. Der Abteilungsleiter hätte auch einen „vorbereiteten" Zeugen, einen Kollegen, zum Gespräch, z. B. zur Dokumentenübergabe, mit der Firmenleitung mitnehmen können; sobald eine Person darauf vorbereitet ist, ein Gespräch oder eine Begebenheit später wiederzugeben, ist sie in der Regel gut als Zeuge verwendbar.*

Das Beweismittel Augenschein spielt in der Praxis selten eine Rolle. Zwar ist das, was man selbst sehen kann, grundsätzlich ein gutes, geeignetes Beweismittel. Fakt ist aber, dass das Beweismittel im Zeitpunkt der Gerichtsverhandlung selten noch (unverändert) zur Verfügung steht. Unsichere Leitungen oder Sicherungen werden entsorgt, die beschädigte Anlage wird repariert, die Endstellung zweier Gabelstapler nach einem Unfall wird nicht festgehalten.

Die Parteivernehmung spielt in der Praxis so gut wie keine Rolle, da die Vernehmung einer am Prozess beteiligten Partei in aller Regel (von Einzelfällen abgesehen) keinen erhöhten Beweiswert vorweisen und somit kaum zur Überzeugung des Gerichts beitragen kann.

Somit bleibt abschließend nur der Hinweis, dass eine saubere Dokumentation im persönlichen Arbeitsumfeld durch nichts zu ersetzen ist und die beste Vorbereitung darstellt, im Zivilprozess nicht nur Tatsachen vorzutragen, sondern diese auch zu beweisen und den Prozess damit erfolgreich zu führen.

#### *1.3.6.2 Strafrechtliche Ermittlungsverfahren*

Sobald die Staatsanwaltschaft durch eine Anzeige oder auf anderem Weg vom Verdacht einer Straftat unterrichtet wird, hat sie den Sachverhalt zu erforschen, aufzuklären und juristisch zu bewerten. Die Angelegenheit kann in diesem Stadium eingestellt, zur Anklage gebracht oder zum Anlass eines Antrags auf Erlass eines Strafbefehls gemacht werden. Die für das Ermittlungsverfahren geltenden Reglungen finden sich in den §§ 160 ff. StPO.

Im Ermittlungsverfahren ist auch die Vernehmung des Beschuldigten (§ 163a StPO) vorgesehen, der sich selbstverständlich zu den Vorwürfen gegen ihn äußern darf. An der Frage, ob sich der Beschuldigte in diesem frühen Verfahrensstadium äußern soll, kann sich das gesamte spätere Strafverfahren entscheiden. Deshalb ist diese Frage sorgfältig zu prüfen und am besten in Absprache mit einem Verteidiger zu klären.

Sicherlich gibt es Fälle, in denen eine sofortige Aussage und eine enge Kooperation mit der Ermittlungsbehörde Sinn machen. Ansonsten kann man nur dazu raten, Angaben zur Sache zunächst zu verweigern (Angaben zur Person können hingegen nicht verweigert werden). Dieses Recht ergibt sich aus dem Rechtsgrundsatz „nemo tenetur se ipsum accusare", was sinngemäß bedeutet, dass von niemandem verlangt werden kann, sich selbst im Rahmen des Ermittlungsverfahrens zu belasten oder sonst aktiv an den Ermittlungen gegen sich selbst mitzuwirken. Diesen Rechtsgrundsatz hat auch der deutsche Gesetzgeber an verschiedenen Stellen umgesetzt; in § 136 StPO ist geregelt, dass der Beschuldigte vor Beginn seiner Vernehmung auf sein Recht hinzuweisen ist, keine Angaben zur Sache (zum Tatvorwurf) machen zu müssen; in Fällen, in denen sich jemand durch eine Aussage als Zeuge selbst der Gefahr aussetzen würde, wegen einer Straftat oder Ordnungswidrigkeit verfolgt zu werden, steht ihm ein Auskunftsverweigerungsrecht zu (§ 55 StPO). Werden diese Regeln verletzt, führt dies zu möglichen Beweisverwertungsverboten im anschließenden Strafverfahren. Vernehmungen, die unter Umgehung dieser Regeln gewonnen wurden, können als Beweismittel im Prozess nicht herangezogen werden.

Dem Beschuldigten bleibt es unbenommen, das Ergebnis der Ermittlungen der Staatsanwaltschaft (in größtmöglicher Ruhe) abzuwarten, dieses Ergebnis über seinen Verteidiger im Rahmen des Akteneinsichtsrechts zu überprüfen und dann festzulegen, ob bestritten, gestanden, Gegenbeweis erhoben oder weiter geschwiegen wird. Auch im Strafprozess darf der Beschuldigte (dann „Angeklagter" genannt) weiterhin schweigen (§ 243 Abs. 4 StPO).

Mehr und mehr gehen die Staatsanwaltschaften in Deutschland dazu über, nicht nur die strafrechtliche Verantwortung des „Täters vor Ort" zu prüfen, sondern auch die Verantwortung der direkten Vorgesetzten und Unternehmensleitungen zu beleuchten. Dabei werden die Auswahl-, die Aufsichts- und die Unterweisungspflichten genauso überprüft wie die Organisationspflichten, die ab einer bestimmten Stellung im Unternehmen vorausgesetzt bzw. abverlangt werden. Ob das schon mehrfach angesprochene Organigramm dazu geführt hat, bleibt Spekulation. Es hat aber sicherlich dazu beigetragen, dass die Ermittlungsbehörden sich ein klares und schnelles Bild von den Strukturen des Unternehmens sowie die Verantwortlichkeit für die einzelne Pflichtenwahrnehmung verschaffen können.

Organisationsverschulden wird rechtlich wie folgt definiert: „Schuldhafte Verletzung von Organisationspflichten bzw. Nichteinhalten rechtlicher Anforderungen an betriebliche organisatorische Maßnahmen."

#### *1.3.6.3 Strafprozesse*

Das Strafverfahren wird von der Staatsanwaltschaft nach Abschluss des Ermittlungsverfahrens beim zuständigen Gericht durch eine Anklage eingeleitet. Beweislastregeln, wie sie der Zivilprozess kennt, sind dem Strafprozess fremd. Der Angeklagte kann nur dann verurteilt werden, wenn das Gericht von seiner rechtswidrig und schuldhaft begangenen Tat „ohne vernünftigen Zweifel" ausgehen kann. Dies bildet nach ständiger höchstrichterlicher Rechtsprechung die Voraussetzung für eine Verurteilung. Verbleiben nach der Verhandlung vernünftige Zweifel an der Tatbegehung oder der Schuld des Täters, so ist dieser zwingend getreu dem Rechtsgrundsatz „in dubio pro reo" („im Zweifel für den Angeklagten") freizusprechen.

Wird gegen einen Bußgeldbescheid im OWi-Verfahren Einspruch eingelegt und kommt es sodann zur Verhandlung vor Gericht, gelten die oben dargestellten Grundsätze des Strafverfahrens auch für das Ordnungswidrigkeitenverfahren.

# 2 Regelwerke und Qualifikationen im Elektrobereich

## 2.1 Elektrotechnische Vorschriften und Regeln

### 2.1.1 Betriebssicherheitsverordnung und technische Regeln

Jede TRBS stellt auf ihrem Deckblatt klar: Eine Technische Regel für Betriebssicherheit (TRBS) gibt dem Stand der Technik, Arbeitsmedizin und Hygiene entsprechende Regeln und sonstige arbeitswissenschaftliche Erkenntnisse für die Bereitstellung und Nutzung von Arbeitsmitteln sowie für den Betrieb von überwachungsbedürftigen Anlagen wieder. Sie wird vom Ausschuss für Betriebssicherheit ermittelt und vom Bundesministerium für Arbeit und Soziales bekannt gemacht.

**Bild 32** Technische Regeln zur Konkretisierung erforderlich

Technische Regeln für Betriebssicherheit (TRBS) konkretisieren die Betriebssicherheitsverordnung, d. h. sie füllen die eher abstrakte Betriebssicherheitsverordnung beispielhaft mit konkreten fachlichen Inhalten und Angaben. Man kann die Technischen Regeln für Betriebssicherheit also als das Fleisch am Skelett der Betriebssicherheitsverordnung beschreiben. Insgesamt sind derzeit rund 35 technische Regeln in Kraft gesetzt[4]. Als wichtige technische Regeln für den Bereich der Elektrotechnik seien hier beispielhaft genannt:

- TRBS 1111 Gefährdungsbeurteilungen,
- TRBS 1112 Instandhaltung
- TRBS 1201 Prüfung von Arbeitsmitteln,
- TRBS 1203 Befähigte Personen,

---

[4] Siehe hierzu auch Internetseite der Bundesanstalt für Arbeitsschutz und Arbeitsmedizin (BAuA): www.baua.de/cln_135/de/Themen-von-A-Z/Anlagen-und-Betriebssicherheit/Anlagen-und-Betriebssicherheit.html

- TRBS 2210 Wechselwirkungen,
- (TRBS 2131 Elektrische Gefährdungen[5] und
- TRBS 2131 Teil 1 Arbeiten unter Spannung[6]).

Bei Anwendung einer TRBS kann man für sich die Vermutung der Einhaltung der Vorschriften der BetrSichV geltend machen. Damit hat man den „Beweis des ersten Anscheins" erfüllt und eine gewisse rechtliche Sicherheit erzeugt. Die Beweislast liegt nämlich nun bei demjenigen, der behauptet, man hätte nicht vorschriftenkonform gehandelt.

Im Vorwort einer jeden Technischen Regel für Betriebssicherheit heißt es gleichermaßen: „Bei Anwendung der [in der TRBS] beispielhaft genannten Maßnahmen kann der Arbeitgeber insoweit die Vermutung der Einhaltung der Vorschriften der Betriebssicherheitsverordnung für sich geltend machen."

Wichtig in diesem Zusammenhang ist folgende Formulierung im Vorwort jeder TRBS:

*„Wählt der Arbeitgeber eine andere Lösung, hat er die gleichwertige Erfüllung der Verordnung schriftlich nachzuweisen."*

Der schriftliche Nachweis der mind. gleichwertigen Erfüllung der Betriebssicherheitsverordnung sollte von vornherein erbracht werden, wie auch der schriftliche Nachweis der mind. gleichwertigen Erfüllung einer VDE-Bestimmung. Es steht außer Frage, dass sich das „nachträgliche schriftliche Nachweisen" eher schwierig gestalten dürfte, wenn bereits ein Unfall passiert ist. Es kann also in beiden Fällen nur geraten werden, den schriftlichen Nachweis (zunächst für sich selber) im Rahmen einer Gefährdungsbeurteilung bereits im Vorfeld transparent und nachvollziehbar zu führen.

Ein wichtiger Aspekt ist allerdings bei der Anwendung von Technischen Regeln für Betriebssicherheit noch zu beachten: Es werden sowohl in der Betriebssicherheitsverordnung wie in den nachgelagerten Technischen Regeln für Betriebssicherheit vorwiegend Schutzziele formuliert, die konkrete praktische Umsetzung erfolgt weiterhin durch das Umsetzen weiterer Regelwerke, wie der DIN-VDE-Bestimmungen oder berufsgenossenschaftlicher Informationen im Elektrobereich.

#### *2.1.1.1 TRBS 1111 – Gefährdungsbeurteilungen*

Der Langtitel der Technischen Regel für Betriebssicherheit TRBS 1111 lautet „Gefährdungsbeurteilung und sicherheitstechnische Bewertung"[7]. Die TRBS 1111

---

[5] Die TRBS 2131 wurde am 16. Juli 2010 durch Bekanntgabe im Gemeinsamen Ministerialblatt zurückgezogen. GMBl. 61 (2010) Nr. 41 vom 16.7.2010, S. 871. – ISSN 0939-4729

[6] Die TRBS 2131 Teil 1 wurde erarbeitet, allerdings aus formaljuristischen Gründen nie veröffentlicht.

[7] Bekanntmachung des Bundesministeriums für Arbeit und Soziales vom 15. September 2006; BAnz. 59 (2006) Nr. 232a vom 9.12.2006, S. 7–10. – ISSN 0344-7634.

bietet alle relevanten Informationen und Details zur Erstellung einer Gefährdungsbeurteilung, die als Hintergrund für die Ermittlung und Bewertung von Gefährdungen genutzt werden können und müssen. Diese werden wiederum benötigt, um beispielsweise Prüfintervalle gemäß TRBS 1201 festzulegen. Sie ist daher im Elektrobereich von hoher Bedeutung. Die Gefährdungsbeurteilung folgt folgenden Durchführungsschritten:

- Informationen beschaffen,
- Gefährdungen ermitteln,
- Gefährdungen bewerten,
- Maßnahmen festlegen,
- Maßnahmen umsetzen,
- Wirksamkeit der Maßnahmen kontrollieren und
- dokumentieren.

Die TRBS 1111 beschreibt den Ablauf mit den in **Bild 33** gezeigten Flussdiagramm.

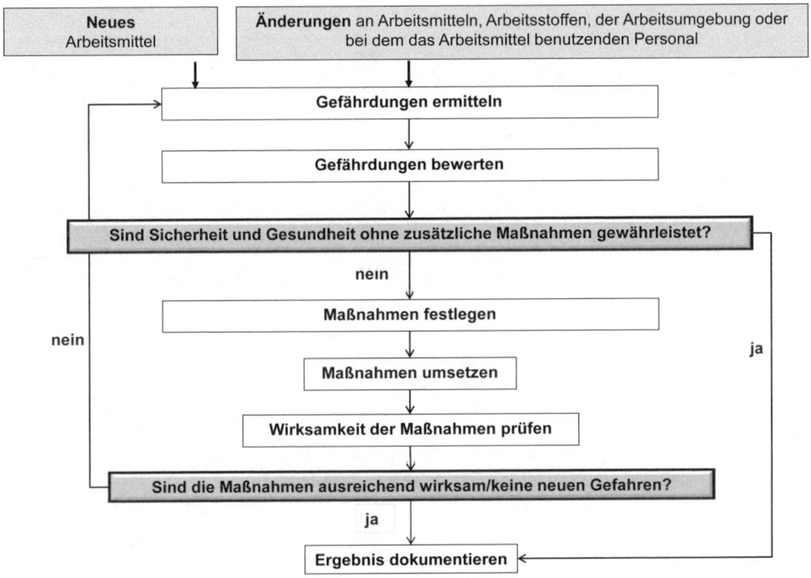


**Bild 33** Ablauf einer Gefährdungsbeurteilung (Quelle: Flussdiagramm nach TRBS 1111, S. 10)

Das Flussdiagramm in **Bild 41** stellt den gleichen Prozess etwas anders dar und betont stärker und besser sichtbar die gemäß Arbeitsschutzgesetz notwendigerweise zu berücksichtigenden Wechselwirkungen zwischen den Gefährdungen durch Arbeitsplätze, Arbeitsmittel und Arbeitsstoffe.

### *2.1.1.2 TRBS 1201 – Prüfungen*

Der bisher in § 5 der BGV A3 „Prüfungen" abgehandelte Inhalt zum Thema Prüfung von Arbeitsmitteln und Anlagen ist mit der am 15. September 2006 neu erschienen TRBS 1201 „Prüfungen von Arbeitsmitteln und überwachungsbedürftigen Anlagen" ausführlich durch diese TRBS abgedeckt.

Hier werden zum einen die Begriffe Prüfung, Prüffrist, Prüfart, Prüfumfang und Prüfgegenstand ausführlich definiert, zum anderen werden die Ermittlung und Festlegung erforderlicher Prüfungen und die Durchführung der Prüfungen beschrieben[8].

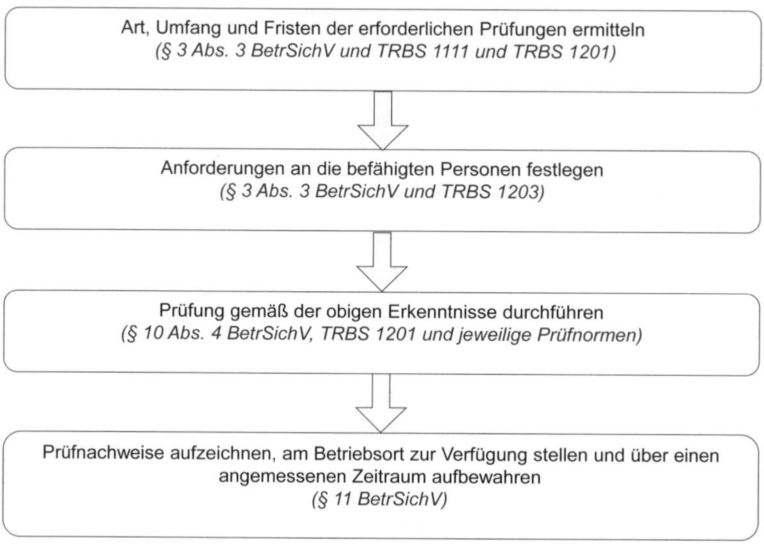


**Bild 34** Prüfsystematik gemäß BetrSichV und TRBS 1201

---

8 Die TRBS 1201 deckt den gesamten Bereich der Prüfungen an Arbeitsmitteln ab. Die Elektrotechnik ist eine Facette davon, und nur diese wird hier betrachtet.

Auf die Definition des Sollzustands, die Festlegung von Prüffristen und erforderlichen Qualifikationen des Prüfpersonals wird hier genauso eingegangen wie auf die Bewertung der Ergebnisse und die Dokumentation der Prüfungen. Die TRBS 1201 sieht für die Durchführung der Prüfung generell die im **Bild 35** gezeigte Systematik vor.

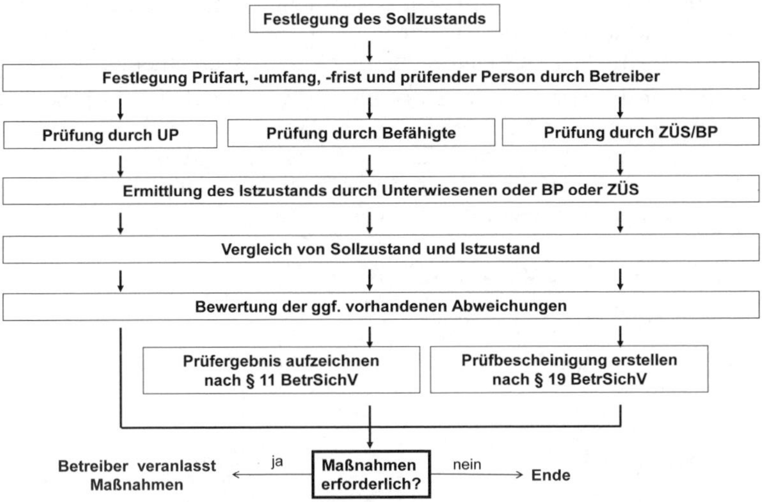


**Bild 35** Durchführung der Prüfung gemäß TRBS 1201 (Quelle: TRBS 1201, Bild 3 „Durchführung der Prüfung", S. 15. Legende: ZÜS Zugelassene Überwachungsstelle; BP befähigte Person; UP unterwiesene Person (nicht mit dem feststehenden Begriff der „elektrotechnisch unterwiesenen Person" zu verwechseln))

In Abschnitt 3.5.2 der TRBS 1201 „Prüfungen nach § 10 BetrSichV durch befähigte Personen" heißt es wie folgt:

*„Zur Erhaltung des ordnungsgemäßen Zustands werden elektrische Arbeitsmittel in bestimmten Zeitabständen geprüft. Als Maß für die ausreichende Bemessung von Prüffristen für elektrische Arbeitsmittel kann die festgestellte Abweichung vom Sollwert herangezogen werden (Fehlerquote). Aufgrund von Betriebserfahrungen und arbeitsmittelbezogenen Fehlerquoten haben sich folgende Richtwerte für Prüffristen von elektrischen Arbeitsmitteln bewährt, z. B.: Bisher bewährte Prüffrist für ortsveränderliche elektrische Arbeitsmittel: soweit erforderlich, jedoch mind. jährlich."*

Es fällt auf, dass hier eine konkrete Zeitspanne von einem Jahr genannt wird. Abweichende Werte sind aus der folgenden – der TRBS 1201 wörtlich entnommenen – Tabelle für die ortsveränderlichen Arbeitsmittel abzuleiten. Die mit dem Arbeitsschutzgesetz und der Betriebssicherheitsverordnung an Bedeutung erstarkte Gefährdungsbeurteilung ist allerdings, was die Überprüfungsintervalle angeht, zunächst als ergebnisoffen anzusehen. Der oben zitierte Satzteil „[…] mind. jedoch jährlich“ lässt hier fälschlicherweise eine Höchstgrenze vermuten.

Es handelt sich hier aber nicht zwingend um einen Widerspruch gegen das inhaltliche Ziel der BetrSichV; man muss genau lesen: Dort steht „Bisher“, das bedeutet, dass die (bewährten) Vorschläge für die Prüffristen aus der Durchführungsanweisung der BGV A3 nicht zwingend auch zukünftig gelten müssen. Hier ist deutlich der Einfluss der berufsgenossenschaftlichen Vertreter in den BMAS-Gremien erkennbar.

Es fällt auch auf, dass an den Begriffen „ortsfest“ und „ortsveränderlich“, die ja bereits in der Vergangenheit je nach dem verfolgten Ziel des Anwenders immer wieder sehr unterschiedlich und weit ausgelegt wurden, festgehalten wird. So kommt es dazu, dass die TRBS 1201 für ortsveränderliche elektrische Arbeitsmittel mögliche Einflüsse aufführt, die Auswirkungen auf die Prüffrist haben können:

| Betriebliche Situation | Mögliche Auswirkung auf die Prüffrist |
|---|---|
| handgeführte elektrische Arbeitsmittel und andere, während der Benutzung bewegte oder ähnlich stark beanspruchte elektrische Arbeitsmittel, Verlängerungs- und Geräteanschlussleitungen mit Steckvorrichtungen | Verkürzung der Prüffrist (auf die Hälfte) |
| wie oben, aber auf Baustellen | erhebliche Verkürzung der Prüffrist (auf ein Viertel) |
| bewegliche Leitungen mit Stecker und Festanschluss, Anschlussleitungen mit Stecker in Büros oder unter ähnlichen Bedingungen | Verlängerung der Prüffrist (Verdoppelung) |

**Bild 36** Prüffristveränderungen ortsveränderlicher Arbeitsmittel (Quelle: TRBS 1201, S. 13)

Genauso führt die TRBS 1201 anschließend für ortsfeste elektrische Arbeitsmittel mögliche Einflüsse auf, die Auswirkungen auf die Prüffrist haben können:

| Betriebliche Situation | Mögliche Auswirkung auf die Prüffrist |
|---|---|
| in dem Betrieb sind Elektrofachkräfte beschäftigt, deren Aufgabenbereich auch die Instandhaltung und Überwachung der elektrischen Anlagen und Betriebsmittel umfasst | Verlängerung der Prüffrist |
| stark beanspruchte elektrische Arbeitsmittel | Verkürzung der Prüffrist |

**Bild 37** Prüffristveränderungen ortsfester Arbeitsmittel (Quelle: TRBS 1201, S. 13)

In beiden Fällen (ortsfest und ortsveränderlich) ist jeweils eine Beurteilung der konkreten Gefährdung durch Vergleich mit der eigenen betrieblichen Situation durch eine befähigte Person für Prüfungen zum Schutz vor elektrischen Gefährdungen – in der Regel in Abstimmung mit einer verantwortlichen Elektrofachkraft – erforderlich. Beispielhaft sei hier die immer wieder diskutierte Thematik angeführt, ob Computer als ortsfeste oder als ortsveränderliche Geräte einzustufen seien. Zukünftig sollte in diesem Fall das Kriterium ortsveränderlich oder ortsfest in den Hintergrund treten und vielmehr im Rahmen einer Gefährdungsbeurteilung ein angemessenes Prüfintervall ermittelt werden. So kann beispielsweise ein Arbeitsplatzrechner, welcher fest über entsprechende Leitungskanäle am Schreibtisch installiert ist, mit längeren Prüfintervallen beaufschlagt werden, die im besten Fall durch zwischenzeitliche Sichtprüfungen gestützt sind. Im Gegensatz dazu kann eine Gefährdungsbeurteilung für einen ebenfalls quasi fest eingebauten PC, der beispielsweise im Rahmen einer Produktionsanlage im industriellen Bereich eingesetzt wird, aufgrund höherer Belastungen durch Staub, Vibrationen etc. zu unterdurchschnittlich kurzen Prüfintervallen führen.

| | | |
|---|---|---|
| Verkürztes Prüfintervall nach Gefährdungsbeurteilung | Standardintervall gemäß TRBS 1201 bzw. Tabelle 1B der Durchführungsanweisung zum § 5 der BGV A3 | Verlängertes Prüfintervall nach Gefährdungsbeurteilung |
| Beispielsweise jährlich im industriellen Einsatz | 2 Jahre | Beispielsweise 4 Jahre im Bürobereich |
| Gemäß Beurteilung der konkreten Gefährdungen, abgestimmt auf die betriebliche Situation | | |

**Bild 38** Variation des Prüfintervalls aufgrund einer Gefährdungsbeurteilung

### *2.1.1.3 TRBS 1203 – Befähigte Personen*

Die neue, im Mai 2010 in Kraft gesetzte TRBS 1203 greift die bereits in der Betriebssicherheitsverordnung allgemein definierte „befähigte Person“ wieder auf und beschreibt sie für die Bereiche Explosionsgefährdungen, Druckgefährdungen und elektrische Gefährdungen genauer. In jedem Bereich fordert sie für die jeweiligen Personen ein „zuverlässiges Verständnis sicherheitstechnischer Belange“. Sie ergänzt, dass die erforderlichen Fachkenntnisse in Abhängigkeit von der Komplexität der Prüfaufgabe variieren können. Im Einzelnen fordert die technische Regel:

**Berufsausbildung**

Die TRBS 1203 fordert in Ziffer 2.1 ganz allgemein:

*„Die befähigte Person muss eine Berufsausbildung abgeschlossen haben, die es ermöglicht, ihre beruflichen Kenntnisse nachvollziehbar festzustellen. Als abgeschlossene Berufsausbildung gilt auch ein abgeschlossenes Studium. Die Feststellung soll auf Berufsabschlüssen oder vergleichbaren Qualifikationsnachweisen beruhen.“*

Die Berufsausbildung der befähigten Person wird in Ziffer 3.3 der TRBS 1203 für den Bereich der elektrischen Gefährdungen wie folgt konkretisiert:

*„Ergänzend zu Ziffer 2.1 muss die befähigte Person für die Prüfungen zum Schutz vor elektrischen Gefährdungen eine elektrotechnische Berufsausbildung (Elektroniker der Fachrichtung Energie- und Gebäudetechnik, Automatisierungstechnik oder Informations- und Telekommunikationstechnik, Systemelektroniker, Informationselektroniker, Schwerpunkt Bürosystemtechnik oder Geräte- und Systemtechnik, Elektroniker für Maschinen- und Antriebstechnik sowie vergleichbare industrielle Ausbildungen) abgeschlossen haben, ein abgeschlossenes Studium der Elektrotechnik oder eine andere für die vorgesehenen Prüfaufgaben vergleichbare elektrotechnische Qualifikation besitzen.“*

Hier wird im Vergleich zur alten TRBS 1203 Teil 3 Klarheit geschaffen, in dem einerseits erstmals beispielhaft konkrete Berufsbilder genannt werden und andererseits der diplomierte Ingenieur der Elektrotechnik in die Aufzählung aufgenommen wird. Im engeren Sinn gilt das erfolgreich abgeschlossene Ingenieurstudium nicht als „elektrotechnische Berufsausbildung“.

Warum hier „industrielle Ausbildungen“ – im Vergleich zur Ausbildungen im Handwerk – besonders hervorgehoben werden, erschließt sich den Autoren nicht.

Neben den beispielhaft genannten elektrotechnischen Berufen gibt es noch eine Reihe weiterer elektrotechnischer Berufsbilder. Und genau diese Berufsbilder sind mit der Formulierung „vergleichbare elektrotechnische Qualifikation“ gemeint.

Die neue TRBS 1203 stellt damit nun auch ganz klar heraus, dass mit der Formulierung „vergleichbare elektrotechnische Qualifikation“ also auf keinen Fall die elektrotechnisch unterwiesene Person (EuP) oder ein firmenintern angelernter Mitarbeiter, der für eine Zeit im Betrieb „mitgelaufen“ ist, gemeint sein kann.

### Berufserfahrung

Bezüglich der geforderten Berufserfahrung wird die TRBS 1203 sehr konkret und führt aus: „Bezogen auf ihre Berufserfahrung muss die befähigte Person für die Prüfungen zum Schutz vor elektrischen Gefährdungen eine mind. einjährige Erfahrung mit der Errichtung, dem Zusammenbau oder der Instandhaltung von elektrischen Arbeitsmitteln und/oder Anlagen besitzen.“ Die Aussage wird insofern ergänzt und relativiert, als dass die TRBS 1203 im darauffolgenden Absatz unterstellt, dass Personen mit einer der o. g. Ausbildungen die erforderliche Berufserfahrung im jeweiligen Tätigkeitsfeld aufweisen. Die TRBS bezieht sich hier deutlich auf die „abgeschlossene Berufsausbildung“, was vermuten lässt, dass der Elektroingenieur bei dieser Betrachtung nicht mit einbezogen ist und demnach seine erforderliche Berufserfahrung auf dem betreffenden Gebiet separat nachweisen muss.

Die TRBS 1203 unterstellt weiterhin Folgendes:

*„Berufserfahrung schließt ein, beurteilen zu können, ob ein vorgeschlagenes Prüfverfahren für die durchzuführende Prüfung des Arbeitsmittels geeignet ist. Hierzu gehört auch, dass die Gefährdungen durch die Prüftätigkeit und das zu prüfende Arbeitsmittel erkannt werden können.“*

Die praktischen Erfahrungen auf diesem Gebiet zeichnen allerdings häufig ein anderes Bild: Viele vermeintlich befähigte Personen weisen sowohl in der Theorie als auch in der Praxis erhebliche Defizite auf. Rühmliche Ausnahmen bestätigen die Regel. Letztendlich hat allein der fachliche Vorgesetzte, in der Regel die verantwortliche Elektrofachkraft, die Auswahlverantwortung für die eingesetzten befähigten Personen. Welche Anforderungen an befähigte Personen auch insbesondere bezuglich der Regelwerkskenntnis gestellt werden, beschreibt der folgende Abschnitt deutlich:

### Zeitnahe berufliche Tätigkeit

Die befähigte Person für die Prüfungen zum Schutz vor elektrischen Gefährdungen muss über die für die vorgesehenen Prüfaufgaben im Einzelnen erforderlichen Kenntnisse der Elektrotechnik sowie der relevanten technischen Regeln verfügen und diese Kenntnisse aktualisieren, z. B. durch Teilnahme an Schulungen oder an einem einschlägigen Erfahrungsaustausch. Das umfasst gemäß der neuen TRBS 1203 im Einzelnen konkret:

- Die Ausübung einer Tätigkeit im Umfeld der anstehenden Prüfung des Prüfgegenstands wie auch eine angemessene Weiterbildung.
- Zur zeitnahen beruflichen Tätigkeit gehört zum Erhalt der Prüfpraxis auch die Durchführung von mehreren Prüfungen pro Jahr.

- Bei längerer Unterbrechung der Prüftätigkeit müssen durch die Teilnahme an Prüfungen Dritter erneut Erfahrungen mit Prüfungen gesammelt und die notwendigen fachlichen Kenntnisse erneuert werden.
- Die befähigte Person muss über Kenntnisse zum Stand der Technik hinsichtlich des zu prüfenden Arbeitsmittels und der zu betrachtenden Gefährdungen verfügen und diese aufrechterhalten. Sie muss mit staatlichen Arbeitsschutzvorschriften (z. B. ArbSchG, BetrSichV), Anforderungen an die Beschaffenheit (z. B. GPSG, einschlägige GPSGV), Regelungen der Unfallversicherungsträger und anderen Regelungen (technische Regeln, BG-Regeln, DIN-Normen usw.) soweit vertraut sein, dass sie den arbeitssicheren Zustand des Arbeitsmittels beurteilen kann.

Insbesondere der letzte Punkt stellt im Vergleich zur zurückgezogenen Vorgängerversion TRBS 1203 Teil 3 eine erhebliche Verschärfung dar.

#### *2.1.1.4 TRBS 2131 – Elektrische Gefährdungen (zurückgezogen)*

Mit der Veröffentlichung im Gemeinsamen Ministerialblatt GMBl. 49–51 vom 12.11.2007 wurde die Technische Regel für Betriebssicherheit TRBS 2131 „Elektrische Gefährdungen“ vom Bundesministerium für Arbeit und Soziales (BMAS) bekannt gegeben und damit in Kraft gesetzt. Mit großem Erstaunen musste die elektrotechnische Fachwelt nach einer „Lebensdauer“ von nur rund zweieinhalb Jahren die Aufhebung der Gültigkeit der Technischen Regel für Betriebssicherheit TRBS 2131 zum 16. Juli 2010 – wiederum durch Veröffentlichung im Gemeinsamen Ministerialblatt – zur Kenntnis nehmen. Die Praxis hat zunehmend gezeigt, dass die TRBS 2131 inzwischen jedoch in vielen Unternehmen „angekommen“ war. In Institutionen, Großkonzernen, Kommunen und mittelgroßen Unternehmen hat die Zurückziehung der technischen Regel insofern eine gewisse Verunsicherung mit sich gebracht und Fragen bezüglich der künftigen Einbindung der „elektrischen Gefährdungen“ in staatliche Arbeitsschutzregelwerke aufgeworfen.

**Anwendungsbereich und Verständnis der TRBS 2131**

Die TRBS 2131 musste als „Meta-Werk“ verstanden werden, das alle elektrischen Gefährdungen erstmals in einer einzigen Regel zusammenfasst und übergeordnet betrachtet hat, aber es ist auch festzuhalten, dass es – wie es auch zu erwarten war – in fachlicher Hinsicht keine „Neuigkeiten“ in dieser technischen Regel gab. Die Inhalte finden fachlich ihre Entsprechung in den jeweiligen und seit vielen Jahren existierenden berufsgenossenschaftlichen Vorschriften, Regeln und Informationen sowie in den VDE-Bestimmungen. Neu ist lediglich die gefährdungsbezogene Betrachtungsweise bzw. der gefährdungsbezogene Aufbau. Es ging auch nicht um eine direkte 1:1-Ablösung von der BGV A3 durch die TRBS 2131. Es ist vielmehr so zu verstehen, dass im Sinn eines echten Leitbildwechsels im deutschen Arbeitsschutz eine ganze Reihe von BG-Werken einer ganzen Reihe von staatlichen Werken gegenüberstehen:

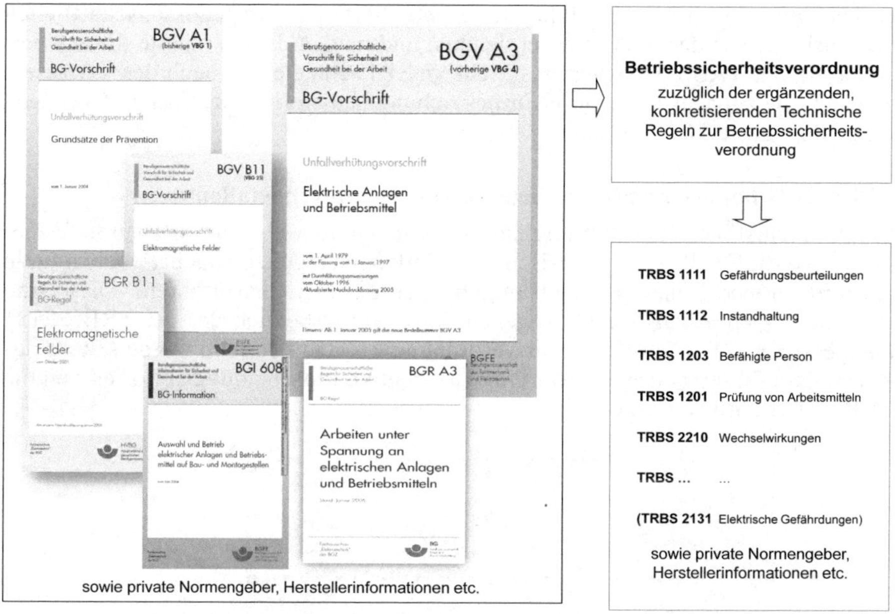


**Bild 39** Gegenüberstellung in der Elektrotechnik relevanter Regelwerke

## Derzeit keine Regelungslücke

Es entsteht aus dem vorgenannten Grund in fachlicher Hinsicht durch die Zurückziehung der TRBS 2131 keine „Regelungslücke". Die BGV A3 sowie alle anderen staatlichen und berufsgenossenschaftlichen Regelwerke sowie die Bestimmungen der privaten Normengeber sind und bleiben weiter in Kraft und von der Zurückziehung der TRBS 2131 völlig unberührt.

Neben der oben bereits genannten BGV A3 seien beispielsweise die Betriebssicherheitsverordnung selbst, aber auch die TRBS 1111, die TRBS 1201, die TRBS 1203 oder die DIN-VDE-Bestimmungen genannt. Das bedeutet natürlich – entgegen der Ansicht mancher Unkundiger – auch, dass das Prüfen ortsveränderlicher elektrischer Arbeitsmittel weiterhin durch die Betriebssicherheitsverordnung sowie die konkretisierenden Regeln TRBS 1111, TRBS 1201 und TRBS 1203 geregelt wird. Hier haben sich keinerlei Änderungen ergeben.

## Gründe für die Zurückziehung der TRBS 2131

Die TRBS 2131 „Elektrische Gefährdungen" war ein gutes, wenn auch sicherlich verbesserungsfähiges Werk, wenn man bedenkt, dass es erst in der „Version 1.0" vorlag und es sich mit seit Jahrzehnten etablierten berufsgenossenschaftlichen Vorschriften, wie der BGV A3, vergleichen und messen lassen musste. Eine Überarbeitung der TRBS 2131 war aus Sicht vieler Fachleute wie auch des Verfassers geboten, die zunächst ersatzlose Zurückziehung „aus formaljuristischen Gründen" muss hingegen erklärt werden:

**TRBS 2131 bei der rechtsförmlichen Prüfung „durchgefallen"**

Bei der rechtsförmlichen Prüfung durch das zuständige Ministerium wurde festgestellt, dass die TRBS 2131 elektrische Gefährdungen regelt, die nicht Arbeitsmitteln zuzuordnen sind, sondern Arbeitsumgebungen bzw. Arbeitsverfahren[9]. Diese sind aber nicht vom arbeitsmittelbezogenen Anwendungsbereich der der TRBS 2131 übergeordneten Betriebssicherheitsverordnung gedeckt. Deshalb wurde seitens des zuständigen Referats des Ministeriums die richtige Entscheidung getroffen und die TRBS 2131 zurückgezogen.

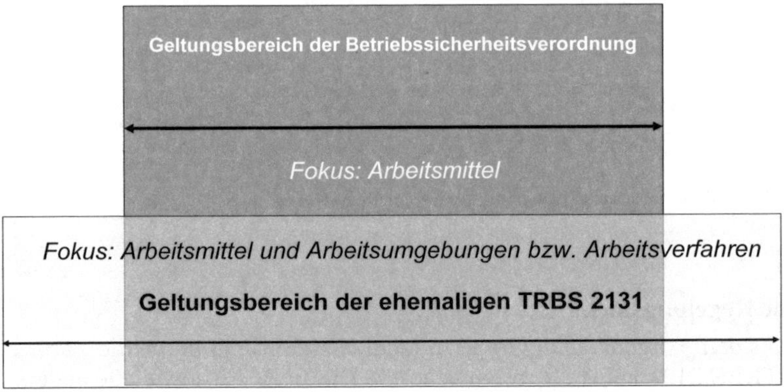


**Bild 40** Regelungsbereich der konkretisierenden Regel (TRBS 2131) ist größer als der Regelungsbereich der übergeordneten Rechtsvorschrift (BetrSichV)

Die Vermutungswirkung, bei der Einhaltung der technischen Regel TRBS 2131 die Anforderungen der Betriebssicherheitsverordnung zu erfüllen, ist somit mit der Zurückziehung im Juli 2010 entfallen. Die Aufhebung ermöglicht aus Sicht des Bundesministeriums für Arbeit und Soziales und des Verfassers eine zügige Neuordnung des Bereichs der elektrischen Gefährdungen durch den Ausschuss für Betriebssicherheit und vermeidet das Missverständnis, eine technische Regel könne das umfangreiche Fachgebiet losgelöst von der zu konkretisierenden Rechtsvorschrift erfassen.

[9] Den „Stein ins Rollen gebracht" hat die rechtsförmliche Überprüfung der geplanten und nie umgesetzten Bekanntmachung der TRBS 2131 Teil 1 „Arbeiten unter Spannung".

**Mögliche Handlungsalternativen**

Für den oben beschriebenen Sachverhalt ergeben sich nun zwei grundsätzlich unterschiedliche Handlungsalternativen:

- Das nachgelagerte, konkretisierende Regelwerk (die ehemalige TRBS 2131) wird so weit „zurechtgestutzt", dass es nur noch den (enger gefassten) Anwendungsbereich der Betriebssicherheitsverordnung behandelt. Es müsste dann allerdings die Frage gestellt werden, was noch Sinnvolles in der Regel übrig bliebe? Nämlich eine Technische Regel für Betriebssicherheit, die lediglich die elektrischen Gefährdungen beschreibt, die von bereitgestellten und benutzten Arbeitsmitteln ausgehen. Diese technische Regel würde dann den gesamten Bereich der elektrischen Anlagen[10] bzw. den Bereich aller elektrischen Gefährdungen, die nicht durch die Arbeitsmitteldefinition gemäß Betriebssicherheitsverordnung abgedeckt sind, nicht regeln.[11]
- Das nachgelagerte technische Regelwerk wird in seiner Breite und Tiefe als sinnvoll und notwendig angesehen, dann wäre es auch denkbar, diese Tatsache als Auslöser für eine Überarbeitung und Erweiterung der Betriebssicherheitsverordnung zum Anlass zu nehmen. Diese Vorgehensweise ist natürlich die wesentlich zeit- und arbeitsaufwendigere Variante.

**Anpassung der Betriebssicherheitsverordnung angestrebt**

Das Bundesministerium hat sich richtigerweise für die zweitgenannte Möglichkeit, also die Anpassung der Betriebssicherheitsverordnung mit dem Ziel einer Ausweitung des Anwendungsbereichs der Verordnung, entschieden. Das bedeutet, dass die Betriebssicherheitsverordnung im Sinn einer evolutionären Fortentwicklung an die komplexeren Anforderungen der Praxis bzw. an das (nachrangige) technische Regelwerk angepasst werden müsste. Das kann bei unvorsichtiger Vorgehensweise mit der politisch angestrebten 1:1-Umsetzung der EU-Vorgaben „von oben nach unten" kollidieren. Es ist daher ein wohlüberlegter und integrierter Ansatz erforderlich, der elektrische und auch andere, beispielsweise mechanische Gefährdungen, die aus der Arbeitsumgebung bzw. einem integrierten Arbeitssystem resultieren, in die Verordnung aufnimmt. Das erklärt auch, warum beispielsweise keine zeitnahe Überarbeitung lediglich der TRBS 2131 – wie im Bereich der technischen Regeln sonst durchaus üblich – vorgenommen wurde, denn das wäre zwar der Weg des geringsten Widerstands gewesen, hätte jedoch aus fachlicher Sicht langfristig die deutlich schlechtere

---

[10] Ausnahmen bezüglich elektrischer Anlagen gibt es im Bereich überwachungsbedürftiger Anlagen in explosionsgefährdeten Bereichen.

[11] Es müsste dann parallel auch geklärt werden, an welcher Stelle im staatlichen Vorschriftenwerk sich alle nicht arbeitsmittelbezogenen Gefährdungen wiederfinden, die nicht über die Betriebssicherheitsverordnung abgedeckt werden. Hier ist beispielsweise für den Bereich der elektrischen Anlagen in Arbeitsstätten die Arbeitsstättenverordnung zu nennen.

Variante dargestellt. **Bild 41** verdeutlicht, dass nur eine umfassende und integrierte Betrachtungsweise, die dann alle Gefährdungen und deren Wechselwirkungen berücksichtigt, Sinn ergibt.

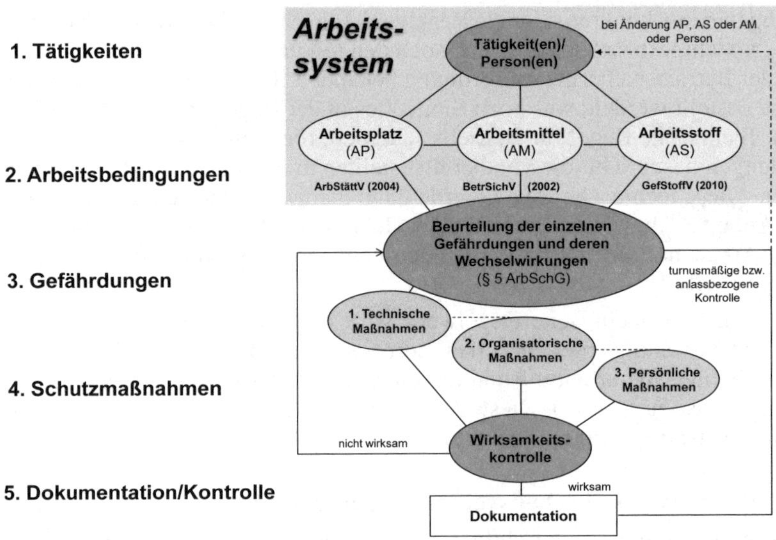


**Bild 41** Arbeitssystem mit den Komponenten Arbeitsplatz, Arbeitsmittel und Arbeitsstoff sowie deren Wechselwirkungen

Über den Fortgang der Angelegenheit wird im Bundesministerium für Arbeit und Soziales – u. a. im Ausschuss für Betriebssicherheit (ABS) und in entsprechenden Arbeitskreisen – beraten werden. Vorrangig vor dem Thema TRBS 2131 wird entsprechend der obigen Ausführungen allerdings die „Weiterentwicklung der Betriebssicherheitsverordnung" behandelt.

## Überarbeitung berufsgenossenschaftlicher Werke wahrscheinlich

Eine weitere Konsequenz der Zurückziehung der TRBS 2131 ist die Folgende: Die BGV A3 (Elektrische Anlagen und Betriebsmittel) und die BGR A3 (Arbeiten unter Spannung an elektrischen Anlagen und Betriebsmitteln) bleiben – noch länger als bis vor einiger Zeit erwartet – in Kraft, denn die Berufsgenossenschaften werden ihr Werk folgerichtigerweise erst zurückziehen, wenn es auf der staatlichen Seite entsprechende und belastbare Regelungen gibt. Im Fachausschuss Elektrotechnik der Berufsgenossenschaften gibt es konkrete Bestrebungen, zeitnah die BGR A3 und ggf. auch die Durchführungsanweisung der BGV A3 zu überarbeiten, um für die nächsten Jahre aktuelle und praxisgerechte Lösungen anbieten zu können.

### 2.1.2 Unfallverhütungsvorschriften für den Elektrobereich

#### *2.1.2.1 Elektrische Anlagen und Betriebsmittel – BGV A3*

Die Vorschriften der Berufsgenossenschaft sind – grob dargestellt – folgendermaßen strukturiert: Allen voran steht das Basiswerk „Grundsätze der Prävention“, die sog. BGV A1. In ihr werden generelle Pflichten von Unternehmern und Versicherten sowie zu Ausführungen zu Betriebsanlagen und zu Betriebsregelungen beschrieben. Textliche Wiederholungen in darauf aufbauenden, branchenspezifischen Unfallverhütungsvorschriften sind nicht mehr notwendig.

Die aufbauenden, speziellen Vorschriften fassen die Regeln enger und genauer. Hier seien beispielsweise die BGV A2 „Betriebsärzte/Fachkräfte für Arbeitssicherheit“, die BGV A4 „Arbeitsmedizinische Vorsorge“, die BGV B3 „Lärm“ oder eben die für den elektrotechnischen Bereich wichtige BGV A3 „Elektrische Anlagen und Betriebsmittel“ genannt.

Die Unfallverhütungsvorschrift „Elektrische Anlagen und Betriebsmittel“ aus dem Jahr 1962 war seinerzeit durch die vollständige Inbezugnahme des VDE-Bestimmungswerks gekennzeichnet. Das war vielen nicht recht, weil der VDE damit unmittelbar und quasi eigenständig in der Lage war, verbindlich Vorschriften zu generieren. Die damaligen VBG 4 aus dem Jahr 1979 bekam dann die „Elektrotechnische Regel“ vom damaligen Ministerialdirigent *Matthias Nöthlichs* „in die Feder diktiert“, sodass nur auf bestimmte, von der Berufsgenossenschaft akzeptierten VDE-Bestimmungen Bezug genommen wurde. Gleichzeitig trat die Unfallverhütungsvorschrift „Elektrische Anlagen und Betriebsmittel“ (VBG 4) in der Fassung vom 1. März 1962 außer Kraft. Zwischenzeitlich trug die Vorschrift den Titel BGV A2. Nach einer Neuordnung der Bezeichnungen des berufsgenossenschaftlichen Vorschriftenwerks ist sie seit Januar 2005 als BGV A3 im Rennen. Der umfassende und branchen- bzw. objektorientierte Charakter der BGV A3 wird auch in der Struktur des Vorschriften werks deutlich:

§ 1 Geltungsbereich
§ 2 Begriffe
§ 3 Grundsätze
§ 4 Grundsätze beim Fehlen elektrotechnischer Regeln
§ 5 Prüfungen
§ 6 Arbeiten an aktiven Teilen
§ 7 Arbeiten in der Nähe aktiver Teile
§ 8 Zulässige Abweichungen
§ 9 Ordnungswidrigkeiten
§ 10 Inkrafttreten

Des Weiteren enthält die BGV A3 noch folgende Anhänge:

Anhang 1: Anpassung elektrischer Anlagen und Betriebsmittel an elektrotechnische Regeln

Anhang 2: Bezugsquellenverzeichnis

Anhang 3: Elektrotechnische Regeln

*2.1.2.2 Übergabe der Federführerschaft an staatliche Institutionen*

Mit der Übergabe der Federführung von den Berufsgenossenschaften an die staatlichen Institutionen geht sowohl eine starke Konzentration durch Fusionen als auch eine Einschränkung der Rechtssetzungsbefugnis bei den Berufsgenossenschaften einher, und das ist in der Form auch politisch so gewollt. Bereits am 26. Juni 2008 hat der deutsche Bundestag das Unfallversicherungsmodernisierungsgesetz (UVMG) verabschiedet. Es wurde am 4. November 2008 im Bundesgesetzblatt abgedruckt und ist somit am 5. November 2008 in Kraft getreten.

Autonome Rechtsnormen dürfen nur mit der fachlichen Zustimmung[12] des Bundesministeriums für Arbeit und Soziales herausgegeben werden. Die DGUV[13] koordiniert den Prozess. Und dies auch nur dann, wenn staatliche Arbeitsschutzvorschriften hierüber keine Regelung treffen (§ 15 Abs. 1 und 4 des UVMG). Gegenüber der bisherigen Regelung ergibt sich dadurch de facto eine Einschränkung der Rechtssetzungsbefugnis der Unfallversicherungsträger, auch wenn die derzeit in Kraft gesetzten Vorschriften natürlich ihre Gültigkeit behalten.

Des Weiteren fordert das Gesetz u. a. eine Reduzierung von ehemals 36 Berufsgenossenschaften auf neun Berufsgenossenschaften bis Ende des Jahres 2009. Derzeit existieren bereits nur noch rund 20 Berufsgenossenschaften. Die ehemalige Berufsgenossenschaft „Feinmechanik und Elektrotechnik" (BG FE) ist beispielsweise zunächst mit der Textil-Berufsgenossenschaft zur Berufsgenossenschaft „Elektrotechnik Textil Feinmechanik" (BG ETF) fusioniert. Anschließend folgte dann im Herbst des Jahres 2008 die Verabschiedung der Zusammenlegung mit der Berufsgenossenschaft „Gas Wasser Wärme" (BG FW) zur Berufsgenossenschaft „Energie Textil Elektro" (BG ETE). Inzwischen ist die Fusion der BG ETE mit der Berufsgenossenschaft für Medienerzeugnisse zur BG ETEM vollzogen worden. Weitere Fusionen stehen an.

**Bild 42** zeigt das derzeitige „Spielfeld" – von außen begrenzt durch EU-Vorgaben – und beispielhaft einige, im Bereich der Elektrotechnik geltende Vorschriften der jeweiligen „Mannschaften" aus den unterschiedlichen regelsetzenden Lagern.

---

[12] Die Rechtsaufsicht liegt beim Bundesversicherungsamt.

[13] Seit dem 1. Juni 2007 werden die gewerblichen Berufsgenossenschaften, die Unfallkassen und Gemeindeunfallversicherungsverbände von dem gemeinsamen Spitzenverband Deutsche Gesetzliche Unfallversicherung e. V. (DGUV) vertreten.

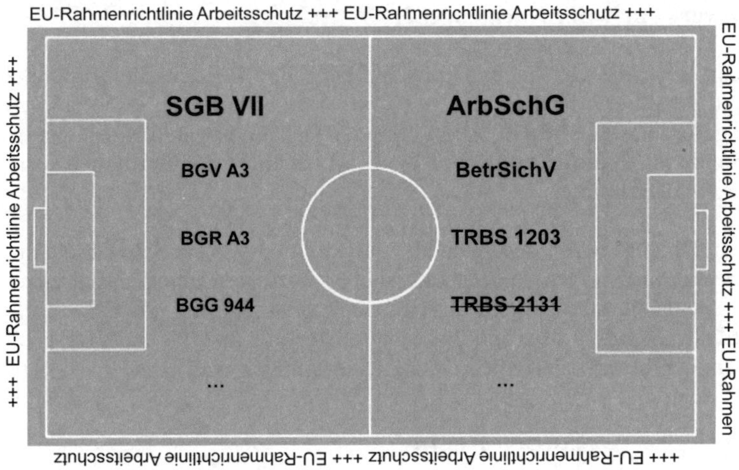


**Bild 42** Neue Rahmenbedingungen im Elektrobereich

Durch die Präventionsverpflichtung im staatlichen Arbeitsschutz wird jetzt vorgegeben, dass der Gefährdungsverhinderungs- und Präventionsgedanke klar im Vordergrund steht. „Sicherheit" muss von vornherein eingeplant und, wenn möglich, „konstruktiv eingebaut" werden. Das bedeutet, dass die Integration der Sicherheit bereits in der Planungsphase unumgänglich ist. Einer der Autoren der BGV A3, Dipl.-Ing. *Hans Heinrich Egyptien*, hat es häufig so formuliert: Unfallverhütungsvorschriften sind „mit Blut geschrieben". Folgendes war treffend damit beschrieben: Erst passieren die Unfälle, dann erfolgen die Unfallauswertungen. Wo im Rahmen der Auswertungen Unfallschwerpunkte festgestellt werden, werden wiederum einige Zeit später Vorschriftenänderungen vorgenommen. Auf diese Weise hat sich die BGV A3 zu dem entwickelt, was sie heute darstellt. Diese Vorgehensweise könnte man als Denken „von hinten" in der alten Arbeitsschutzwelt bezeichnen. In der neuen Arbeitsschutzwelt soll diese Denkweise durch die staatlichen Arbeitsschutzvorschriften, beispielsweise im Arbeitsschutzgesetz, in der BetrSichV oder in der Maschinenrichtlinie durch ein Denken „von vorn", abgelöst werden, wo die Sicherheit als zentraler und integraler Bestandteil – soweit das möglich ist – von vornherein berücksichtigt werden soll.

Es stellt sich durch die Außerkraftsetzung der TRBS 2131 erneut die Frage, wann nun die BGV A3 zurückgezogen wird. Die beschriebenen Entwicklungen und der für die praktische Umsetzung zu erwartende Zeitbedarf lassen es aus Sicht der Verfasser sogar sinnvoll erscheinen, die BGV A3 inkl. deren Durchführungsanweisungen nochmals zu überarbeiten.[14]

---

[14] Siehe hierzu auch die Ausführungen in Kapitel 2.1.1.4 „TRBS 2131 – Elektrische Gefährdungen (zurückgezogen)"

### 2.1.3 Regelwerke privater Normengeber

Weder der Staat noch die Berufsgenossenschaften geben für den Elektrobereich umfassende und detaillierte Regeln vor, hier sind – wie bisher auch – die privaten Normengeber gefordert. Wie **Bild 43** zeigt, befinden sich die privaten Normengeber in einer Art „Sandwich-Position" zwischen Staat auf der einen und Berufsgenossenschaften auf der anderen Seite.

Die beiden Hauptakteure verbindet – wie oben erwähnt –, dass sie Schutzziele und Vorgaben gerne auf einer hohen und manchmal eher abstrakten Ebene beschreiben. So wird uns in Deutschland im Elektrobereich auch zukünftig die „DKE Deutsche Kommission Elektrotechnik Elektronik Informationstechnik im DIN und VDE e. V." erhalten bleiben, die die erforderlichen Detailbestimmungen erarbeitet.

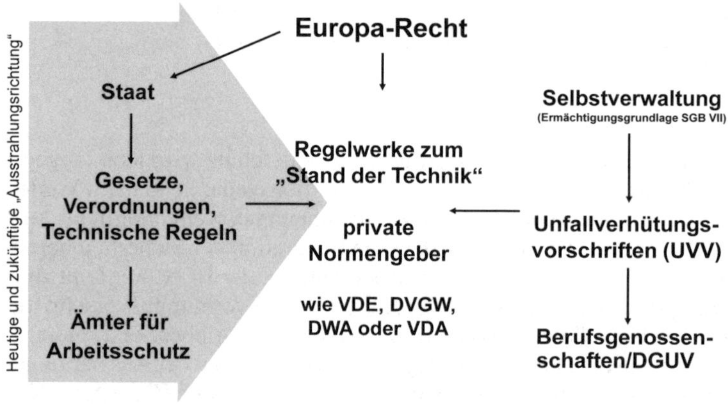


**Bild 43** Normengeber im zweigleisigen Arbeitsschutzsystem – VDE Verband der Elektrotechnik, Elektronik und Informationstechnik; DWA Deutsche Vereinigung für Wasserwirtschaft, Abwasser und Abfall; DVGW Deutsche Vereinigung des Gas- und Wasserfaches; VDA Verband der Automobilindustrie

In der Praxis wird häufig konkret die Frage nach dem „Stellenwert" der VDE-Bestimmungen gestellt. Der VDE als Verein kann natürlich keine verbindlichen Vorschriften, beispielsweise im Sinn von Gesetzen, erlassen, aber der Gesetzgeber fordert in verschiedensten Gesetzen, dass – u. a. auch im Elektrobereich – der „Stand der Technik" oder die „anerkannten Regeln der Technik" eingehalten werden. Weiterhin ist der Gesetzgeber der Meinung, dass der VDE mit seinen Bestimmungen für den elektrotechnischen Bereich diese anerkannten Regeln der Technik beschreibt.

Der Gesetzgeber drückt dieses durch die direkte Nennung der VDE-Bestimmungen im § 49 (Anforderungen an Energieanlagen) des Energiewirtschaftsgesetzes aus, wo sie als anerkannte Regeln der Technik im Elektrobereich genannt und damit anerkannt werden. Diese Nennung der VDE-Bestimmungen im Energiewirtschaftsgesetz darf aber nicht fehlinterpretiert werden: Die Nennung erhebt die VDE-Bestimmungen keinesfalls in den Gesetzesstand. Somit ist eine zwingende Einhaltung nicht unbedingt erforderlich. Allerdings ist Folgendes zu beachten:

Nicht die VDE-Bestimmungen sind verbindlich einzuhalten, aber der Arbeitgeber oder Betreiber hat in der Regel sicherzustellen, dass der Stand der Technik eingehalten wird, und eine Möglichkeit, dies umzusetzen, ist die Einhaltung der VDE-Bestimmungen. Derjenige, der diese einhält, kann für sich eine sog. Vermutungswirkung entfalten, richtig gehandelt zu haben. Es steht dem Anwender gleichermaßen frei, eine gleichwertige oder bessere Lösung im Vergleich zur VDE-Bestimmung auszuwählen bzw. zu erarbeiten. Es findet dann allerdings eine Beweislastumkehr statt. Das heißt, der Anwender muss nachweisen, dass die von ihm angewendete Maßnahme oder Vorgehensweise die gleiche Sicherheit bietet wie die entsprechende VDE-Bestimmung.[15]

Eine Auflistung der im Elektrobereich und damit für die verantwortliche Elektrofachkraft relevantesten DIN-VDE-Bestimmungen ist im Kapitel 3.5 „Sammlung wichtiger Vorschriften für die VEFK“ dargestellt.

### 2.1.4 Kernnorm DIN VDE 1000-10

Die einzige Norm, die konkret den Begriff der verantwortlichen Elektrofachkraft erläutert, ist die DIN VDE 1000-10, welche erstmals im Jahr 1995 herausgegeben wurde. Die Norm aus dem Jahr 1995 durfte noch bis zum Ende des Jahres 2009 angewendet werden. Die heute relevante Vorschrift für die Elektrofachkraft und die verantwortliche Elektrofachkraft ist – neben anderen Gesetzen und Regelwerken – die DIN VDE 1000-10 mit dem Ausgabedatum Januar 2009. Der Langtitel der Norm lautet: „Anforderungen an die im Bereich der Elektrotechnik tätigen Personen“.

Die Norm enthält inkl. Vorwort und Literaturverzeichnis nur acht Seiten. Das ist zum einen für eine VDE-Bestimmung erfreulich kurz, zum anderen bleiben gewisse Fragen, die insbesondere für den betrieblichen Praktiker von Bedeutung sind, zwangsläufig ungeklärt. Aus diesem Grund werden in den folgenden Kapiteln einige wesentliche Begriffe der DIN VDE 1000-10 ausführlich erläutert.

---

[15] Siehe zu diesem Thema auch die Ausführungen in Kapitel 1.1.1 „Nicht gesetzliche Regeln“.

DEUTSCHE NORM Januar 2009

**DIN VDE 1000-10**
**(VDE 1000-10)**

DIN

Diese Norm ist zugleich eine **VDE-Bestimmung** im Sinne von VDE 0022. Sie ist nach Durchführung des vom VDE-Präsidium beschlossenen Genehmigungsverfahrens unter der oben angeführten Nummer in das VDE-Vorschriftenwerk aufgenommen und in der „etz Elektrotechnik + Automation" bekannt gegeben worden.

VDE

**Vervielfältigung – auch für innerbetriebliche Zwecke – nicht gestattet.**

ICS 03.100.30; 29.020

Ersatz für
DIN VDE 1000-10
(VDE 1000-10):1995-05
Siehe jedoch Beginn der Gültigkeit

**Anforderungen an die im Bereich der Elektrotechnik tätigen Personen**

Requirements for persons working in a field of electrical engineering

Exigences pour les personnes travaillant dans le secteur de l'électrotechnique

**Bild 44** Deckblatt der aktuellen DIN VDE 1000-10:2009-01

### *2.1.4.1 Zielgruppe der VDE-Bestimmung DIN VDE 1000-10*

Der Unternehmer trägt in seinem Betrieb die Verantwortung und ist die Schlüsselfigur für Arbeitssicherheit und Gesundheitsschutz seiner Beschäftigten bei der Arbeit. Arbeitssicherheit kann also ohne Weiteres als „Chefsache" bezeichnet werden. Als Leitlinie dafür stellt das Arbeitsschutzgesetz (ArbSchG) wie auch die Betriebssicherheitsverordnung (BetrSichV) den Präventionsgedanken in den Vordergrund. Daher hat er vor Beginn der Arbeiten einige Aufgaben zu erledigen. Diese können beispielsweise sein:

- Organisation im übertragenen Aufgabenbereich,
- Beurteilung von Arbeitsbedingungen durch schriftlich dokumentierte Gefährdungsbeurteilungen,
- Festlegen geeigneter Schutzmaßnahmen,
- Übertragung von Arbeiten ausschließlich an fachlich und persönlich geeignete Personen oder
- Kontrolle, inkl. Dokumentation im übertragenen Aufgabenbereich.

Die o. g. Punkte stellen Unternehmerpflichten dar, die es in einzelnen Fachbereichen nahezu unumgänglich machen, Führungskräfte in die Unternehmerverantwortung einzubinden. Bedient sich der Unternehmer nicht dieser Möglichkeit und ist er selbst nicht in der Lage, diese Aufgabe richtig und umfassend zu erfüllen, so kann man ggf. von einem Organisationsverschulden sprechen. Welche Folgen so etwas für den Unternehmer nach einem Unfall mit sich bringt, entscheidet allein der Richter. Das Arbeitsschutzgesetz bietet nach § 13 die Möglichkeit, zuverlässige und fachkundige Personen schriftlich mit der Wahrnehmung unternehmerischer Aufgaben zu beauftragen. Dadurch ist keine „Frei-Delegierung“[16] geschaffen, denn die Verantwortlichkeit des Unternehmers ändert sich damit in eine Überwachungspflicht der beauftragten Person. Stichprobenartig durchgeführte und niedergeschriebene Kontrollmaßnahmen vervollständigen eine „rechtssichere“ Pflichtenübertragung. Sollte sich herausstellen, dass der Unternehmer eine Person mit einer nicht ausreichenden Befähigung beauftragt hat und dies zu einem Unfall führt, kann ihm ein Auswahlverschulden angelastet werden. Ausgestattet mit unternehmerischer und fachlicher Verantwortung sowie mit Befugnis für die Leitung des elektrotechnischen Betriebs oder Betriebsteils wird eine solche verantwortliche Person als „verantwortliche Elektrofachkraft“ im Sinn der DIN VDE 1000-10:2009-01 Abschnitt 3.1 bzw. 5.3 bezeichnet. Die VEFK ist für die Einhaltung der elektrotechnischen Sicherheitsfestlegungen „weisungsfrei“ zu stellen.

Die vorgenannten Rechtsvorschriften und Regelwerke, z. B. das ArbSchG, die BetrSichV, Rechtsnormen der Unfallversicherungsträger und die VDE-Normen, finden auch in staatlichen Einrichtungen Anwendung.

**Bild 45** Organisation des elektrotechnischen Bereichs

Eine Behörde muss in sachlicher und personeller Hinsicht so ausgestattet sein, dass sie ihren Pflichten Dritten gegenüber nachkommen kann. Ein Organisationsman-

---

[16] Erläuterung des Begriffs „Frei-Delegierung“ in Anlehnung an Dr. jur. *Jürgen Schliephacke*: Delegiert wird jeweils nur die Handlungsverantwortung. Die Überwachungs- und Aufsichtsverantwortung bleibt immer beim jeweiligen Delegierenden. Eine „Frei-Delegierung“ von Verantwortung gibt es nicht. Vorgesetzte ohne Verantwortung gibt es nicht; das „Gesetz der Unauflösbarkeit“ bedeutet: Vorgesetzteneigenschaft und Verantwortung sind untrennbar miteinander verbunden.

gel, welcher eine Haftung auslöst, liegt auch ohne persönliches Verschulden eines Mitarbeiters vor, z. B. bei Überlastung oder Überforderung der konkret handelnden Amtsträger, Ausfälle, Nichteinstellung oder Nichtzurverfügungstellung des zur Aufgabenerfüllung erforderlichen Personals bzw. auch anderer Mittel. Besonders gravierend davon betroffen sind klassische Kommunalverwaltungen mit Verwaltungs- und Schulgebäuden. Diese Ausführungen machen deutlich, dass auch in staatlichen Einrichtungen eine verantwortliche Elektrofachkraft im Sinn der DIN VDE 1000-10: 2009-01 Abschnitt 3.1 bzw. 5.3 in vielen Fällen erforderlich ist.

#### *2.1.4.2 Begriffsbestimmung „Elektrotechnischer Betriebsteil"*

Zu einem elektrotechnischen Betrieb oder Betriebsteil zählt jeder Bereich, der sich mit elektrotechnisch relevanten Sicherheitsaufgaben befassen muss. Die DIN VDE 1000-10:2009-01 gibt im Abschnitt 1 Aufschluss über Tätigkeiten, die von Bedeutung für die elektrische Sicherheit und damit einem elektrotechnischen Betriebsteil gleichzusetzen sind, z. B. gilt dies für das:

a) Planen, Projektieren, Konstruieren;
b) Einsetzen von Arbeitskräften
   - Organisieren der Arbeiten,
   - Festlegen der Arbeitsverfahren,
   - Auswählen der geeigneten Arbeits- und Aufsichtskräfte,
   - Bekanntgeben und Erläutern der einschlägigen Sicherheitsfestlegungen,
   - Hinweisen auf besondere Gefahren,
   - Unterweisen über anzuwendende Schutzmaßnahmen,
   - Festlegen der zu verwendenden Körperschutzmittel und Schutzvorrichtungen,
   - Durchführen notwendiger Schulungsmaßnahmen;
c) Errichten;
d) Prüfen
   - Besichtigen,
   - Erproben,
   - Messen;
e) Betreiben
   - Inbetriebsetzen,
   - Betätigen (Bedienen) (ausgenommen die bestimmungsgemäße Verwendung von elektrischen Betriebsmitteln, die für Laienbenutzung vorgesehen sind),
   - Arbeiten,
   - Instandhalten;
f) Ändern.

Der Begriff „elektrotechnischer Betrieb oder Betriebsteil" wird im Abschnitt 5.3 der DIN VDE 1000-10 geprägt. In den Erläuterungen in Anhang A der Norm wird lediglich ausgeführt:

*„Unter einem elektrotechnischen Betrieb oder Betriebsteil wird derjenige Bereich eines Betriebs verstanden, der sich mit den elektrotechnisch relevanten Sicherheitsaufgaben befassen muss."*

Aus Sicht der Verfasser sind alle vorgenannten Punkte (Abschnitt 1 der DIN VDE 1000-10:2009-01 „Anwendungsbereich") zu diesen Aufgaben zu zählen. Wer also Teile dieser Aufgaben und Tätigkeiten oder die Gesamtheit der Aufgaben und Tätigkeiten durchführen muss, um seinen Betriebszweck zu erfüllen, der besitzt einen elektrotechnischen Betrieb oder Betriebsteil und benötigt somit eine verantwortliche Elektrofachkraft. Dabei ist es unerheblich, ob die Aufgaben von eigenem angestelltem Fachpersonal oder von Fremdfirmen ausgeführt werden.

Ein elektrotechnischer Betriebsteil ist also ein Bereich, in dem ein, mehrere oder alle Tätigkeitskomplexe gemäß DIN VDE 1000-10 Abschnitt 1a bis f zur Arbeitsaufgabe gehören.[17]

Der Anwendungsbereich in Abschnitt 1 führt aus:

*„Diese Norm gilt für die fachlichen Anforderungen an die im Bereich der Elektrotechnik tätigen Personen, die im Rahmen ihrer Aufgaben Tätigkeiten ausführen, die von Bedeutung für die elektrotechnische Sicherheit sind [...]."*

Das heißt, das betreffende Unternehmen muss im Bereich der Elektrotechnik eigene Mitarbeiter und/oder Fremddienstleister beschäftigen, um in den Geltungsbereich dieser Norm zu fallen.

Nach DIN VDE 1000-10:2009-01 bedingt jede der o. g. Tätigkeiten die selbstständige Ausführung durch eine im besonderen Maß qualifizierte Elektrofachkraft. Da der Umfang der elektrotechnischen Verantwortung maßgeblich von der Aufgaben- und Kompetenzzuweisung im Unternehmen abhängig ist, unterscheidet die DIN VDE 1000-10:2009-01 insbesondere zwischen einer verantwortlichen Elektrofachkraft (Abschnitt 3.1 bzw. 5.3) und der einfachen Elektrofachkraft (EFK) (Abschnitt 3.2). Andere Personen, z. B. eine elektrotechnisch unterwiesene Person (EuP), dürfen nur unter Leitung und Aufsicht einer EFK nach Abschnitt 3.1 oder 3.2 bzw. 5.3 in diesen Bereichen tätig werden. Eine detaillierte Erläuterung bezüglich der elektrotechnischen Qualifikationsprofile folgt im Kapitel 2.2 „Anforderungsprofile für in der Elektrotechnik tätige Personen" dieses Buchs.

#### *2.1.4.3 Begriffsbestimmung „Sicherheitsaufgaben"*

Der Begriff „Sicherheitsaufgaben" ist in der DIN VDE 1000-10:2009-01 leider nicht weiter erläutert. Die Verfasser dieses Buchs sind der Meinung, dass alle Tätigkeiten

[17] In Anlehnung an das elektrotechnische Organisationshandbuch der Deutschen Post AG für den Geschäftsbereich 16 (Version 1.0 vom 11.8.2010), S. 14.

im Bereich der Elektrotechnik, die von Relevanz sind für Sicherheit und Gesundheitsschutz der Mitarbeiter, unter den Begriff der Sicherheitsaufgaben fallen.

In den Erläuterungen der DIN VDE 1000-10 steht Folgendes: Unter „elektrischer Sicherheit“ werden in erster Linie alle Gefahren durch elektrische Durchströmung des menschlichen Körpers (Schutz gegen gefährliche Körperströme nach DIN VDE 0100-410) oder durch Folgen von Störlichtbögen verstanden. Hinzu kommen elektrotechnische Wirkungen, die zu Bränden oder Explosionen führen können, ebenso wie die Gefahren durch elektrische, magnetische und elektromagnetische Felder oder auch mittelbar durch unzureichende Funktionssicherheit (z. B. Straßenverkehrssignalanlagen, sicherer Produktionsablauf, Roboterbewegungen).

Untermauert wird diese Meinung auch aus der folgenden Forderung: Der Unternehmer hat in seinem Betrieb bzw. Unternehmen für die notwendige Arbeitssicherheit und den Gesundheitsschutz seiner Beschäftigten bei der Arbeit zu sorgen. Dies definiert das Arbeitsschutzgesetz (ArbSchG), welches über die Betriebssicherheitsverordnung und die zugehörigen Technischen Regeln für Betriebssicherheit (TRBS) konkretisiert wird.

Hier ist es nun Aufgabe des Unternehmers, für eine Minimierung dieser Gefährdungen für seine Angestellten zu sorgen. Da dieser in aller Regel nicht die erforderliche Fachkunde besitzt, fällt diese Aufgabe der verantwortlichen Elektrofachkraft zu, die ihn in fachlichen Fragen vertritt, und stellt die Kernaufgabe der VEFK dar.

#### *2.1.4.4 Begriffsbestimmung „Weisungsfreiheit“*

In der DIN VDE 1000-10:2009-01 Abschnitt 6 heißt es:

*„Die für die Einhaltung der elektrotechnischen Sicherheitsfestlegungen verantwortliche Elektrofachkraft darf, soweit hierfür nicht besondere gesetzliche Vorschriften gelten, hinsichtlich deren Einhaltung keiner Weisung von Personen, die nicht entsprechend dieser Norm als verantwortliche Elektrofachkraft gelten, unterliegen.“*

Das bedeutet, dass die VEFK keinen fachlichen Weisungen einer Person, die zwar disziplinarisch übergeordnet ist, jedoch keine VEFK im Sinn dieser Norm darstellt, unterliegen darf. Das bedeutet wiederum, dass die VEFK für die elektrische Sicherheit verantwortlich ist und nicht die disziplinarisch übergeordnete Person, bei der jedoch die Auswahl-, die Organisations- und die Aufsichtsverantwortung verbleiben.

Die Verwirklichung eines Tatbestands kann durch eine Handlung im Sinn eines aktiven Tuns erreicht werden. In vielen Tatbeständen werden aber Unterlassungen auch sanktioniert. Nach § 13 StGB wird ein Unterlassen dem aktiven Tun gleichgestellt, wenn sich der Täter in der Garantenstellung befindet. Diese Garantenstellung setzt die Verpflichtung des Täters voraus, in einer bestimmten Situation tätig zu werden; sanktioniert werden kann dann das „Nicht-tätig-werden“ ebenso wie das (falsche) „Tätig-werden“. Da es sich im Rahmen der Aufgabendelegierung vom Unternehmer auf die verantwortliche Elektrofachkraft um die Übertragung originärer Unternehmeraufgaben handelt, übernimmt infolgedessen die verantwortliche Elektrofachkraft ebenfalls eine Garantenstellung.[18]

## 2.2 Anforderungsprofile für in der Elektrotechnik tätigen Personen

Die Ausführung elektrotechnischer Arbeiten im Betrieb birgt gewisse Gefahren und darf nur von für die jeweilige Aufgabe qualifizierten Personen ausgeführt werden. Die folgende Übersicht zeigt alle in Deutschland gängigen Qualifikationsstufen im Bereich der Elektrotechnik. Die verschiedenen Qualifikationsstufen sind in den elektrotechnischen Vorschriftenwerken unterschiedlich ausführlich behandelt.

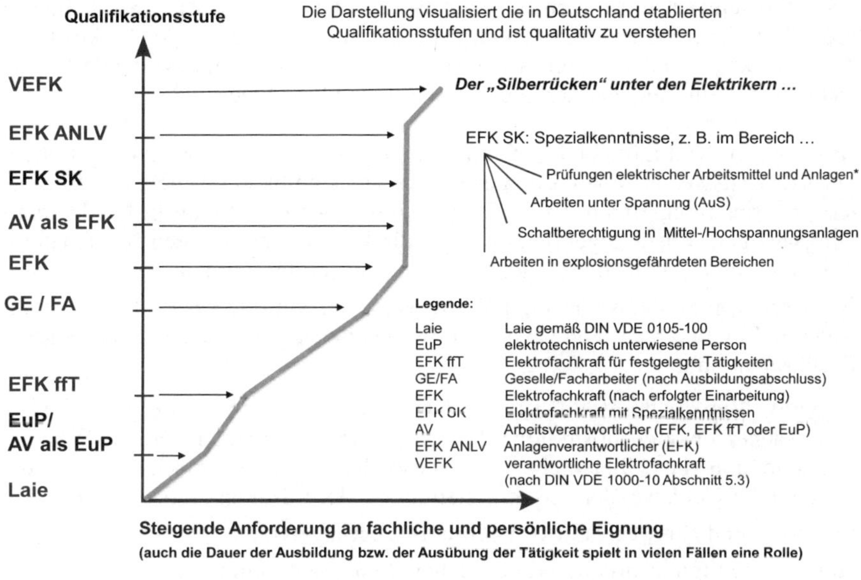


* Die Elektrofachkraft mit besonderen Kenntnissen im Bereich elektrischer Prüfungen ist mit einer befähigten Person nach TRBS 1203 gleichzusetzen.

**Bild 46** Die elektrotechnischen Qualifikationsstufen

Die Hauptquelle für die Beschreibungen der elektrotechnischen Qualifikationsstufen stellen die DIN VDE 0100-200:2006-06, Abschnitt 826-18-02 sowie die DIN VDE 0105-100:2009-10, Abschnitt 3.2, die DIN VDE 1000-10:2009-01 (Anforderungen

[18] Vergleiche hierzu auch die Ausführungen zur Garantenstellung in Kapitel 1.3.4 „Ordnungswidrigkeiten“ und Kapitel 1.3.5 „Straftaten“.

an die im Bereich der Elektrotechnik tätigen Personen) sowie die berufsgenossenschaftliche Vorschrift „Elektrische Anlagen und Betriebsmittel“ (BGV A3) dar.

### 2.2.1 Elektrotechnische Laien

Die DIN VDE 0105-100 definiert in ihrem Abschnitt 3.2.5 den elektrotechnischen Laien kurz und knapp in Form einer „Ausschluss-Definition“. Dort heißt es: „Eine Person, die weder Elektrofachkraft noch elektrotechnisch unterwiesene Person ist.“ Auch die BGV A3 verwendet den Begriff des „Laien“, allerdings ohne ihn zu definieren.

Elektrotechnische Laien haben in aller Regel eine Berufsausbildung in einem anderen, nicht elektrotechnischen Bereich abgeschlossen. Sie können beispielsweise als Anlagenplaner, Mechaniker, Wartungsmonteure, Klärwerker, Haustechniker, Maschinenbauer oder Chemiker tätig sein.

Die Vorschriftenwerke stimmen in der Aussage überein, dass ein Laie keinerlei elektrotechnische Arbeiten selbstständig ausführen darf, da er weder Elektrofachkraft noch elektrotechnisch unterwiesene Person ist. Dennoch gibt es eine Reihe von Tätigkeiten, die ein Laie ausführen darf. Hier einige Beispiele:

- Auswechseln von Lampen bei Nennspannungen bis 250 V. Soweit erforderlich, muss das Auswechseln von Lampen und herausnehmbarem Zubehör, z. B. Startern, im spannungsfreien Zustand durchgeführt werden. Wenn in Niederspannungsanlagen vollständiger Schutz gegen direktes Berühren besteht, dürfen diese Arbeiten durch Laien sogar unter Spannung ausgeführt werden.
- Benutzen von Geräten, die für Laienverwendung vorgesehen sind, d. h. unter anderem Ein- und Ausschalten von elektrischen Betriebsmitteln bei vollständigem Berührungsschutz,
- Zusammenfügen und Trennen von Steckvorrichtungen,
- Überwachen der Betriebsmittel auf richtiges Arbeiten und auftretende Schäden (nicht im Sinn von „Überwachen durch besondere elektrotechnische Prüfungen“, Zustand der Gehäuse, der Anschlussleitungen, der Lüftungsschlitze etc.),
- Einsetzen und Auswechseln von Schraubsicherungen oder
- einfache Reinigungsarbeiten (äußerliches Reinigen geschlossener Anlagen).

### 2.2.2 Elektrotechnisch unterwiesene Personen

Es gibt auch Arbeiten im Betrieb, die nicht zwingend von einer Elektrofachkraft durchgeführt werden müssen, aber für den ungeschulten Laien gefährlich oder zu komplex sind. Es ist aber möglich, diese Tätigkeiten einer „elektrotechnisch unterwiesenen Person“ (EuP) zu übertragen. Voraussetzung dafür ist, dass eine Elektrofachkraft die elektrotechnisch unterwiesene Person angelernt, über die möglichen Gefahren bei unsachgemäßem Verhalten unterrichtet und sie über alle erforderlichen Schutzmaßnahmen unterwiesen hat. Im Wortlaut der DIN VDE 0105-100 heißt es:

*„Elektrotechnisch unterwiesene Person ist, wer durch eine Elektrofachkraft über die ihr übertragenen Aufgaben und die möglichen Gefahren bei unsachgemäßem Verhalten unterrichtet und erforderlichenfalls angelernt sowie über die notwendigen Schutzeinrichtungen und Schutzmaßnahmen belehrt wurde."*

Elektrotechnisch unterwiesene Personen können die Elektrofachkräfte im Betrieb also wirksam unterstützen. Sie dürfen jedoch keinesfalls selbstständig Anlagen oder Geräte errichten, ändern oder instand halten. Sie arbeiten immer unter Leitung und Aufsicht einer Elektrofachkraft. Von elektrotechnisch unterwiesenen Personen wird in allererster Linie absolut unterweisungskonformes Verhalten verlangt. Die Formulierung „unter Leitung und Aufsicht einer Elektrofachkraft" tangiert das Thema „Führungs- und Fachverantwortung im elektrotechnischen Bereich". Das bedeutet gemäß DIN VDE 0105-100 oder BGV A3 Abs. 1 allerdings nicht, dass diese „Leitung und Aufsicht" ausübende Elektrofachkraft „ständig vor Ort" sein muss. Die Formulierung „unter Leitung und Aufsicht einer Elektrofachkraft" bedeutet insbesondere

- das Überwachen der ordnungsgemäßen Errichtung, Änderung und Instandhaltung elektrischer Anlagen und Betriebsmittel,
- das Anordnen, Durchführen und Kontrollieren der zur jeweiligen Arbeit erforderlichen Sicherheitsmaßnahmen einschließlich des Bereitstellens von Sicherheitseinrichtungen,
- das Unterrichten elektrotechnisch unterwiesener Personen,
- das Unterweisen von elektrotechnischen Laien über sicherheitsgerechtes Verhalten, erforderlichenfalls das Einweisen,
- das Überwachen, erforderlichenfalls das Beaufsichtigen der Arbeiten und der Arbeitskräfte, z. B. bei nichtelektrotechnischen Arbeiten in der Nähe unter Spannung stehender Teile.

**Bild 47** Die EuP hat ein stark eingeschränktes Tätigkeitsfeld

Zum üblichen Tätigkeitsgebiet der elektrotechnisch unterwiesenen Person gehören hauptsächlich Arbeiten, die unter den in der Praxis geprägten Begriff „gelegentliches Handhaben“ fallen, beispielsweise das

- Betreten abgeschlossener elektrischer Betriebsstätten,
- Neustarten von elektrischen Systemen oder Komponenten,
- Auswechseln von Bauelementen wie Schraubsicherungen, Geräteschutzsicherungen sowie Anzeigelampen oder
- Betätigen von Schutzeinrichtungen wie Leitungsschutzschalter, Fehlerstromschutzschalter und Motorschutzschalter.

Welche Tätigkeiten im Einzelnen von diesen Mitarbeitern ausgeführt werden dürfen, muss letztendlich die verantwortliche Elektrofachkraft des jeweiligen Unternehmens festlegen. Um Aufgaben und Kompetenzen klar zu definieren und abzugrenzen, empfiehlt es sich, die Unterweisungsinhalte schriftlich zu dokumentieren. Im Anschluss sind die Teilnehmer in Schriftform zur „elektrotechnisch unterwiesenen Person“ zu bestellen. Zu einem vollständigen Bestellvorgang gehören in schriftlicher Form:

- Ausbildungsnachweis durch den Unterweisenden (Teilnahmebestätigung),
- Bestellung durch den Unternehmer mit Tätigkeitsprofil und Anlagenverzeichnis – an welchen die Tätigkeiten des Tätigkeitsprofils ausgeführt werden dürfen – sowie
- Arbeitsanweisungen gemäß den im Tätigkeitsprofil übertragenen Aufgaben.

*Siehe zu diesen Ausführungen auch die ergänzenden Muster-Dokumente in Kapitel 6.2.1 „Elektrotechnisch unterwiesene Person“.*

### 2.2.3 Elektrofachkraft für festgelegte Tätigkeiten

Eine weitere Qualifikationsstufe ist die „Elektrofachkraft für festgelegte Tätigkeiten“. Sie liegt inhaltlich – wie die Reihenfolge der Gliederung vermuten lässt – zwischen der elektrotechnisch unterwiesenen Person und der Elektrofachkraft. Bei der namentlichen Bezeichnung der Qualifikationsstufe fällt auf: Hier steht nichts mehr von „unterwiesener Person“; hier wird eindeutig der definierte Begriff „Elektrofachkraft“ verwendet. Die einzige Einschränkung folgt durch den Zusatz „für festgelegte Tätigkeiten“. Für die Elektrofachkraft für festgelegte Tätigkeiten gilt also prinzipiell die gleiche Definition wie für die im folgenden Gliederungspunkt beschriebene „Voll-Elektrofachkraft“. Allerdings stellt sich an dieser Stelle die ernst gemeinte Frage, ob es diese „allwissende Elektrofachkraft“ überhaupt geben kann. Denn eigentlich ist jede Elektrofachkraft nur in ihrem Bereich, in dem sie zeitnah Tätigkeiten durchgeführt hat, auch tatsächlich als Elektrofachkraft anzusehen. Gestützt wird diese Aussage durch die entsprechenden Formulierungen in der DIN VDE 1000-10 (informative Erläuterungen) und in der BetrSichV bzw. in der TRBS 1203.

Die Begrifflichkeit der Elektrofachkraft für festgelegte Tätigkeiten fand erst im Rahmen der Novellierung der Handwerksordnung Mitte der 1990er-Jahre Eingang in das Vorschriftenwerk. Sie wird in der BGV A3 in der Durchführungsanweisung zu § 2 (3) beschrieben. Die Ausbildungskriterien für Elektrofachkräfte für festgelegte Tätigkeiten finden sich in dem BG-Grundsatzpapier BGG 944. In der BGG 944 wird zwischen den Anforderungen in Industrie und Handwerk unterschieden. Des Weiteren werden ausführlich eine theoretische Grundausbildung sowie eine betriebliche Fachausbildung beschrieben.[19]

Als „festgelegte Tätigkeiten" gelten gleichartige, sich wiederholende Arbeiten an elektrischen Betriebsmitteln, die grundsätzlich nur in freigeschaltetem Zustand durchgeführt werden dürfen. Um zu gewährleisten, dass die „Elektrofachkraft für festgelegte Tätigkeiten" die Arbeitsabläufe auch sicher und gefahrlos beherrscht, muss sie eine Ausbildung in Theorie und Praxis mit abschließender Prüfung und Zertifikat erfolgreich absolvieren. Der Umfang dieser Prüfung ist nicht genau festgelegt. Er hängt vom Ausmaß und Schwierigkeitsgrad der später auszuführenden Tätigkeiten ab.

Zu den klassischen „gleichartigen und sich wiederholenden Tätigkeiten" von Elektrofachkräften für festgelegte Tätigkeiten gehören beispielsweise das Anschließen und Abklemmen von

- Drehstrom-Elektroherden im Bereich des Küchen- und Möbelbaus,
- verschiedenen Elektrizitätszählertypen im Bereich des Netzbetriebs oder
- Drehstrom-Elektromotoren bis zu einer bestimmten Leistungsgrenze im Bereich von Druckereien.

An dieser Stelle sei erwähnt, dass bei solchen Ausbildungsmaßnahmen natürlich der Betriebs- oder Personalrat bereits in der Planungsphase mit einbezogen werden sollte. Die erforderliche Ausbildung kann mehrere Monate betragen. Wie lang die Ausbildung in Theorie und Praxis im konkreten Einzelfall wirklich sein muss, kann pauschal nicht beantwortet werden. Es empfiehlt sich die Erstellung eines geeigneten Ausbildungsplans in retrograder Vorgehensweise: Aus dem zukünftigen Tätigkeitsprofil der Mitarbeiter und dem heutigen Wissensstand der zu qualifizierenden Mitarbeiter ergibt sich ein Qualifikationsdefizit. Aus diesem Qualifikationsdefizit werden dann die zu vermittelnden theoretischen und praktischen Lerninhalte abgeleitet. Aus den zu vermittelnden Ausbildungsinhalten wird dann die benötigte Ausbildungsdauer abgeleitet. In diesem Fall wird das „Pferd also ausnahmsweise und gleichzeitig sinnvollerweise von hinten aufgezäumt".

---

[19] Zum Zeitpunkt der Drucklegung des Buchs befindet sich ein berufsgenossenschaftlicher Grundsatz BGG/GUV-G 967 „Elektrofachkraft und elektrotechnisch unterwiesene Person – Anforderung an die Qualifikation von Personen, die elektrotechnische Arbeiten durchführen" in der Erarbeitung. Dieses Grundsatzpapier regelt auch das Thema Elektrofachkraft für festgelegte Tätigkeiten grundlegend neu.

In der theoretischen Ausbildung müssen, zugeschnitten auf die festgelegten Tätigkeiten, die Kenntnisse der Elektrotechnik, die für das sichere und fachgerechte Durchführen dieser Tätigkeiten erforderlich sind, vermittelt werden. Die praktische Ausbildung muss an den infrage kommenden Betriebsmitteln und möglichst in einer praxisorientierten Arbeitsumgebung durchgeführt werden. Sie muss die Fertigkeiten vermitteln, mit denen die in der theoretischen Ausbildung erworbenen Kenntnisse für die festgelegten Tätigkeiten sicher angewendet werden können.

Die Dauer der praktischen Einarbeitung sollte nicht mengen- bzw. anzahlmäßig oder zeitlich begrenzt sein, sie soll sich vielmehr nach der Anzahl der anfallenden Tätigkeiten und dem individuellen Entwicklungsstand des einzelnen Mitarbeiters richten. Aus Sicht der Verfasser wird die praktische Einarbeitung (nach der erfolgten praktischen Abschlussprüfung) häufig vernachlässigt. Aus diesem Grund ist eine Planung und eine Kontrolle im Rahmen dieser Phase ratsam. Hierzu eignet sich der von den Verfassern entwickelte „Praxispass mit stufenweiser Freigabe“[20].

*Siehe zu diesen Ausführungen auch die ergänzenden Muster-Dokumente in Kapitel 6.8 „Praxispass zur Einarbeitung von Elektrofachkräften“.*

Die kontinuierliche Durchführung von fachbezogenen Weiterbildungsmaßnahmen – neben bzw. nach der praktischen Einarbeitung – ist im Bereich von Elektrofachkräften sowieso unabdingbar, das gilt auch für den Bereich der festgelegen Tätigkeiten.

Die Regelung der Elektrofachkraft für festgelegte Tätigkeiten berücksichtigt die praktische Situation in vielen Betrieben. Vielfach werden in Betrieben Mitarbeiter aus nichtelektrotechnischen Berufen zeitweise oder dauernd für elektrotechnische Tätigkeiten herangezogen. Sie gewinnen auf diese Weise in vielen Fällen einige praktische Erfahrungen in einzelnen elektrotechnischen Gebieten, z. B. bei der Reparatur elektrischer Maschinen, der Montage von Schaltanlagen oder dem Bau von Freileitungen. Solche Mitarbeiter können nach einer ergänzenden theoretischen Ausbildung von einer verantwortlichen Elektrofachkraft geprüft und mit der Wahrnehmung bestimmter Aufgaben in ihrem „erlernten“ Arbeitsgebiet beauftragt werden. Der Einsatz von Elektrofachkräften für festgelegte Tätigkeiten muss letztlich immer von der verantwortlichen Elektrofachkraft organisiert, begleitet und kontrolliert werden.

Die Deutsche Gesetzliche Unfallversicherung (DGUV) plant die Veröffentlichung einer Grundsatzschrift DGUV-G 967 mit dem Titel „Elektrofachkraft und elektrotechnisch unterwiesene Person – Anforderungen an die Qualifikation von Personen, die elektrotechnische Arbeiten durchführen“. Die DGUV-G 967 wird dann die

[20] Siehe zum Praxispass auch die Ausführungen in Kapitel 4.6.1.4 „Planung und Überwachung von Einarbeitungsphasen“

bisherige BGG 944 ergänzen oder ggf. ersetzen. Zukünftig wird nach o. g. Entwurf die „Elektrofachkraft für festgelegte Tätigkeiten" dann als „Elektrotechnisch unterwiesene Person, die nach festgelegten Arbeitsverfahren arbeitet" bezeichnet werden müssen.

### 2.2.4 Elektrofachkräfte

Als Elektrofachkraft im Sinn der Unfallverhütungsvorschrift BGV A3 gilt,

*„wer aufgrund seiner fachlichen Ausbildung, Kenntnisse und Erfahrungen sowie Kenntnis der einschlägigen Bestimmungen[21] die ihm übertragenen Arbeiten beurteilen und mögliche Gefahren erkennen kann."*

In der Elektrofachkraftdefinition fällt schon – im Vergleich zur Definition der elektrotechnisch unterwiesenen Person – ein sehr großer Unterschied in Bezug auf den Grad der Selbstständigkeit auf: Bei der elektrotechnisch unterwiesenen Person war das wichtigste Merkmal das unterweisungskonforme Verhalten unter Leitung und Aufsicht einer Elektrofachkraft. Das heißt im Umkehrschluss, dass alles, was nicht Unterweisungsbestandteil war, schlichtweg zu unterlassen ist. An diesem Über- und Unterordnungsverhältnis kann man erkennen, dass der Grad der Selbstständigkeit und damit auch der Fachverantwortlichkeit der Elektrofachkraft wesentlich höher ist.

Im Regelfall wird das Erreichen der Elektrofachkraftqualifikation durch eine Ausbildung mit Abschluss als Geselle, Facharbeiter, staatlich geprüfter Techniker, Meister, Ingenieur, Bachelor oder Master im Bereich der Elektrotechnik nachgewiesen. Die Reihenfolge ist hier in keinem Fall eine Rangfolge. Gemäß der BGV A3 kann zur Beurteilung der fachlichen Ausbildung aber auch eine mehrjährige Tätigkeit auf dem betreffenden Arbeitsgebiet herangezogen werden. In diesem Fall sind gemäß der Unfallverhütungsvorschrift noch einige Besonderheiten bezüglich der internen Qualifikation und deren Dokumentation zu beachten.

In der DIN VDE 0105-100 ist die Elektrofachkraft im Abschnitt 3.2.3 wie folgt definiert:

*„Elektrofachkraft ist, wer aufgrund seiner fachlichen Ausbildung, Kenntnisse und Erfahrungen sowie Kenntnis der einschlägigen Normen die ihm übertragenen Arbeiten beurteilen und mögliche Gefahren erkennen kann."*

Hier greift die Norm Regelungen auf, die für die Qualifikation der Elektrofachkraft seit dem Jahr 1979 in der Durchführungsanweisung zu § 2 Abs. 3 BGV A3 festgeschrieben sind und sich seit dieser Zeit gut bewährt haben. Diese Definition deckt sich im Prinzip mit den Festlegungen in § 2 Abs. 3 der BGV A3, wobei allerdings die BGV A3 statt dem Begriff „Normen" die umfassendere Forderung nach der Kenntnis der einschlägigen „Bestimmungen" festschreibt. Die DIN VDE 1000-10

---

[21] Die VDE-Bestimmung spricht an dieser Stelle nicht von Bestimmungen, sondern von Normen. Siehe dazu auch die Ausführungen im folgenden Text.

führt dazu explizit aus, dass unter den Begriff „Normen“ nicht nur DIN-Normen oder DIN-VDE-Normen fallen, sondern der Begriff weiter zu fassen ist und auch die Bestimmungen anderer Regelsetzer umfasst.

Bereits im vorangehenden Abschnitt zur Elektrofachkraft für festgelegte Tätigkeiten wurde ausgeführt, dass es eine „allwissende Elektrofachkraft“ überhaupt nicht geben kann, sondern jede Elektrofachkraft auf dem weiten Feld der Elektrotechnik nur einen Teilbereich sicher abdecken kann. Die DIN VDE 1000-10 formuliert das ebenfalls so und geht sogar noch einen Schritt weiter: Laut dieser Norm kann man die Qualifikation der Elektrofachkraft sogar verlieren, wenn man längere Zeit in einem berufsfremden Arbeitsgebiet tätig war. Ein Rückerwerb ist durch theoretische und praktische Befassung mit den Themen natürlich ebenfalls wieder möglich.

Vom Begriff der Elektrofachkraft sind aus Sicht der Verfasser noch die Begriffe „Geselle“ und „Facharbeiter“ abzugrenzen.[22] Diese beiden Gruppen erfüllen am Tag ihres Lehrabschlusses vor der jeweiligen Handwerks- oder Handelskammer noch nicht die Anforderungen, die an eine Elektrofachkraft gestellt werden. Es fehlen noch die praktischen Erfahrungen und ein Großteil der Kenntnis der einschlägigen Bestimmungen für das neu übernommene Aufgabengebiet.

### 2.2.5 Elektrofachkräfte mit Spezialkenntnissen

Die Berufsausbildung endet in vielen Berufen nach entsprechender Ausbildungszeit mit dem Abschluss „Geselle“ oder „Facharbeiter“. In der Praxis qualifiziert sich diese Person im Elektrobereich erst später zur „Elektrofachkraft“, nämlich durch ständige Erweiterung ihrer Kenntnisse in ihrem jeweiligen Arbeitsgebiet und durch die praktischen Erfahrungen, die sie dort sammelt. Für weiterreichende Tätigkeiten sind entsprechende Zusatzqualifikationen nachzuweisen. Beispielhaft seien hier die besonderen Kenntnisse für „Durchführung von Erst- und Wiederholungsprüfungen“, „Arbeiten unter Spannung“, „Schalten in Mittel- oder Hochspannungsanlagen“ und „Arbeiten in explosionsgefährdeten Bereichen“ genannt.

An den genannten Tätigkeiten erkennt man den Unterschied der Elektrofachkraft zur elektrotechnisch unterwiesenen Person: Insbesondere das Beurteilen übertragener Arbeiten ist eng verknüpft mit dem Erkennen verbundener Gefahren und dem daraus resultierenden Handeln.

Eine Elektrofachkraft kann sich im Lauf ihrer Berufstätigkeit für bestimmte Tätigkeiten – im Sinn von „Spezialkenntnissen“ – weiterqualifizieren. Zu diesen Spezialkenntnissen gehören beispielsweise:

- das Arbeiten unter Spannung (AuS),
- das Prüfen von elektrischen Anlagen als speziell ausgebildete Elektrofachkraft und das Prüfen von elektrischen Arbeitsmitteln als befähigte Person nach TRBS 1203,

[22] Siehe hierzu auch Bild 46 „Die elektrotechnischen Qualifikationsstufen“.

- die Schaltberechtigung[23] für Mittel- und Hochspannungsanlagen oder
- das Betreiben und Instandhalten von elektrischen Anlagen in Bereichen mit explosionsfähiger Atmosphäre („Arbeiten in Ex-Bereichen").

### 2.2.6 Arbeitsverantwortliche

Die Funktion des Arbeitsverantwortlichen beinhaltet – wie der Name es auch bereits andeutet – die Übernahme der Verantwortung für die Ausführung der Tätigkeiten an der Arbeitsstelle. Gemäß Abschnitt 3.2.1 der DIN VDE 0105-100 ist der Arbeitsverantwortliche

*„eine Person, die benannt ist, die unmittelbare Verantwortung für die Durchführung der Arbeit zu tragen. Erforderlichenfalls kann diese Verantwortung teilweise auf andere Personen übertragen werden."*

Unabhängig davon, ob eine Tätigkeit von einer Person oder von einer Gruppe von Personen ausgeführt wird, muss es immer genau einen Arbeitsverantwortlichen geben. In Abschnitt 4.3 führt die Norm bezüglich der Arbeitsorganisation weiter aus:

*„Sofern die Arbeitsdurchführung unterteilt ist, kann es erforderlich sein, für jede Arbeitsgruppe eine für die Sicherheit verantwortliche Person und für alle eine koordinierende Person zu benennen. Der Arbeitsverantwortliche muss den Anlagenverantwortlichen über Art und Ort der vorgesehenen Arbeiten informieren."*

Dabei spielt die Ortskenntnis der zum Einsatz kommenden Personen eine besondere Rolle: Der Arbeitsverantwortliche muss die Umgebungsbedingungen an der Arbeitsstelle nämlich kennen und bei seinen Entscheidungen und Anweisungen entsprechend berücksichtigen. Der Arbeitsverantwortliche ist auch die einzige Person, die den an der Arbeit beteiligten Personen die Freigabe zum Beginnen der Arbeit erteilen darf, nachdem er seinerseits die Freigabe vom Anlagenverantwortlichen erhalten hat. Der Arbeitsverantwortliche darf auch selbst, beispielsweise handwerklich, mitarbeiten. Es muss allerdings gewährleistet sein, dass durch die Mitarbeit die Aufsichtsführung nicht leidet.

Abschnitt 4.2 der DIN VDE 0105-100 fordert unmissverständlich:

*„Vor Beginn sowie während der Arbeit muss der Arbeitsverantwortliche dafür sorgen, dass alle einschlägigen Anforderungen, Vorschriften und Anweisungen eingehalten werden. Der Arbeitsverantwortliche muss alle an der Arbeit beteiligten Personen über alle Gefahren unterrichten, die für diese nicht ohne Weiteres erkennbar sind."*

Hier ist eine wesentliche Aufgabe des Arbeitsverantwortlichen angesprochen, die hohe Anforderungen an die Qualifikation dieser Person stellt. Wenn die Arbeit un-

---

[23] Die Funktion des „Schaltberechtigten" hat sich sehr stark aus der Praxis heraus entwickelt, sie ist in Vorschriften und Bestimmungen kaum verankert.

terbrochen wird, müssen geeignete Sicherheitsmaßnahmen getroffen werden. Der Anlagenverantwortliche muss gemäß Abschnitt 6.3.8.3 der DIN VDE 0105-100 darüber vom Arbeitsverantwortlichen informiert werden. Nach beendeter Arbeit muss der Arbeitsverantwortliche den Anlagenverantwortlichen in der vorgeschriebenen Weise informieren und insbesondere dem Anlagenverantwortlichen die wiederhergestellte Einschaltbereitschaft der Anlage melden.

Der Arbeitsverantwortliche ist gemäß der oben zitierten Norm Elektrofachkraft oder mind. elektrotechnisch unterwiesen Person (EuP). Den letztgenannten Fall, dass der Arbeitsverantwortliche häufig selbst nur zur elektrotechnisch unterwiesenen Person qualifiziert wurde, trifft man in der Praxis häufig an. In diesem Fall muss sichergestellt werden, dass ein solcher Arbeitsverantwortlicher mit der Qualifikation „EuP“ immer der „Leitung und Aufsicht“ einer Elektrofachkraft unterstellt ist. Diese Leitung und Aufsicht ausübende Elektrofachkraft braucht allerdings nicht ständig vor Ort zu sein[24]. Es ist allerdings darauf zu achten, dass eine angemessene Führungsspanne gewährleistet ist. Je nach Aufgabenbereich kann die Anzahl der max. führbaren Mitarbeiter variieren. Die Ausführungen machen deutlich, dass der Verantwortungsbereich des Arbeitsverantwortlichen – insbesondere in oder an Anlagen mit höheren elektrischen Gefährdungen und in größeren Arbeitsteams – nicht zu unterschätzen ist. Aus Sicht der Verfasser können Arbeitsverantwortliche, die lediglich eine EuP-Qualifikation aufweisen, gerade bezüglich des oben angeführten Abschnitts 4.2 der DIN VDE 0105-100 schnell fachlich überfordert sein.

### 2.2.7 Anlagenverantwortliche und Anlagenbetreiber

#### Anlagenverantwortlicher allgemein

Eine weitere elektrotechnische Qualifikationsstufe ist der sog. Anlagenverantwortliche. Der Anlagenverantwortliche ist gemäß Abschnitt 3.2.2 der DIN VDE 0105-100

*„eine Person, die benannt ist, die unmittelbare Verantwortung für den Betrieb elektrischer Anlagen zu tragen. Erforderlichenfalls kann diese Verantwortung teilweise auf andere Personen übertragen werden.“*

Die Formulierung „der Anlagenverantwortliche trägt die unmittelbare Verantwortung für den sicheren Betrieb der elektrischen Anlage“ schließt natürlich auch die Arbeiten an oder in der Nähe von elektrischen Anlagen ein.

#### Anlagenverantwortlicher national

Für Deutschland wurde die Begrifflichkeit in Abschnitt 3.2.2.102 wie folgt abgeändert: Anlagenverantwortlicher ist eine

[24] Siehe hierzu die Ausführungen in der DIN VDE 1000-10, Anhang A, Erläuterungen zu Abschnitt 5.2.

*„Person, die beauftragt ist,* ***während der Durchführung von Arbeiten*** *die unmittelbare Verantwortung für den Betrieb der elektrischen Anlage bzw. der Anlagenteile zu tragen, die zur Arbeitsstelle gehören."*

Die wesentliche Änderung der Formulierung besteht darin, dass der Anlagenverantwortliche demnach nur noch „während der Durchführung von Arbeiten" beauftragt sein muss.

Die Veränderung der Definition erfüllt Veränderungswünsche von verschiedenen Mitgliedern des zuständigen DKE-Komitees, die die Anlagenverantwortung nur temporär – genauer: für die Dauer der Durchführung von Arbeiten – an einen Anlagenverantwortlichen vergeben wissen wollten.

Auch in der BGI 519[25] „Sicherheit bei Arbeiten an elektrischen Anlagen" ist der Anlagenverantwortliche definiert als die

*„Person, der die unmittelbare Verantwortung für den sicheren Betrieb der elektrischen Anlage* ***für die Dauer der Arbeit*** *übertragen wurde. Die Verantwortung beinhaltet auch die sichere Durchführung von Arbeiten an oder in der Nähe dieser elektrischen Anlage und die damit verbundenen sicherheitstechnischen Anweisungen gegenüber eigenen Mitarbeitern und Mitarbeitern von Fremdfirmen."*

Damit ergibt sich zwangsläufig die Frage, wer in der restlichen Zeit, also in der Zeit, in der keine elektrotechnischen Arbeiten an der Anlage durchgeführt werden, verantwortlich ist. Hier kommt nun der ebenfalls neue Begriff des Anlagenbetreibers ins Spiel, der für Deutschland seit Oktober 2009 für den Elektrobereich in der DIN VDE 0105-100 definiert ist.

**Anlagenbetreiber**

Der Anlagenbetreiber ist nach der DIN VDE 0105-100:2009-10 in Abschnitt 3.2.2.101 definiert als

*„Unternehmer oder eine von ihm beauftragte natürliche oder juristische Person, die die Unternehmerpflicht für den sicheren Betrieb und ordnungsgemäßen Zustand der elektrischen Anlage wahrnimmt."*

Die Norm führt in einer Anmerkung weiter aus:

*„Bei umfangreichen oder komplexen Anlagen kann diese Zuständigkeit auch für Teilanlagen übertragen sein. Der Begriff des Anlagenbetreibers wurde aufgenommen, um klar zwischen der bestehenden Verantwortung für den sicheren Betrieb und ordnungsgemäßen Zustand von elektrischen Anlagen und der arbeitsbezogenen Verantwortung des Anlagenverantwortlichen zu unterscheiden."*

---

[25] Berufsgenossenschaft Energie Textil Elektro (BG ETE): BGI 519 „Sicherheit bei Arbeiten an elektrischen Anlagen" vom Februar 2009, S. 13.

Die Betreiberschaft setzt die tatsächliche Verfügungsgewalt über eine Anlage voraus. „Betreiber ist also, wer die tatsächliche oder rechtliche Möglichkeit hat, die notwendigen Entscheidungen im Hinblick auf die Sicherheit der Anlage zu treffen.“[26]

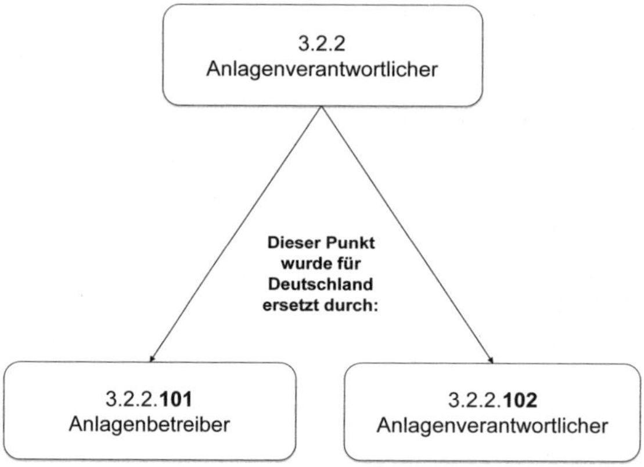


**Bild 48** Aufteilung von Anlagenverantwortung und Anlagenbetrieb

Aus Sicht der Verfasser ist der Arbeitgeber oder Unternehmer zunächst der Anlagenbetreiber der betrieblichen elektrischen Anlagen. Wenn dieser die Verantwortung wirkungsvoll an eine verantwortliche Elektrofachkraft weiter delegiert hat, tritt diese – bezogen auf die elektrotechnischen Anlagen – in die Betreiberfunktion und damit in die Verantwortung ein.

Es kann nur als unglücklich bezeichnet werden, dass es nun den Terminus des „Anlagenverantwortlichen“ in zwei Varianten gibt – der europäischen und der deutschen –, die sich bei gleicher Bezeichnung inhaltlich unterscheiden. Im Rahmen ihrer Verantwortungsübernahme für den elektrotechnischen Betrieb (oder Teile von diesem) kann die verantwortliche Elektrofachkraft als Anlagenbetreiber auch wieder Teile ihrer unternehmerischen Aufgaben auf Anlagenverantwortliche delegieren. Insofern kann der Aufgabenumfang eines Anlagenverantwortlichen im Vergleich „alte DIN VDE 0105-100:2005-06“ und „neue DIN VDE 0105-100:2009-10“ theoretisch gleich bleiben. Seit Längerem bestehende Bestellformulare sollten im Einzelfall auf Sinnhaftigkeit und Aktualität überprüft werden.

## Aufgaben des Anlagenverantwortlichen

Es ist nach Abschnitt 4.3 der zitierten Norm erforderlich, dass jede elektrische Anlage unter der Verantwortung einer Person, des Anlagenbetreibers, betrieben wird. Wo

[26] Aus einer Urteilsbegründung des VGH Baden Württemberg (Deutsches Verwaltungsblatt DVBl. 103 (1988) Nr. 11 S. 542–544. – ISSN 0012-1363) und VG Gießen (Neue Zeitschrift für Verwaltungsrecht NVwZ 10 (1991) H. 9 S. 914–915. – ISSN 0721-880X).

zwei oder mehr Anlagen miteinander in Verbindung stehen, sind Absprachen der jeweiligen Anlagenbetreibers unverzichtbar.

Im Gegensatz zur Qualifikationsstufe des Arbeitsverantwortlichen muss der Anlagenverantwortliche eine Elektrofachkraft mit Weisungsbefugnis für den Betrieb elektrotechnischer Anlagen sein. Der Anlagenverantwortliche muss sowohl die elektrischen Anlagen in seinem Verantwortungsbereich als auch die örtlichen Gegebenheiten kennen. Das ermöglicht ihm die richtige Beurteilung der Sachlage, und er kann die Weisungsbefugnis, mit der er ausgestattet sein muss, richtig anwenden.

Für eine Anlage kann zu jedem Zeitpunkt nur eine Person anlagenverantwortlich sein. In der Regel ist es eine gut ausgebildete Elektrofachkraft, die fachlich für diese Aufgabe befähigt ist. Daraus leitet sich ab, dass es sich um eine natürliche Person handeln muss und nicht etwa um eine Fachabteilung. Das ist besonders wichtig beim Schichtbetrieb, wo jeweils eine bestimmte Person als Anlagenverantwortlicher – falls erforderlich mit Vertretern – zu benennen ist. Damit ergibt sich zwangsläufig, dass bei länger dauernden Arbeiten und Betrieben mit Schichtarbeitszeitmodellen organisatorische Regelungen getroffen werden müssen, die es dem Arbeitsverantwortlichen ermöglichen, jederzeit auf einen zuständigen Anlagenverantwortlichen zurückgreifen zu können.

Dem Anlagenverantwortlichen obliegt während der Dauer der Arbeiten die Verkehrssicherungspflicht für die Anlage. Er muss für die Sicherheit „Dritter" sorgen, die sich im Bereich der Anlage aufhalten, z. B. eine Fremdfirma, die Arbeiten in der Anlage durchführen soll. Diese muss der Anlagenverantwortliche in die Umgebungs- und Anlagengefahren einweisen (bei mehreren Mitarbeitern an die Adresse des Arbeitsverantwortlichen).

Darüber hinaus hat er die Pflicht zur „ergänzenden Sicherheitsüberwachung" gemäß § 8 Abs. 2 ArbSchG. Er muss sich also anhand von Stichproben überzeugen, ob die Fremdfirmenmitarbeiter unter Leitung und Aufsicht ihres Arbeitsverantwortlichen auch die Sicherheitsvorschriften im Unternehmen des Auftraggebers einhalten. Die organisatorischen Vorgaben bei der Zusammenarbeit zwischen den Anlagenverantwortlichen und Arbeitsverantwortlichen sind deshalb besonders wichtig.

**Bild 49** Zugangsregelung obliegt dem Betreiber der elektrischen Anlage

Die Anlagenverantwortung sollte den jeweiligen Elektrofachkräften schriftlich übertragen werden[27]. In diesem Zusammenhang können auch die infrage kommenden elektrischen Anlagen genau bezeichnet werden. Zu den wichtigsten Aufgaben des Tagesgeschäfts eines Anlagenverantwortlichen gehören beispielsweise:

- Überwachung der Zugangsregelung[28] für die in seiner Verantwortung stehenden elektrischen Anlagen,
- Vorbereitung von elektrischen Anlagen oder Anlagenteilen, bevor Arbeiten durchgeführt werden, sowie Sicherstellung, dass der festgelegte Anlagenzustand während der Dauer der Arbeiten erhalten bleibt, oder
- Genehmigung und Koordination von allen durchzuführenden Instandhaltungsarbeiten.

Der Aufgabenumfang kann natürlich je nach individueller Bestellung variieren.

In elektrischen Anlagen muss gemäß DIN VDE 0105-100 jede vorgesehene bzw. vorhersehbare Arbeit geplant werden. Dazu ist eine enge und gute Kommunikation zwischen Arbeits- und Anlagenverantwortlichem notwendig.

*„Der Arbeitsverantwortliche und der Anlagenverantwortliche müssen Schaltungen in der Anlage und den Arbeitsplan für Arbeiten an, mit oder in der Nähe von elektrischen Anlagen miteinander vereinbaren, bevor der Schaltzustand geändert oder mit den Arbeiten begonnen wird.“*

Vorzugsweise ist diese Meldung schriftlich zu machen, insbesondere bei komplexen Arbeiten. Dies erfolgt in der Praxis über Freigabe- oder Übergabeprotokolle für elektrische Anlagen oder Anlagenteile.

*Siehe zu diesen Ausführungen auch die ergänzenden Muster-Dokumente in Kapitel 6.4 „Muster für die Freigabe- oder Übergabe einer Anlage“.*

Der Arbeitsverantwortliche und der Anlagenverantwortliche können gemäß Abschnitt 5 der DIN VDE 0105-100 ein und dieselbe Person sein.

[27] Siehe hierzu auch die Ausführungen in Kapitel 1.2, die sich mit der Delegierung von Aufgaben beschäftigen.

[28] Der Zugang zu allen Orten, an denen elektrische Gefährdungen für Laien bestehen, muss gemäß Abschnitt 4.3 der DIN VDE 0105-100 geregelt sein.

### 2.2.8 Verantwortliche Elektrofachkräfte

Verantwortliche Elektrofachkraft gemäß DIN VDE 1000-10 ist,

*„wer als Elektrofachkraft nach Abschnitt 3.1 der Norm die Fach- und Aufsichtsverantwortung übernimmt und vom Unternehmer dafür beauftragt ist."*

Die Übernahme dieser Aufgaben muss in Übereinstimmung mit § 13 Arbeitsschutzgesetz auf jeden Fall schriftlich dokumentiert werden.

Diese Festlegung – in der Normung schon seit mehr als einem Jahrzehnt verankert – stellt klar, wer im Elektrobereich die Verantwortung trägt. Nicht der als Führungskraft tätige elektrotechnische Laie und auch nicht der „vor Ort" tätige Elektriker kann die Verantwortung für die Planung, den Bau und den Betrieb von Anlagen sowie die Auswahl und den Einsatz von Personal übernehmen, sondern nur eine verantwortliche Elektrofachkraft. Die beispielhaft angesprochenen Aufgaben sind zum großen Teil sehr komplex und erfordern ein großes Wissen und eine umfassende Erfahrung. Das heißt im Umkehrschluss nicht, dass die verantwortliche Elektrofachkraft „allwissend" ist oder sein muss. Die verantwortliche Elektrofachkraft ist – an dieser Stelle sei der Vergleich mit dem Tierreich gestattet – vielmehr der „Silberrücken" unter den Elektrofachkräften, er muss die Richtung vorgeben und die Fäden in der Hand halten. Das bedeutet, dass die verantwortliche Elektrofachkraft von der Kombination ihrer Fachkenntnis, von ihrer praktischen Erfahrung und von der Kenntnis der in ihrem Bereich relevanten Normen und Vorschriften lebt.

Daher gibt es seit dem Jahr 1995 in der DIN VDE 1000-10 die Regelung, wonach der Unternehmer, also der Betreiber einer elektrischen Anlage, eine verantwortliche Elektrofachkraft zu benennen hat, die diese unternehmerische Aufgabe und die damit einhergehende Handlungsverantwortung übernimmt. Dies gilt in gleicher Weise auch für den Hersteller elektrischer Betriebsmittel und den Errichter elektrischer Anlagen.

Für die verantwortliche fachliche Leitung eines elektrotechnischen Betriebs oder Betriebsteils ist also eine verantwortliche Elektrofachkraft erforderlich. Sie hat Bedeutung für alle Betriebe, d. h. nicht nur für der Elektrotechnik sehr „nahe" Betriebe. Auch in einem nichtelektrotechnischen Betrieb, z. B. einem Hüttenwerk, einer Druckerei, einem Flughafen, einem Automobilhersteller, einem Lebensmittel produzierenden Unternehmen, einer Kommune oder einer Bauunternehmung, muss für die verantwortliche fachliche Leitung des diesem Betrieb angegliederten elektrotechnischen Betriebs oder Betriebsteils in jedem Fall eine verantwortliche Elektrofachkraft bestellt werden, die die Fach- und Aufsichtsverantwortung für diesen Bereich übernimmt. Für den Fall, dass ein Unternehmen, das unter den Geltungsbereich der DIN VDE 1000-10 fällt, keine eigenen Elektrofachkräfte beschäftigt, ist eine geeignete außenstehende Person zu beauftragen. Dieser Fall ist – außer bei sehr kleinen Unternehmen – nicht empfehlenswert[29].

[29] Siehe hierzu die Ausführungen in Kapitel 4.4.4.

Die verantwortliche Elektrofachkraft sollte gemäß DIN VDE 1000-10 den erfolgreichen Abschluss einer Ausbildung als Industriemeister, Handwerksmeister, Techniker, Diplom-Ingenieur, Bachelor oder Master im Berufsfeld Elektrotechnik nachweisen können und natürlich auch „zeitnah“ in dem Bereich der Elektrotechnik, für den die Bestellung zur verantwortlichen Elektrofachkraft ausgesprochen werden soll, tätig gewesen sein.

Aber es gibt noch eine Anmerkung in Abschnitt 5.3 der Norm:

*„Für andere Ausbildungsgänge ist die Qualifikation gesondert nachzuweisen.“*

Hierbei ist allerdings zu beachten, dass sich die Beweislast umkehrt: Der Arbeitgeber muss die von der Forderung der VDE-Bestimmung abweichende aber trotzdem ausreichende Eignung des Stelleninhabers schriftlich dokumentieren. Dabei muss er die mind. gleichwertige Erfüllung der VDE-Bestimmung nachweisen.

Auch bei Stelleninhabern oder Kandidaten für die Position der verantwortlichen Elektrofachkraft ist zu beachten, dass das „reine formale Erfüllen“ der Normkriterien nicht ausreichend sein kann. Die bestellende Person muss sich ein Bild über die fachliche Eignung der zu bestellenden Person machen, auch wenn einer der geforderten Ausbildungsabschlüsse im Elektrobereich vorliegt. Die Kenntnisse können zum Zeitpunkt der Bestellung veraltet oder unzureichend sein. Denn unterschiedliche Personen zeichnen sich durch unterschiedliche Weiterbildungsmotivation aus. Alle diese Faktoren sind bei einer fachlichen Beurteilung im Rahmen der Bestellung zu berücksichtigen. Neben der angesprochenen fachlichen Eignung sind noch zwei weitere wichtige Aspekte ergänzend anzuführen:

Die Delegierung von Aufgaben auf eine verantwortliche Elektrofachkraft sollte „sozial adäquat“ sein, d. h., der Beauftragte muss kraft seiner

- fachlichen Qualifikation,
- persönlichen Eignung sowie
- hierarchischen Stellung im Unternehmen

in der Lage sein, diese besonderen übertragenen Aufgaben eigenverantwortlich zu erfüllen. Deshalb müssen zugleich mit solchen Aufgaben auch die erforderlichen Befugnisse (Kompetenzen) übertragen, bezeichnet und abgegrenzt werden. Nur dann trägt der Beauftragte anstelle des Unternehmers im zugewiesenen Rahmen die Handlungsverantwortung für die übertragenen Aufgaben.

Die DIN VDE 1000-10 kennt im Prinzip zwei verschiedene Arten von verantwortlichen Elektrofachkräften: Die „einfache“ verantwortliche Elektrofachkraft[30] und

---

[30] Details finden sich in DIN VDE 1000-10 Abschnitte 3.1 und 3.2.

die verantwortliche Elektrofachkraft, die mit der „Leitung eines Betriebs(-teils)" betraut ist[31].

Die Ausführungen zur verantwortlichen Elektrofachkraft sollen an dieser Stelle ausreichen. Das weite und wichtige Feld der verantwortlichen Elektrofachkraft wird im weiteren Verlauf des Buchs in seinen verschiedenen Facetten ausführlich beschrieben.

[31] Details finden sich in DIN VDE 1000-10 Abschnitt 5.3.

# 3 Aus den Rahmenbedingungen abzuleitende Forderungen

## 3.1 Organisation und Schnittstellen mit Unternehmensbereichen

Durch ihre umfassende Aufgabenstellung im Unternehmen ergeben sich für das Tätigkeitsfeld der verantwortlichen Elektrofachkraft zwangsläufig Schnittstellen mit anderen Unternehmensbereichen.

Es muss daher verbindlich geklärt werden, wo die Schnittstellen im Unternehmen liegen und wie bestimmte Abstimmungsprozesse zu erfolgen haben. Die folgenden drei Unterkapitel beleuchten beispielhaft die Verflechtungen und die Abhängigkeiten zwischen verschiedenen Betriebsbereichen bezüglich der elektrotechnischen Sicherheit.

Kernaufgabe der VEFK ist es, den Unternehmer in allen elektrotechnischen Fachfragen zu vertreten. Als fachliche Vertretung des Unternehmers ist sie damit für alle elektrotechnischen Belange des Unternehmens verantwortlich. Um ihren Aufgaben gewissenhaft nachzukommen, ist es daher unabdingbar, die zuständige VEFK in Prozesse, die für die Elektrosicherheit bedeutsam sein können, mit einzubeziehen.

### 3.1.1 Elektroverantwortliche in der Unternehmensorganisation

Der folgende Abschnitt beschäftigt sich mit der erforderlichen Eingliederung der verantwortlichen Elektrofachkraft bzw. der verantwortlichen Elektrofachkräfte in die Unternehmensorganisation.

**Allgemeine Organisationsanforderungen**

In den meisten Unternehmen ist es heutzutage üblich und selbstverständlich, Organisationsstäbe und/oder -abteilungen vorzuhalten, die die Unternehmensorganisation betreiben und entsprechende Organisationsanweisungen erstellen und pflegen. Zudem werden häufig Qualitätsmanagementsysteme und zugehörige Managementhandbücher unterhalten. Hier wird in den meisten Fällen auf die Unterscheidung von disziplinarischer und fachlicher Vorgesetztenfunktion aus Unkenntnis verzichtet. Dies wäre jedoch für verschiedene Fachgebiete – und insbesondere für die Elektrotechnik – von Bedeutung. Dieser Aspekt ist in der heutigen Zeit bedeutsamer als noch vor einigen Jahren. Als Gründe hierfür sind beispielsweise zu nennen:

- Verlagerung von der technischen hin zur betriebswirtschaftlichen Betrachtungsweise,

- Einsatz fachfremder Vorgesetzter erfordert zwangsläufig eine Aufteilung der Führungsverantwortung (fachlich/disziplinarisch),
- häufiger Wechsel von Vorgesetzten durch erhöhte Anforderungen an Mobilität und Karriere sowie durch gewünschte Arbeitsplatz-Rotationen,
- erhöhter Stellenwert der Elektrotechnik durch die massive Durchdringung aller Unternehmensbereiche mit elektrotechnischen Anwendungen, beispielsweise in Beschaffung, Logistik, Produktion, Dienstleistung, Vertrieb und Rechnungswesen.

**Zusätzliche Organisationsanforderungen im Elektrobereich**

Die folgenden Punkte stellen Beispiele für die zusätzlichen Organisationsanforderungen im Elektrobereich dar:

- schriftliche Bestellung der im Elektrobereich tätigen Personen und eine entsprechende Darstellung in einem separaten Organigramm für den elektrotechnischen Betriebsteil;
- Bekanntmachung der Aufgaben und Kompetenzen der verantwortlichen Elektrofachkraft bzw. der verantwortlichen Elektrofachkräfte gegenüber allen betroffenen Bereichen und Personen im Unternehmen.

Weitere Organisationsanforderungen und Aufgaben sind in Kapitel 3.4 dargestellt.

### 3.1.2 Schnittstelle zur Instandhaltungsplanung

In größeren Unternehmen sind die Instandhaltungsplanung und die Instandhaltungsausführung häufig separate Unternehmensfunktionen. Aus diesem Umstand heraus ergeben sich in der Praxis folgende Fragestellungen, die – bezogen auf den Elektrobereich – zwischen Instandhaltungsplanung und der verantwortlichen Elektrofachkraft abzustimmen sind:

- Wer gibt die Zeitvorgaben für Überprüfungsintervalle vor?
- Basieren die Zeitvorgaben auf einer Gefährdungsbeurteilung?
- Wer legt die Arbeitswerte für bestimmte Tätigkeiten fest?
- Wer erstellt die Arbeitsablauflisten für elektrotechnische Tätigkeiten?

In der Praxis zeigt sich häufig, dass die o. g. Punkte ohne die Beteiligung der VEFK festgelegt und die Elektroverantwortlichen auch über Änderungen nicht zeitnah und ausreichend informiert werden. Im Extremfall kann das ganze System sogar „umgekehrt“ werden: Aus den von Mitarbeitern der Instandhaltungsplanung (am Schreibtisch) ermittelten Zeitvorgaben und Prüfintervalle werden die erforderlichen Personalkapazitäten für den Bereich der elektrotechnischen Instandhaltungsausführung abgeleitet. Damit stellt sich die Frage, ob bei einer solchen Vorgehensweise eine ordnungsgemäße Instandhaltung dauerhaft sichergestellt werden kann.

### 3.1.3 Schnittstelle zum Personalbereich

Eine wichtige Aufgabe der VEFK ist die Auswahl geeigneten Personals für die Ausführung der im elektrotechnischen Betriebsteil anstehenden Aufgaben. Hier nimmt die VEFK die Auswahlverantwortung gemäß ihrer Bestellung im Auftrag des Unternehmers wahr und beurteilt, welcher Mitarbeiter für welche Aufgabe geeignet ist. Als Kriterium zählt dabei nicht nur die fachliche Qualifikation, sondern auch die persönliche und gesundheitliche Eignung. Ziel ist es, dem richtigen Mitarbeiter die richtige Aufgabe zuzuweisen. Dabei ist immer die Forderung aus dem Arbeitsschutzgesetz § 7 „Übertragung von Aufgaben" zu berücksichtigen:

*„Bei der Übertragung von Aufgaben auf Beschäftigte hat der Arbeitgeber je nach Art der Tätigkeiten zu berücksichtigen, ob die Beschäftigten befähigt sind, die für die Sicherheit und den Gesundheitsschutz bei der Aufgabenerfüllung zu beachtenden Bestimmungen und Maßnahmen einzuhalten."*

Für einen potenziellen neuen Mitarbeiter im Bereich der Elektrotechnik ist zu beachten, dass die reine Beurteilung nach vorliegenden Berufsabschlüssen, beispielsweise Gesellen-, Facharbeiter- oder Meisterbrief, nicht ausreichend ist.

**Bild 50** Schnittstellenproblem bei der Personalbeschaffung

Natürlich wird in vielen Fällen das Berufsabschlussdokument die Basis für eine Beurteilung darstellen. Ergänzend dazu müssen aktuelle Kenntnisse der Elektrotechnik vorhanden sein sowie eine der künftigen Position angemessene Berufserfahrung. Diesbezügliche Aspekte, die bei der Einstellung noch nicht vorliegen oder auch noch nicht vorliegen können, müssen in der Einarbeitungsphase Berücksichtigung finden und sollten entsprechend dokumentiert werden.

Der Personalreferent sollte aus den oben erwähnten Gründen den zukünftigen fachlichen Vorgesetzten aus dem personalanfordernden Bereich in den Auswahlprozess einbeziehen. Denn dieser kennt das Anforderungsprofil für die ausgeschriebene Stelle am besten und trägt zudem auch die fachliche Verantwortung für den späteren Einsatz des Mitarbeiters im Unternehmen.

Bei der Personalbeschaffung und der Aufgabenübertragung ist seitens der Personalabteilung ebenfalls zu berücksichtigen, dass eine der jeweiligen Aufgaben- und Verantwortungsübertragung angemessene Vergütung vereinbart wird.

### 3.1.4 Schnittstelle zum Einkaufsbereich

#### *3.1.4.1 Beschaffung elektrischer Betriebs- und Arbeitsmittel*

Einen hohen Stellenwert hat das Einbeziehen der VEFK in den Beschaffungsprozess von Geräten, Maschinen und Anlagen, die für die elektrotechnische Sicherheit von Bedeutung sind. Hier sind nicht nur Arbeitsmittel und Anlagen für den Elektrobereich gemeint, sondern auch Arbeitsmittel und Anlagen, die in anderen Unternehmensbereichen zum Einsatz kommen sollen, aber mit Elektrizität betrieben werden bzw. elektrotechnische Komponenten haben.

Nur so lässt sich sicherstellen, dass von vornherein nur geeignete Arbeitsmittel und Anlagen beschafft werden und so die Forderung des staatlichen Arbeitsschutzes, den Mitarbeitern bei der Arbeit nur sichere und für den Verwendungszweck geeignete Arbeitsmittel und Anlagen zur Verfügung zu stellen, umgesetzt wird.

Sind hingegen untaugliche Arbeitsmittel oder auch Anlagen erst einmal im Einsatz, so steigt zum einen das Gefährdungspotenzial für die Mitarbeiter. Zum anderen wird es oftmals teuer, die ungeeigneten Produkte durch geeignete zu ersetzen bzw. die beschafften Produkte auf betriebliche Anforderungen wie auch auf die einzuhaltenden Vorgaben aus den unterschiedlichsten Regelwerken anzupassen.

Ohne fachliche Unterstützung kann meist weder der Besteller noch Einkäufer des Unternehmens beurteilen, ob die ins Auge gefassten Produkte wirklich allen zu beachtenden Anforderungen genügen.

*Beispiel:*

*Bei einer Geräteprüfung wird ein alter Leitungsroller der Schutzklasse SK I mit Ganzmetalltrommel aus dem Verkehr gezogen. Die Elektrofachkraft bestellt daraufhin beim Einkauf einen neuen Leitungsroller mit 40 m Leitung für Gartenarbeiten. Was ihm vorschwebt: Eine robuste Metalltrommel und Klappdeckelsteckdosen für den Außenbereich. Was seitens des Einkaufs beschafft wird, sieht allerdings anders aus: Ein Kunststoffleitungsroller mit H05VV-Leitung in der Schutzart IP32; nach der Ablehnung des Leitungsrollers durch die Elektrofachkraft bekommt diese eine ähnliche Ausführung in der im Prinzip passenden Schutzart IP44, jedoch mit einem für den Außeneinsatz ungeeigneten Leitungstyp.*

*Nach nochmaliger Intervention der Elektrofachkraft wird nun endlich ein stabiler Leitungsroller mit Kern aus Kunststoff, dem Leitungstyp H07RN-F mit einem Querschnitt von 2,5 mm² und Schutzart IP54 beschafft. Für den beabsichtigten Verwendungszweck ist die Klassifizierung als Kategorie K2 nach BGI 600 „Regeln für Sicherheit und Gesundheitsschutz bei Auswahl und Betrieb ortsveränderlicher elektrischer Betriebsmittel nach Einsatzbereichen“ ausgewählt worden.*

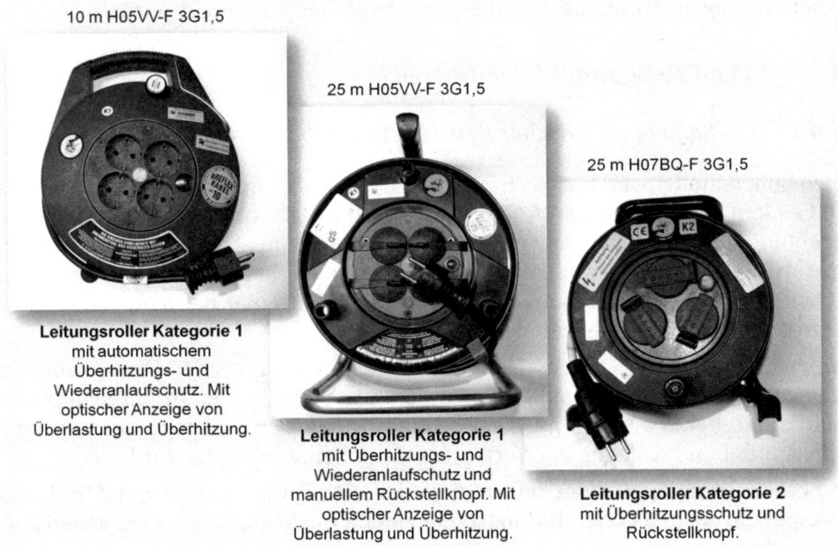


**Bild 51** Verschiedene Ausführungen von Leitungsrollern

Unabhängig von der Beurteilung einzelner zu beschaffender Produkte ist es sinnvoll, für häufig nachgefragte Produkte entsprechende Beschaffungsrichtlinien zu erstellen, die aus Sicht der verantwortlichen Elektrofachkraft wichtige normative Eigenschaften definieren und den allgemein anerkannten Regeln der Technik entsprechen. Diese Beschaffungsrichtlinien dienen dem Einkäufer als Orientierung, welchen Anforderungen das jeweilige Produkt gerecht werden muss. In der Praxis hat sich in vielen Betrieben eingebürgert, dass die VEFK zusammen mit dem Einkauf eine solche Beschaffungsrichtlinie oder Freigabeliste für elektrotechnische Produkte erstellt, die dann ohne Rücksprache mit der VEFK beschafft werden können.

*Siehe zu diesen Ausführungen auch die ergänzenden Muster-Dokumente in Kapitel 6.9 „Beschaffungsfreigabeliste“*

#### *3.1.4.2 Beschaffung von Dienstleistungen für den Elektrobereich*

Neben dem Einkauf von Arbeitsmitteln und Anlagen ist natürlich auch die Beschaffung von Dienstleistungen im Bereich der Elektrotechnik zu betrachten. Dabei kann es sich beispielsweise um die externe Vergabe von Wartungsarbeiten, Prüftätigkeiten oder um Reinigungsarbeiten an unter Spannung stehenden Schaltanlagen handeln.

Auch hier kann der Einkäufer ohne weitere Hilfe meist nicht beurteilen, ob

- die fachlichen Angaben im Angebot den gesetzlichen und normativen Vorgaben entsprechen (beispielsweise Bezugnahme auf veraltete bzw. falsche Normen und Vorschriften),
- die angeführten Referenzen aussagekräftig sind oder
- die (hoffentlich angeforderten) Qualifizierungsnachweise die Befähigungsbeurteilung der konkret zum Einsatz kommenden Personen ermöglichen.

Zum letzten Aufzählungspunkt ist noch anzumerken, dass die beschriebene personenbezogene Qualifikationsüberprüfung auch in verschiedenen Vorschriften- und Regelwerken ausdrücklich angesprochen wird:

- Bürgerliches Gesetzbuch (BGB) §§ 278 und 831,
- BGI/GUV-I 5190 Anhang 3 „Hinweise zur Auftragsvergabe“ und
- DIN VDE 0105-100 Anhang B.5 „Vergabe von Unteraufträgen“.

Im oben zitierten Anhang B.5 „Vergabe von Unteraufträgen“ der DIN VDE 0105-100 heißt es beispielsweise:

*„[...] Der Auftraggeber hat sich vor Auftragserteilung von der Fachkunde des Auftragnehmers zu überzeugen, z. B. durch Nachfrage, ob der Auftragnehmer mit Arbeiten unter Spannung vertraut ist und alle erforderlichen Voraussetzungen erfüllt sind, oder durch Einsichtnahme in Befähigungsnachweise und Arbeitsanweisungen [...].“*

Um seiner Sorgfaltspflicht nachzukommen, ist es also unumgänglich, sich bereits im Vorfeld im Detail mit dem einzusetzenden Dienstleister zu befassen.

#### *3.1.4.3 Beschaffung im Rahmen von Projekten*

Dieses Unterkapitel stellt im Prinzip eine Kombination der beiden vorangegangenen Unterkapitel dar: Im Rahmen von größeren Projekten oder Baumaßnahmen werden sowohl Produkte als auch Dienstleistungen eingekauft.

Es müssen klare Schnittstellen für die Phasen Planung, Erstellung/Bau, Umbau und Betrieb von Maschinen und Anlagen definiert werden. Wichtig ist dabei, dass auch während der Bau- bzw. Umbauphasen die Verantwortlichkeiten klar und deutlich geregelt sein müssen, beispielsweise durch schriftliche Übertragung der Anlagenbetreiberfunktion für definierte Projektabschnitte.

Da das Kostenvolumen und der zeitliche Rahmen bei Projekten sowie Baumaßnahmen in der Regel größer ist, ist es hier unabdingbar, einen kompetenten Vertreter des Elektrobereichs von vornherein in das Projekt mit einzubeziehen und am Lasten- und Pflichtenheft mitarbeiten zu lassen. Nachträglich erforderliche Anpassungen an örtliche Besonderheiten wie auch die einzuhaltenden Vorgaben aus den unterschiedlichsten Regelwerken sind meist mit erheblichen Mehrkosten verbunden. Dabei ist auch die dadurch wahrscheinliche Verzögerung der Inbetriebnahme inkl. aller damit möglicherweise verbundenen Rechtsfolgen zu betrachten.

### 3.1.5 Schnittstelle zum EDV-Bereich

Ein weiteres „Sorgenkind“ so mancher VEFK ist die EDV-Abteilung bzw. der externe EDV-Dienstleister[32]. Diese Bereiche oder Dienstleister agieren meist relativ selbstständig ohne allzu strenge Aufsicht. In der Folge werden oftmals eigenmächtig neue Arbeitsmittel beschafft und den Beschäftigten in der Regel ohne Prüfung vor der ersten Inbetriebnahme – beispielsweise in der Betriebssicherheitsverordnung, in der BGV A3 oder in der BGI 5190 angeraten – zur Verfügung gestellt.

Auch im EDV-Bereich hat der Arbeitgeber sicherzustellen, dass er den Beschäftigten nur sichere Arbeitsmittel zur Verfügung stellt. Die oben angeführten Arbeitsschutzvorschriften führen aus, dass die Prüfung vor der ersten Inbetriebnahme durch den Arbeitgeber hierfür eine wirkungsvolle und nachweisbare Maßnahme ist.

Als klassische Arbeitsmittel unterliegen auch Standard-EDV-Geräte und Server-Schränke einer Verpflichtung zur wiederkehrenden Prüfung, deren Prüfintervalle über Gefährdungsbeurteilungen ermittelt werden müssen. Dieser Punkt wird häufig, begründet mit der geringen Gefährdung, die von diesen Arbeitsmitteln ausgeht, vernachlässigt.

Nicht zu vergessen ist, dass zum Bereich der EDV-Thematik neben den eigentlichen Gerätschaften auch der ordnungsgemäße Anschluss an das Versorgungsnetz zur Einhaltung der Abschaltbedingungen der vorgeschalteten Schutzeinrichtung sicherzustellen ist. Hier seien insbesondere Mehrfachsteckdosen, Verlängerungsleitungen, Netzteile, USV-Anlagen, Steckdosen in Bodentanks etc. erwähnt. Neben der Auswahl der Betriebsmittel ist auch die sichere Verlegung in Leitungskanälen, Schutzleisten oder sonstigen Ordnungssystemen von besonderer Bedeutung.

---

[32] Die für den EDV-Bereich beschriebene Thematik ist – insbesondere beim Einsatz externer Dienstleister und geleaster Geräte – auch auf andere Bereiche übertragbar. Genannt seien hier durch Dienstleister bereitgestellte Kopiergeräte oder Getränke- und Lebensmittelautomaten. Siehe hierzu auch die Ausführungen des Länderausschusses für Arbeitsschutz und Sicherheitstechnik (LASI) – LV35: Leitlinien zur Betriebssicherheitsverordnung, Frage A 7.5.

## 3.2 Abschätzung des Zeitbedarfs für VEFK-Tätigkeiten

Es ist wichtig, hier zu unterscheiden, ob sich die elektrotechnische Unternehmensstruktur bereits im „eingeschwungenen“ Zustand oder ob sie sich die Organisation des elektrotechnischen Betriebsteils gerade im Aufbau befindet. In der Aufbauphase ist ein wesentlich höherer Zeitbedarf erforderlich. Zudem ist die zeitliche Beanspruchung davon abhängig, wie viele Personen mit der Aufgabe betraut werden[33]. Hierbei ist auch zu beachten, dass in den meisten Fällen keine hauptamtlichen verantwortlichen Elektrofachkräfte bestellt werden, sondern dass die Aufgabe als zusätzliche Aufgabe neben dem Tagesgeschäft zu erledigen ist.

Eine belastbare Kapazitätsbetrachtung für die VEFK-Tätigkeit ist im Prinzip erst nach der Aufbauphase möglich. Bevor über einen genauen Zeitanteil befunden werden kann, sollten die zusätzlich entstehenden Zeitaufwendungen zudem über einen Zeitraum von drei bis sechs Monaten identifiziert und im Durchschnitt quantifiziert werden.

Pauschale Aussagen können hier nicht getroffen werden. Es sind immer individuelle Betrachtungen erforderlich. Zudem können in betrieblichen Ausnahmesituationen, beispielsweise in Phasen großer Bauprojekte, temporär erheblich höhere zeitliche Anforderungen an die VEFK gestellt werden. Zu betrachtende Aspekte können beispielsweise sein:

| **Beispielhafte Tätigkeiten für eine VEFK** | **Durchschnittliche Dauer pro Jahr** |
|---|---|
| Gemeinsame (quartalsweise) Austausch- und Arbeitstreffen bezüglich VEFK-Themen (mit entsprechender Vor- und Nachbereitung) | *x* Tage |
| Abstimmung mit vor- und/oder nachgeordneten VEFK per E-Mail, persönlich und per Telefon | *x* Tage |
| Abstimmungen mit Schnittstellen (beispielsweise Einkauf, EDV oder Personalbereich) | *x* Tage |
| Eigene Weiterbildungszeiten | *x* Tage |
| Erstellung und Pflege des Aus- und Weiterbildungsplans der unterstellten Mitarbeiter | *x* Tage |
| Zeiten zur Ausübung der Aufsichtsverantwortung gegenüber eigenen Mitarbeitern und Fremdfirmen („Stichproben“) | *x* Tage |
| Fahrzeiten | *x* Tage |
| … | … |
| **Summe** | ***x* Tage ≈ *x* %** |

**Bild 52** Zeitaufwendungen für verantwortliche Elektrofachkräfte

[33] Siehe hierzu die Ausführungen in Kapitel 4.3 „Matrix grundlegender Organisationsmöglichkeiten“ sowie Kapitel 4.4.2.1 „Funktionale Organisationsform“

Eine solche Zeiterfassung sollte mit Augenmaß erfolgen, es geht nicht um eine minutengenaue Erhebung, die Maßnahme soll eine realistische Einschätzung des Zeitbedarfs ermöglichen.

## 3.3 Budgetverantwortung und -gestaltung

Die geforderte eigenverantwortliche Ausübung der Aufgabe und die Weisungsfreiheit impliziert auch die Möglichkeit, über finanzielle Mittel zu verfügen.

In der Praxis enthalten die meisten Bestellformulare keine konkreten Äußerungen über Budgets oder verfügbare Geldbeträge. Es ist aber häufig so, dass verantwortliche Elektrofachkräfte, wenn sie Maßnahmen im Rahmen ihres Bestellungsbereichs initiieren, auch ohne explizit ausgewiesenes Budget die erforderlichen Mittel bereitgestellt bekommen.

In einem Bestellformular könnte der Sachverhalt beispielsweise so formuliert werden:

*„Der Unternehmer stattet die verantwortliche Elektrofachkraft mit den erforderlichen Kompetenzen aus und stellt ihr die erforderlichen Mittel, die für die Ausübung der übertragenen Aufgabe benötigt werden, zur Verfügung.“*

Zu den o. g. „erforderlichen Mitteln“ zählen Arbeitsmittel, finanzielle Mittel und auch der Faktor Zeit, die erforderlich ist, um die VEFK-Aufgaben gewissenhaft zu erfüllen.

Eine andere Möglichkeit schlägt die BG-Information BGI 508 vom Mai 2005 vor, die die Übertragung von Unternehmerpflichten regelt. Das zur BGI gehörende Musterformular schlägt vor, der beauftragten Person einen nach oben begrenzten Betrag zur Verfügung zu stellen. Die Betragshöhe müsste in diesem Fall individuell nach Aufgabengebiet und Firmengröße festgelegt werden.

Die Bereitstellung eines konkreten Budgets führt im nächsten Schritt zu weiterem Festlegungsbedarf. Hier ist beispielhaft zu nennen:

- Festlegung von Obergrenzen für Einzelmaßnahmen innerhalb des Gesamtbudgets,
- Festlegung einer Obergrenze für monatliche Entnahmen,
- Regelung, die die ordnungsgemäße Verwendung der zur Verfügung gestellten Mittel gewährleistet oder
- Verabschiedung einer Freigabeprozedur und Dokumentation im Organisationshandbuch.

## 3.4 Aufgabenübersicht für die VEFK

Als Stellvertreter des Unternehmers obliegen der verantwortlichen Elektrofachkraft in ihrem Bestellungsbereich die Organisations-, die Auswahl- und die Aufsichtsverantwortung. Dabei ist die oberste Zielsetzung, für die elektrotechnische Sicherheit im Unternehmen bzw. im jeweiligen Bestellungsbereich zu sorgen.

Die folgende Auflistung hat den Charakter einer „Checkliste" mit konkreten Tätigkeitsbeispielen. Dabei gilt für alle Punkte, dass sie nicht vollumfänglich von der verantwortlichen Elektrofachkraft persönlich abgearbeitet werden müssen, sondern sie müssen von ihr vielmehr organisiert, delegiert und kontrolliert werden. Die Aufzählung erhebt keinen Anspruch auf Vollständigkeit, ebenso wenig ist ihre Reihenfolge als Rangfolge zu verstehen. Im einzelnen Anwendungsfall ist die Checkliste unbedingt auf die individuellen Belange anzupassen.

| **Thema** | **Detailbeschreibung und Erläuterung** |
|---|---|
| **Organigramm des elektrotechnischen Betriebsteils** | sollte alle im Bereich der Elektrotechnik vorhandenen Qualifikationsstufen des Unternehmens beinhalten, beispielsweise: VEFK, EFK, EFK ffT, ANLV, AV, EuP, befähigte Person;<br>jeweilige Leitungs- und Aufsichtsfunktionen müssen erkennbar sein |
| **Bestellformulare** | gemäß der Funktionen im elektrotechnischen Organigramm;<br>die Entscheidung bzw. Wahrnehmung der Auswahlverantwortung obliegt ausschließlich dem jeweiligen Fachvorgesetzten |
| **Gefährdungs-beurteilungen** | müssen für Arbeitsmittel, Arbeitsstoffe und Arbeitsplätze sowie deren Wechselwirkungen („Arbeitssysteme") erstellt werden |
| **Arbeitsanweisungen** | Arbeitsanweisungen für die verschiedenen Funktionsgruppen und Tätigkeiten im Elektrobereich müssen erstellt werden; dabei Prioritäten setzen, nicht jeden Handgriff beschreiben |
| **Betriebsanweisungen** | eine Betriebsanweisung stellt einen Extrakt aus einer Bedienungsanleitung dar; dabei ist Folgendes zu beachten: Maschinenanweisungen in der Farbe Blau, Gefahrstoffanweisungen in der Farbe Rot |
| **Information der Betriebsöffentlichkeit** | zum Beispiel Rundschreiben zur Benutzung oder zur Ankündigung der Überprüfung elektrischer Arbeitsmittel |
| **Prüfdokumentation** | für elektrische Arbeitsmittel, Anlagen und Maschinen sollten die Protokolle, die den Prüflingen 1:1 zugeordnet werden können, an einem zentralen Ort archiviert werden |
| **Fremdfirmeneinsatz** | Auswahl, Einweisung und Dokumentation der Kontrolle von Fremdfirmen |

| Thema | Detailbeschreibung und Erläuterung |
|---|---|
| **Messmittel** | Dokumentation der Kalibrierung der Messmittel durch einen Messmittelbeauftragten |
| **Technische Produkt-dokumentation** | Erstellung oder Übernahme der Dokumentation der CE-Kennzeichnung und der Konformitätsbewertung;<br>Etablierung eines CE-Kennzeichnungsbeauftragten;<br>dabei sind folgende Richtlinien zu berücksichtigen:<br>• Richtlinie 2006/42/EG (MRL) und GPSG (9. Verordnung),<br>• Niederspannungsrichtlinie 2006/95/EG bzw. GPSG (1. Verordnung),<br>• Verteiler und Schaltgeräte nach DIN EN 61439-1 (**VDE 0660-600-1**)/ DIN EN 61439-2 (**VDE 0660-600-2**) bzw. DIN EN 60439-3 (**VDE 0660-504**) |
| **Arbeiten unter Spannung** | Regelungen zum Arbeiten unter Spannung (AuS), beispielsweise in Form eines AuS-Handbuchs gemäß BGR A3 und DIN VDE 0105-100 |
| **Persönliche Schutzausrüstung und Arbeitskleidung** | Bereitstellung von persönlicher Schutzausrüstung (PSA),<br>Bereitstellung von geeigneter Arbeitskleidung (für Elektrofachkräfte mit Störlichtbogenkategorie gemäß DIN EN 61482-1-2 (**VDE 0682-306-1-2**)),<br>sowohl Kleidung als auch PSA müssen in regelmäßigen Zeitabständen auf den Erhalt ihrer Eigenschaften überprüft werden |
| **Bereitstellung von Regelwerken** | koordinierte Bereitstellung von relevanten Regelwerken aller Art an einem Ort (digital)<br>• staatliche Vorschriften,<br>• berufsgenossenschaftliche Vorschriften,<br>• VDE-Bestimmungen und weitere<br>• betriebsinterne Vorgaben |
| **Mitarbeiterunterweisung** | Einarbeitung neuer Mitarbeiter,<br>regelmäßige Unterweisung der Mitarbeiter,<br>Dokumentation der Unterweisungen,<br>Erstellung und Pflege eines Aus- und Weiterbildungsplans für die unterstellten Mitarbeiter |

## 3.5 Sammlung wichtiger Vorschriften für die VEFK

Die verantwortliche Elektrofachkraft in einem Unternehmen muss sich Gedanken darüber machen, in welcher Form sie die betroffenen Mitarbeiter über Neuerungen im Vorschriften- und Bestimmungswerk informiert und wie sie den Mitarbeiter die jeweils aktuellen und relevanten Vorschriften zur Verfügung stellt.

Bestimmte Vorschriftenwerke können in einem Server-Verzeichnis oder im firmeninternen Intranet zur Verfügung gestellt werden. Dazu können staatliche und berufsgenossenschaftliche Vorschriften, Vorgaben des Schadensversicherers sowie weitergehende betriebsinterne Vorgaben, beispielsweise zum Arbeiten unter Spannung zählen. Kostenpflichtige Vorschriften, wie die VDE-Bestimmungen, können zusätzlich in Form von Einzelplatzlizenzen oder in Form von Netzwerklösungen bereitgestellt werden.

Noch ein wichtiger Tipp: Auch alte und bereits zurückgezogene Normen sollten unbedingt aufgehoben und sauber archiviert werden, damit alte Anlagen auf die Normen, die zum Zeitpunkt ihrer Errichtung galten, geprüft werden können.

Die im Kapitel mit den Arbeitshilfen dargestellte tabellarische Vorschriftensammlung erhebt keinen Anspruch auf Vollständigkeit; sie beinhaltet aber mit Sicherheit die wichtigsten elektrotechnischen Vorschriften und Bestimmungen für die meisten Unternehmen in Deutschland. Es kann allerdings durchaus sein, dass es Unternehmen gibt, die in elektrotechnischer Hinsicht noch weitere Vorschriften beachten müssen. Umgekehrt ist auch denkbar, dass aus der Sammlung einzelne Vorschriftenwerke wegfallen, wenn das Unternehmen beispielsweise keine Berührungspunkte mit Lichtbogenschweißgeräten oder explosionsgefährdeten Bereichen hat.

Die Auflistung ist auch nicht so zu verstehen, dass die verantwortliche Elektrofachkraft alle genannten Vorschriften und Bestimmungen im Detail kennen muss, sie muss vielmehr Titel, Abkürzung, Anwendungsbereich, Grobinhalt und Wichtigkeit für das eigene Unternehmen kennen, um die „elektrotechnischen Weichen" für das Unternehmen richtigstellen zu können. Der kaufmännische Leiter eines Unternehmens muss beispielsweise auch nicht jede Kostenart, jede Änderung im Steuerrecht oder jede kaufmännische Abrechnungsvorschrift kennen. Beide Funktionsträger sind jeweils schwerpunktmäßig für die „strategische Ausrichtung" in ihrem Verantwortungsbereich verantwortlich. Bildlich gesprochen steht die verantwortliche Elektrofachkraft also als Kommandant auf der Brücke des Schiffs „MS Elektrosicherheit" und muss den Kurs vorgeben.

*Siehe zu diesen Ausführungen auch die ergänzenden Muster-Dokumente in Kapitel 6.11 „Sammlung wichtiger Vorschriften für die VEFK".*

# 4 Praktische Umsetzung im Unternehmen

## 4.1 Planungsstufen

Wenn Unternehmen die Einführung einer Organisationsstruktur für den elektrotechnischen Betriebsteil planen, sind je nach Unternehmensgröße und -ausgestaltung bestimmte Vorüberlegungen erforderlich:

- Das Thema sollte von den obersten Führungskräften im Unternehmen initiiert und begleitet werden.
- Aufstellung eines der Unternehmensgröße angemessenen Konzepts und eines angemessenen Zeitplans.
- Abschätzen der durch das Projekt verursachten Ressourcenbindung im elektrotechnischen Bereich.
- Aufstellung eines der Unternehmensgröße angemessenen Budgets.
- Im Rahmen des Einführungs- und Projektzeitraums sollten insbesondere die betroffenen Mitarbeiter über den Projektfortschritt informiert werden. Zu diesem Zweck kann die Etablierung eines Veränderungsmanagements erforderlich sein.
- Frühzeitige Einbeziehung von Personalrat/Betriebsrat und Personalabteilung.
- Prüfen, ob es sinnvoll ist, externe fachliche Unterstützung durch in diesem Bereich qualifizierte Beratung in Anspruch zu nehmen.

Insbesondere in großen Unternehmen können solche Organisationsprojekte längere Zeiträume in Anspruch nehmen. Einen konkreten, kalendermäßig bestimmten Zeitpunkt, an dem ein solches Unternehmen „rechtssicher“ ist, gibt es nicht. Das Projekt ist vielmehr als kontinuierlicher Verbesserungsprozess (KVP) zu verstehen.

Da in der heutigen Zeit die grundsätzliche Reorganisationsgeschwindigkeit in den Unternehmen sehr hoch ist, kann es durchaus sein, dass die geplante Organisation für den Elektrobereich immer wieder flexibel an die veränderten Rahmenbedingungen angepasst werden muss.

Auch wenn die vorangegangenen Ausführungen komplex erscheinen, ist es wichtig überhaupt zu beginnen, denn auch der längste Weg beginnt mit dem ersten Schritt.

## 4.2 Organisationsmöglichkeiten

### 4.2.1 Generelle Organisationsideen

Je nachdem, ob Unternehmen Produkte entwickeln und/oder produzieren und vertreiben, oder ob sie als dienstleistende Unternehmen tätig sind, ändern sich die Anforderungen an eine Struktur im elektrotechnischen Betriebsteil.

Dementsprechend kann sowohl die Anzahl der benötigten verantwortlichen Elektrofachkräfte als auch die Organisationsform variieren. Für Unternehmen mit vielen Standorten, aber gleichartigen Tätigkeiten in den jeweiligen Standorten bietet sich beispielsweise eine territoriale oder räumliche Organisationsform an. Für Unternehmen mit einem breit gefächerten Spektrum an elektrotechnischen Aufgaben bietet sich eher eine funktionale oder aufgabenabhängige Organisationsstruktur an. Auch eine Kombination der angesprochenen Varianten kommt in der Praxis zum Einsatz.

Die Anzahl der zum Einsatz kommenden verantwortlichen Elektrofachkräfte ist stark von den Rahmenbedingungen, beispielsweise der Komplexität der elektrotechnischen Aufgaben und der räumlichen Ausdehnung des Unternehmens abhängig. Dasselbe Unternehmen kann mit einer mehr oder weniger großen Anzahl an verantwortlichen Elektrofachkräften auskommen, ohne dass zwingend ein höheres oder niedrigeres Maß an Sicherheit entsteht. Die einzelnen handelnden Personen werden nur entsprechend stärker oder auch weniger stark mit der VEFK-Tätigkeit beansprucht.

### 4.2.2 Bezeichnungssystematiken für VEFK-Funktionen

Wenn in einem Unternehmen mehr als eine verantwortliche Elektrofachkraft zum Einsatz kommen soll, ist es sinnvoll, eine klare Namenszuordnung einzuführen, es sollte dann die Basisbezeichnung „VEFK“ nicht mehr verwendet werden, sondern je nach Bedarf ergänzt werden. Hier muss jedes Unternehmen individuelle Lösungen anstreben und etablieren. Als beispielhafte Praxislösungen seien im Folgenden genannt:

| **Langname** | **Abkürzung** |
|---|---|
| **Erste Leitungsebene** | |
| Gesamtverantwortliche Elektrofachkraft | GVEFK oder G-VEFK |
| Oberste verantwortliche Elektrofachkraft | OVEFK oder O-VEFK |
| … | … |
| **Zweite Leitungsebene** | |

| Langname | Abkürzung |
|---|---|
| Regionalverantwortliche Elektrofachkraft | RVEFK oder R-VEFK |
| Bereichsverantwortliche Elektrofachkraft | BVEFK oder B-VEFK |
| … | … |
| **Dritte Leitungsebene** | |
| Niederlassungsverantwortliche Elektrofachkraft | NVEFK oder N-VEFK |
| Nachgeordnete verantwortliche Elektrofachkraft | NVEFK oder N-VEFK |
| Standortverantwortliche Elektrofachkraft | SVEFK oder S-VEFK |
| … | … |

### 4.2.3 Verknüpfung von Unternehmens- und VEFK-Funktion

Manche Unternehmen verknüpfen die Funktion der verantwortlichen Elektrofachkraft grundsätzlich mit einer vorhandenen Unternehmensfunktion im Rahmen der vorhandenen Organisation. Häufig handelt es sich hierbei dann auch um disziplinarische Führungsfunktionen. So kann es beispielsweise sein, dass ein „Leiter der Elektroabteilung", ein „Leiter der Instandhaltung" oder „Bezirksleiter" diese Funktion quasi „kraft Anstellungsvertrag" bereits übernimmt. In der Praxis kommt es – insbesondere bei Unternehmen, die den Weg der rechtssicheren Elektroorganisation neu einschlagen – dadurch mitunter dazu, dass die Stelleninhaber für die Ausübung der VEFK-Funktion nicht optimal qualifiziert sind. Unternehmen, bei denen diese Vorgehensweise bereits seit einer langen Zeit üblich ist, haben Vorteile, da in der Regel dort die Stellen mit geeigneten Personen besetzt sind. In solchen Fällen kann die VEFK-Tätigkeit in der Stellenbeschreibung verankert werden und bei der Kapazitätsverteilung entsprechend Berücksichtigung finden.

### 4.2.4 Stellvertretungsregelung für die VEFK-Position

Genau wie in anderen Bereichen eines jeden Unternehmens muss auch im elektrotechnischen Betriebsbereich die Vertretung von Personen untereinander klar geregelt sein.

Vertretungsregelungen betreffen im elektrischen Betriebsbereich verantwortliche Elektrofachkräfte, Anlagenverantwortliche und andere Personen mit Leitungsfunktionen im elektrischen Betriebsteil. Diese Funktionsträger müssen nicht immer vor Ort sein. Die Vertretungsregelung muss immer eine natürliche Person und keine juristische Person oder Organisationseinheit des Unternehmens bezeichnen. Die Bezeichnung kann entweder persönlich und namentlich ausgewiesen werden, oder sie kann auf eine konkrete, personengebundene Funktion verweisen, z. B. den „Leiter Elektrowerkstatt". Die Vertreterregelung sollte bereits in der Bestellung oder in der Stellenbeschreibung berücksichtigt werden.

Im Gegensatz dazu betreffen Schichtregelungen beispielsweise Arbeitsverantwortliche, die Aufsichtsaufgaben wahrnehmen. Diese Funktion muss bei der Ausführung von Arbeiten immer vor Ort an der Arbeitsstelle sein. Die namentliche Bestimmung einer natürlichen Person kann über einen Schichtplan erfolgen. Wenn beispielsweise ein Arbeitsverantwortlicher eine Arbeitsstelle verlässt, kann eine Regelung greifen, die besagt, dass dann der Monteur mit den meisten Dienstjahren in dem Arbeitsbereich die Arbeitsverantwortung übernimmt. So ist sichergestellt, dass über die Schichtregelung zu jedem Zeitpunkt die Arbeitsverantwortung geregelt ist.

## 4.3 Matrix grundlegender Organisationsmöglichkeiten

Die Festlegung der erforderlichen Personalkapazität muss durch ein Projekt oder einen Entscheider im Vorfeld möglichst seriös abgeschätzt werden. Eine belastbare Kapazitätsbetrachtung für die VEFK-Tätigkeit ist im Prinzip erst nach der Aufbauphase möglich. Bevor über einen genauen Zeitanteil befunden werden kann, sollten die zusätzlich entstehenden Zeitaufwendungen zudem über einen Zeitraum von drei bis sechs Monaten identifiziert und im Durchschnitt quantifiziert werden.

Zu der folgenden Matrix ist anzumerken, dass die Personalkapazitäten und die Anzahl Personen nicht identisch sind bzw. sein müssen. Zudem ist die Darstellung qualitativ zu verstehen.

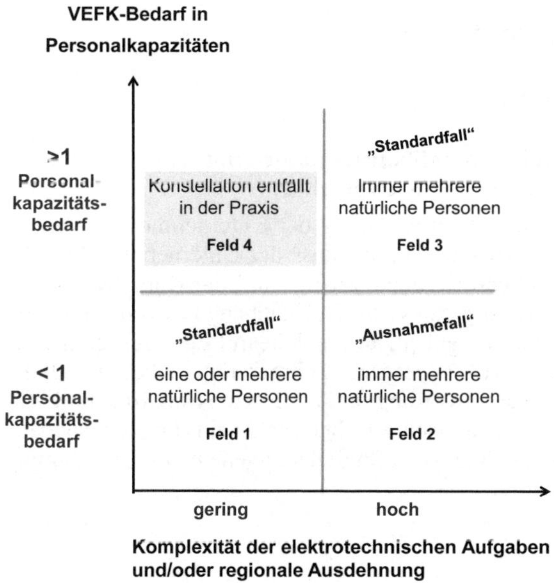


**Bild 53** Fallbetrachtung grundlegender Organisationsmöglichkeiten

| Feld | Ausgewählte Unternehmensbeispiele zu den Matrixfeldern |
|---|---|
| 1 | kleine und mittlere Unternehmen aus dem Bereich der Massen- und Sortenfertigung (Bauteilfertiger im Metall- oder Kunststoffbereich),<br>Alten- und Pflegeheime,<br>kleinere Krankenhäuser,<br>Veranstalter und Messegesellschaften |
| 2 | kleinere Elektrobetriebe mit unterschiedlichen Sparten (beispielsweise EDV-Technik, Elektroinstallation und Medizintechnik),<br>kleinere entwickelnde und produzierende Unternehmen (beispielsweise Automobilzulieferer) |
| 3 | Energieversorgungsbranche und Bereiche elektrischer Netze,<br>bundesweit tätige Infrastrukturdienstleister,<br>Großkonzerne und Institutionen,<br>bundesweit tätige Facilitymanagement-Dienstleister mit Elektroschwerpunkt,<br>größere forschende und produzierende Unternehmen (beispielsweise Automobil- oder Chemiebranche) |
| 4 | *entfällt in der Praxis, weil es keine Unternehmen gibt, die nur geringe Berührungspunkte mit elektrotechnischen Fragestellungen haben und trotzdem einen Bedarf von mehr als einer Kapazität für VEFK-Aufgaben haben* |

## 4.4 Mögliche Organisationsformen

### 4.4.1 Organisation mit einer VEFK

#### Entspricht Feld 1 der Matrix mit den Fallbetrachtungen mit einer natürlichen Person als verantwortliche Elektrofachkraft

In kleineren und mittleren Unternehmen trägt häufig der Unternehmer die Verantwortung für den Elektrobereich. Das setzt voraus, dass der Unternehmer über die notwendige fachliche und persönliche Eignung verfügt und die Komplexität und räumliche Ausdehnung des Unternehmens dies zulässt. Unabhängig davon kann es im Unternehmen weitere Elektrofachkräfte geben, auch solche mit Leitungsverantwortung (wie in **Bild 54** beispielsweise AL 1). Der Unternehmer trägt in diesem Fall die gesamte Verantwortung, inkl. der Verantwortung für den Bereich Elektrotechnik, für sein Unternehmen selbst. Aus elektrotechnischer Sicht besteht kein Handlungsbedarf. Dies ist in Bild 54 durch die vollständige Ausfüllung der angedeuteten Umrahmung durch die punktierte Linie dargestellt.

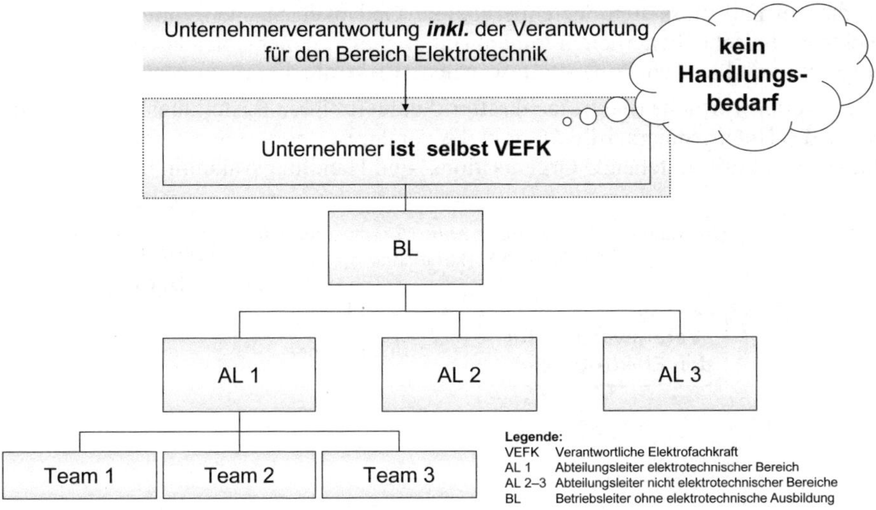


**Bild 54** Organigramm 1 zu Feld 1 der Matrix (Unternehmer ist VEFK)

In der Praxis kommt es häufig vor, dass der Unternehmer selbst die geforderten Eigenschaften, die für eine verantwortliche Elektrofachkraft unabdingbar sind, nicht mitbringt. Dann besteht aus elektrotechnischer Sicht Handlungsbedarf.

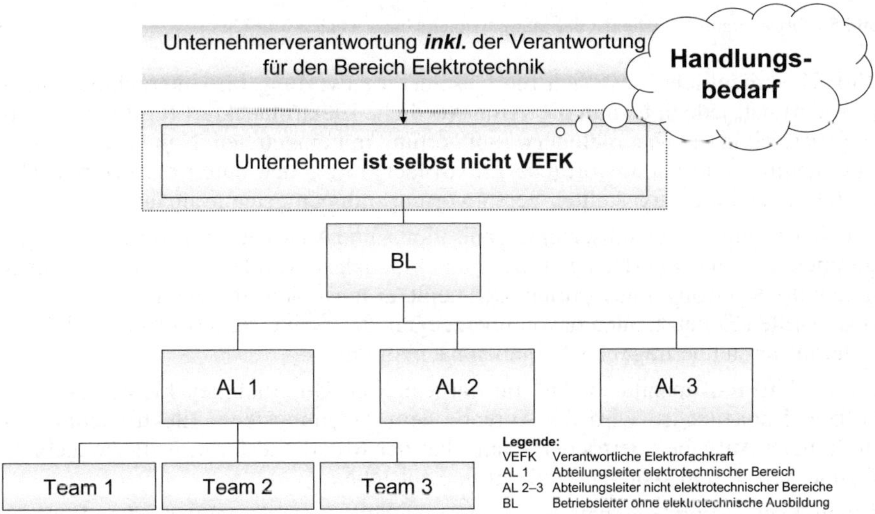


**Bild 55** Organigramm 2 zu Feld 1 der Matrix (Unternehmer ist nicht VEFK)

In diesem Fall muss sich der Unternehmer Gedanken machen, durch wen er die elektrotechnische Sicherheit in seinem Unternehmen sicherstellen lassen will. In der Regel kommt hier dann eine verantwortliche Elektrofachkraft zum Einsatz.

Diese verantwortliche Elektrofachkraft tritt dann für ihren Bestellungsbereich an die Stelle des Unternehmers. **Bild 56** stellt das vor der Bestellung einer verantwortlichen Elektrofachkraft bestehende Organisations- und Handlungsvakuum dar:

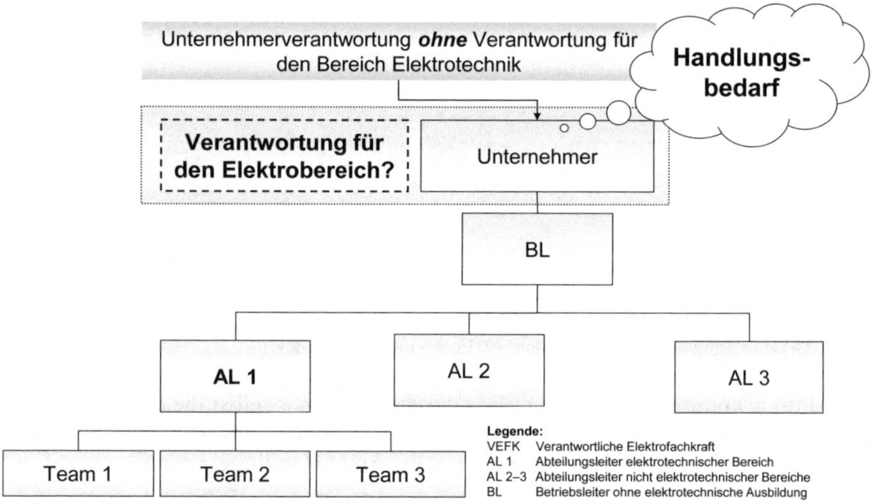


**Bild 56** Organigramm 3 zu Feld 1 der Matrix (Unternehmer ist nicht VEFK)

**Bild 57** verdeutlicht, dass sich die Gesamtverantwortung im Unternehmen nicht verändert hat, jedoch ist nun die verantwortliche Elektrofachkraft für ihren Bestellungsbereich in die Unternehmerverantwortung mit eingetreten. Nun füllen beide – Unternehmer und verantwortliche Elektrofachkraft – den durch die symbolische Umrahmungslinie dargestellten Verantwortungsrahmen gemeinsam aus.

Der Unternehmer ist damit seiner Organisations- und Auswahlverantwortung nachgekommen. Da eine „Frei-Delegierung" nicht möglich ist, verbleibt beim Unternehmer zudem die Kontrollverantwortung. Das heißt, er muss sich auf geeignete Weise und in sinnvollen Zeitabständen davon überzeugen, dass seine verantwortliche Elektrofachkraft ihren übertragenen Aufgaben nachkommt.

Da der VEFK-Kapazitätsbedarf im dargestellten Unternehmen kleiner als eine Vollzeit-Kapazität ist, wird die Aufgabe dem Abteilungsleiter Elektrotechnik als zusätzliche Aufgabe übertragen. Damit hat der Mitarbeiter zwei Aufgabengebiete abzudecken. Daraus können Zielkonflikte entstehen.

Zudem kann es durch die hierarchische Angliederung der verantwortlichen Elektrofachkraft in der Unternehmensorganisation zu weiteren Konfliktsituationen mit disziplinarischen Vorgesetzten des Unternehmens kommen. **Bild 58** zeigt, dass einerseits

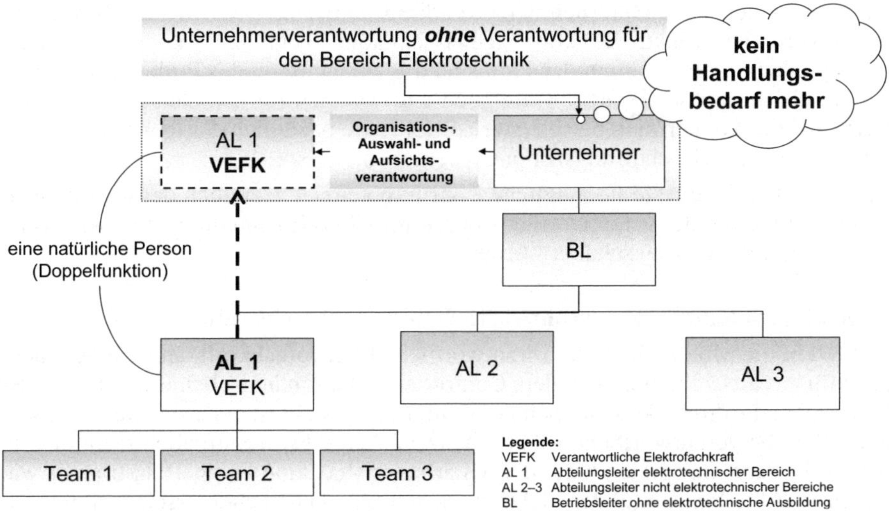


**Bild 57** Organigramm 4 zu Feld 1 der Matrix (Unternehmer ist nicht VEFK)

der Betriebsleiter dem Abteilungsleiter 1 disziplinarisch vorgesetzt ist, andererseits der Abteilungsleiter 1 in seiner Funktion als verantwortliche Elektrofachkraft dem Betriebsleiter in Belangen der Elektrosicherheit weisungsbefugt ist.

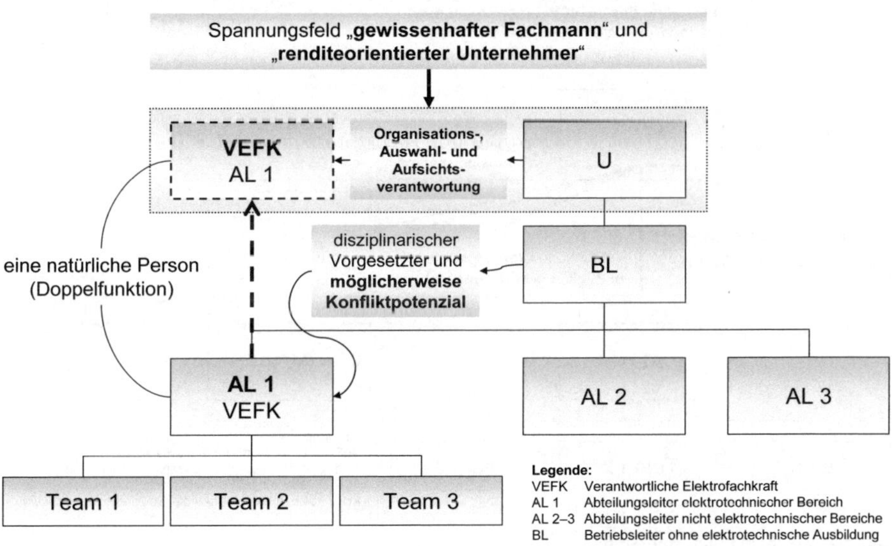


**Bild 58** Organigramm 5 zu Feld 1 der Matrix (Unternehmer ist nicht VEFK)

Auch zwischen dem Unternehmer („renditeorientierter Unternehmer") und der verantwortlichen Elektrofachkraft („gewissenhafter Fachmann") können sich Reibungspunkte ergeben. Ein in der Praxis häufig zutage tretendes Problem besteht in der Beschaffung von Geräten, Maschinen und Anlagen für den elektrotechnischen Bereich. Hier können sich beispielsweise Konflikte bezüglich der technischen Ausführung und des Beschaffungszeitpunkts ergeben.

Das im Bild 58 dargestellte mögliche Konfliktpotenzial bezüglich der organisatorischen Anbindung der verantwortlichen Elektrofachkraft kann durch eine Änderung dieser Anbindung ausgeschaltet werden.

## Zentrale Anbindung der verantwortlichen Elektrofachkraft

Es besteht die Möglichkeit, die verantwortliche Elektrofachkraft, ähnlich der Fachkraft für Arbeitssicherheit oder dem Controller im kaufmännischen Bereich, in einer Stabsstelle, die direkt der Unternehmensleitung unterstellt ist, anzusiedeln. In diesem Fall führt die verantwortliche Elektrofachkraft keine Linienaufgaben mehr aus. In den vorherigen Beispielen hatte der Mitarbeiter stets eine Doppelfunktion: er war einerseits Abteilungsleiter der Elektrowerkstatt (AL 1) und andererseits verantwortliche Elektrofachkraft (VEFK). Dies ist nun nicht mehr der Fall, und es kann keinen Interessenkonflikt in Zusammenhang mit dem Betriebsleiter (BL) geben.

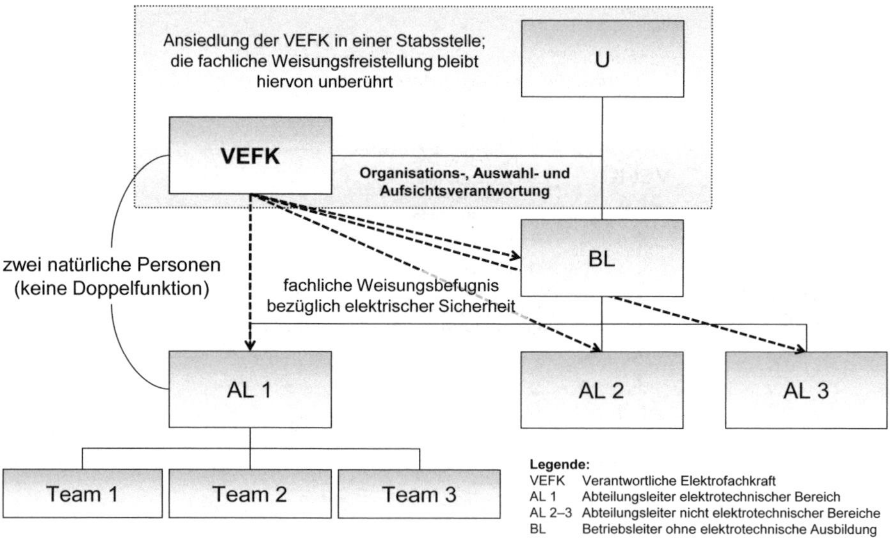


**Bild 59** VEFK in einer Stabsstelle

Aus rein organisatorischer Sicht ist die Anordnung in einer Stabsstelle der ideale Lösungsansatz. Aber es ist noch auf eine Besonderheit hinzuweisen: Mitarbeiter in Stabsfunktionen besitzen häufig nur eine beratende Funktion. Die verantwortliche Elektrofachkraft hingegen ist und bleibt weisungsfrei gestellt, d. h., dass sie auch aus ihrer Stabsstelle heraus – im Rahmen ihres Bestellungsauftrags – fachlich weisungsbefugt ist und damit auch nicht nur beratend tätig ist, sondern in voller Verantwortung gemäß ihrer Bestellung steht.

Diese Organisationsvariante ergibt natürlich nur Sinn, wenn der VEFK-Kapazitätsbedarf sich nahe bei einer Personalkapazität bewegt. Die beschriebene Stabsstellenvariante kann auch in den in dem folgenden Kapitel beschriebenen Fällen mit mehreren verantwortlichen Elektrofachkräften ein guter Organisationsansatz sein.

In Unternehmen, in denen die VEFK-Tätigkeit von einer einzigen Person abgedeckt werden kann und soll, ergeben sich folgende Merkmale:

- Die einzelne VEFK trägt auch allein die Verantwortung für die Elektrosicherheit,
- wenig Abstimmungsbedarf, daher zügige Entscheidungsfindung und Entscheidungen „aus einer Hand".

Wenn eine einzelne VEFK für das gesamte Unternehmen nicht mehr sinnvoll erscheint, stellt sich die Frage, wie die Aufgabenbereiche der einzelnen verantwortlichen Elektrofachkräfte verteilt werden. Je nach Anforderungen des Unternehmens bieten sich dazu unterschiedliche Modelle an.

### 4.4.2 Organisation mit mehreren VEFK

#### *4.4.2.1 Funktionale Organisationsform*

**Entspricht Feld 1 der Matrix mit den Fallbetrachtungen mit mehreren natürlichen Personen als verantwortliche Elektrofachkräfte**

Es obliegt dem Unternehmer zu entscheiden, ob er eine einzige Person mit der ausschließlichen Wahrnehmung der VEFK-Tätigkeit beauftragt oder ob er die VEFK-Tätigkeit auf die Schultern mehrerer Personen verteilt.

Die Entscheidung ist abhängig von Folgendem:

- Der Kapazitätsbedarf ist kleiner als eine Personalkapazität. Aus wirtschaftlichen Gesichtspunkten ist daher die vollständige Abstellung eines Mitarbeiters für VEFK-Tätigkeiten nicht sinnvoll, oder
- aufgrund der Auslastung der infrage kommenden Mitarbeiter kann eine Aufteilung der Aufgabe auf mehrere Personen erwünscht sein, um eine Überlastung einzelner Personen zu vermeiden. In diesem Fall übernehmen die Personen die VEFK-Tätigkeit zusätzlich zu ihrer Ursprungsaufgabe.

| **Ermittelter Kapazitätsbedarf** | **Beispielhafte Verteilungsmöglichkeiten** | **Bei der Entscheidungsfindung zu beachten** |
|---|---|---|
| 0,6 Kapazitäten | **1 Mitarbeiter** á 0,6 Kapazitäten | Der Unternehmer muss seinen Gestaltungsfreiraum sinnvoll nutzen und ein Optimum zwischen Belastung einzelner Mitarbeiter und Anzahl der Verantwortungsschnittstellen, die durch die Aufteilung entstehen, zu finden. |
| | **2 Mitarbeiter** á 0,3 Kapazitäten | |
| | **3 Mitarbeiter** á 0,2 Kapazitäten | |
| | ... | |

**Bild 60** Gestaltungsmöglichkeiten des Unternehmers

**Bild 60** stellt beispielhaft unterschiedliche Gestaltungsmöglichkeiten des Unternehmers zur Verteilung des Kapazitätsbedarfs auf Personen dar.

Für die oben aufgeworfene Fragestellung gibt es keine Pauschallösung, vielmehr muss der Unternehmer für seinen konkreten Einzelfall das Organisationsoptimum in einer Form finden, bei der dabei möglichst wenig Schnittstellen geschaffen werden. Denn jede Schnittstelle muss transparent und nachvollziehbar beschrieben und auch in der Praxis gelebt werden. Aus der Schnittstellenproblematik ergibt sich, dass es bei der Installation von mehreren teilbereichsverantwortlichen Elektrofachkräften eine übergeordnete fachliche Entscheidungsinstanz geben muss.

In Unternehmen, in denen die VEFK-Tätigkeit von mehreren Personen abgedeckt werden kann und soll, ergeben sich folgende Merkmale:

- Jede bestellte VEFK trägt nur einen Teil der Verantwortung für die Elektrosicherheit, nämlich für ihren jeweiligen Bestellungsbereich.
- Die Situation der Verantwortungsaufteilung darf nicht zu einer „Verantwortungsdiffusion“ führen. In der Regel wird dann eine der teilbereichsverantwortlichen Elektrofachkräfte mit der übergeordneten Entscheidungsbefugnis ausgestattet;
- erhöhter Abstimmungsbedarf, daher möglicherweise schwierigere Entscheidungsfindung.

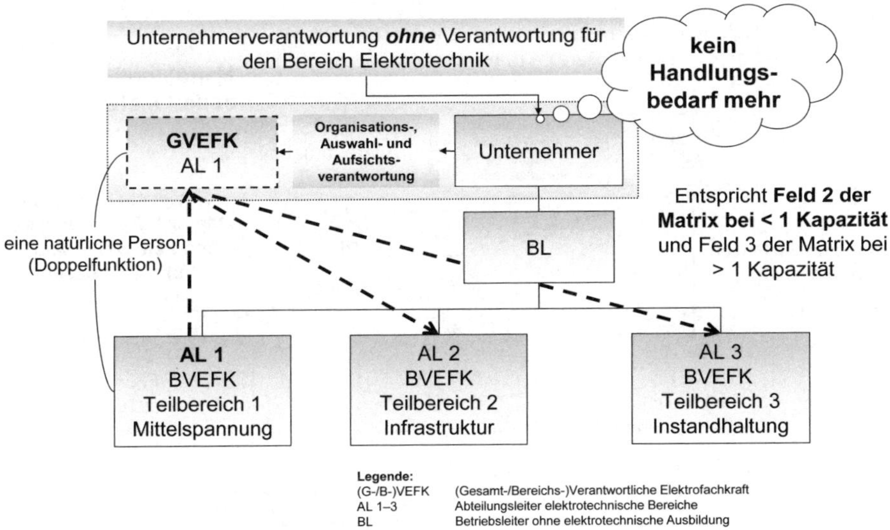


**Bild 61** Organigramm 5 zu Feld 2 der Matrix

## Entspricht Feld 2 der Matrix mit den Fallbetrachtungen mit mehreren natürlichen Personen als verantwortliche Elektrofachkräfte (< 1 Kapazität)

Die in **Bild 61** dargestellte funktionale Organisationsform verfolgt den Ansatz der Zuweisung von elektrotechnischen Aufgabenbereichen. Man orientiert sich dabei nicht an den Unternehmensbereichen, sondern an der Art der auszuführenden Tätigkeiten. So werden beispielsweise alle mit der Mittelspannungstechnik (AL 1) in Verbindung stehenden Bereiche in einer VEFK-Funktion zusammengefasst, ebenso alles, was mit dem Infrastrukturbereich (AL 2) in Verbindung steht, oder Instandhaltungsaufgaben (AL 3).

So enthält eine Mittelspannungsschaltanlage zumeist auch Niederspannungsinstallationen und Fernwirktechnik, und bestimmte Servicetätigkeiten an oder in der Nähe der Schaltanlage lassen sich den Instandhaltungsarbeiten des Gebäudemanagements zuordnen. Hier ist unbedingt darauf zu achten, dass zum einen die Zuständigkeitsgrenzen sauber definiert sind und zum anderen keine Bereiche durch das Raster fallen und vergessen werden.

## Entspricht Feld 3 der Matrix mit den Fallbetrachtungen mit mehreren natürlichen Personen als verantwortliche Elektrofachkräfte (> 1 Kapazität) – bedingt durch die Komplexität der elektrotechnischen Aufgaben

Feld 3 entwickelt sich ggf. aus Feld 2. Und zwar dann, wenn der Kapazitätsbedarf aufgrund räumlicher Ausdehnung oder Komplexität der Aufgaben nicht von einer natürlichen Person allein bewältigt werden kann.

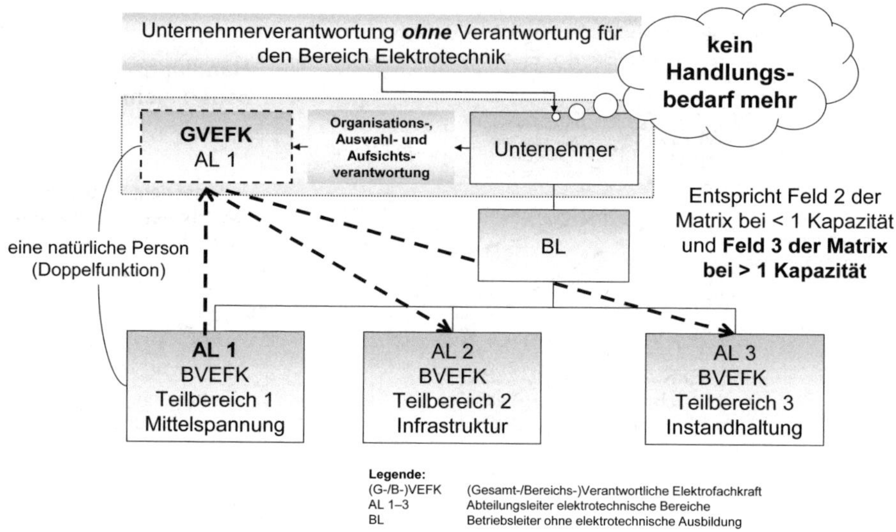


**Bild 62** Organigramm 5 zu Feld 3 der Matrix bedingt durch die Komplexität der Aufgaben

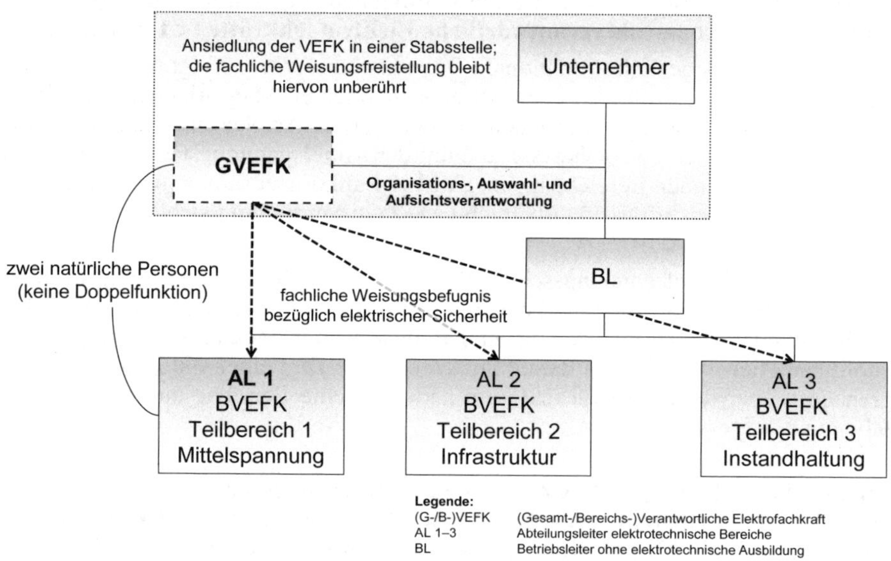


**Bild 63** Organisation mit gesamtverantwortlicher Elektrofachkraft in einer Stabsstelle

Ähnlich wie weiter oben bereits für den Fall mit einer verantwortlichen Elektrofachkraft beschrieben, kann es auch in der Konstellation mit mehreren verantwortlichen Elektrofachkräften Sinn machen, eine verantwortliche Elektrofachkraft, die sog. gesamtverantwortliche Elektrofachkraft, in einer Stabsstelle anzugliedern. Die im **Bild 63** dargestellten Abteilungsleiter, die die VEFK-Funktion zusätzlich wahrnehmen, unterstehen zwar disziplinarisch noch immer dem Betriebsleiter, fachlich jedoch der in der Stabsstelle angesiedelten verantwortlichen Elektrofachkraft, die disziplinarisch nur dem Unternehmer untergeordnet ist. So kann es keinen Interessenkonflikt in Zusammenhang mit dem Betriebsleiter (BL) mehr geben.

Aus rein organisatorischer Sicht ist auch in diesem Fall die Anordnung in einer Stabsstelle der ideale Lösungsansatz.

Aber auch hier ist noch auf eine Besonderheit hinzuweisen: Mitarbeiter in Stabsfunktionen besitzen häufig nur eine beratende Funktion. Die verantwortliche Elektrofachkraft hingegen ist und bleibt weisungsfrei gestellt, d. h., dass sie auch aus ihrer Stabsstelle heraus – im Rahmen ihres Bestellungsauftrags – fachlich weisungsbefugt ist und damit nicht nur beratend tätig ist, sondern in voller Verantwortung gemäß ihrer Bestellung steht.

#### *4.4.2.2 Territoriale Organisationsform*

**Entspricht Feld 3 der Matrix mit den Fallbetrachtungen mit mehreren natürlichen Personen als verantwortliche Elektrofachkräfte (> 1 Kapazität) – bedingt durch die räumliche Ausdehnung**

In Unternehmen, die sich durch eine weite räumliche Ausdehnung in Kombination mit mehreren oder vielen Standorten auszeichnen, ist dieser Situation Rechnung zu tragen. **Bild 64** zeigt einen beispielhaften Lösungsansatz für eine bundesweite Flächenorganisation mit verantwortlichen Elektrofachkräften, die durch eine gesamtverantwortliche Elektrofachkraft aus der Firmenzentrale gesteuert werden.

Zur Unterstützung der gesamtverantwortlichen Elektrofachkraft in der Firmenzentrale kann es von Vorteil sein, eine weitere Hierarchiestufe mit regionalverantwortlichen Elektrofachkräften aufzubauen. Diese regionalverantwortlichen Elektrofachkräfte sind das Bindeglied zwischen den niederlassungsverantwortlichen Elektrofachkräften und der gesamtverantwortlichen Elektrofachkraft und bündeln die Aktivitäten für ihre jeweilige Region.

Auf diese Weise wird sowohl die gesamtverantwortliche Elektrofachkraft entlastet als auch die nachgeordneten niederlassungsverantwortlichen Elektrofachkräfte.

Insbesondere bei Unternehmen mit vergleichbaren oder gar identischen Aufgaben an den verschiedenen Standorten führt eine gut strukturierte Elektroorganisation zu erheblichen Einsparpotenzialen, da beispielsweise sehr viele Prozesse und Dokumente zentral erstellt, gepflegt und verwaltet werden können. Zudem wird so ein harmonisiertes Vorgehen in den einzelnen Niederlassungen sichergestellt. Beispielhaft

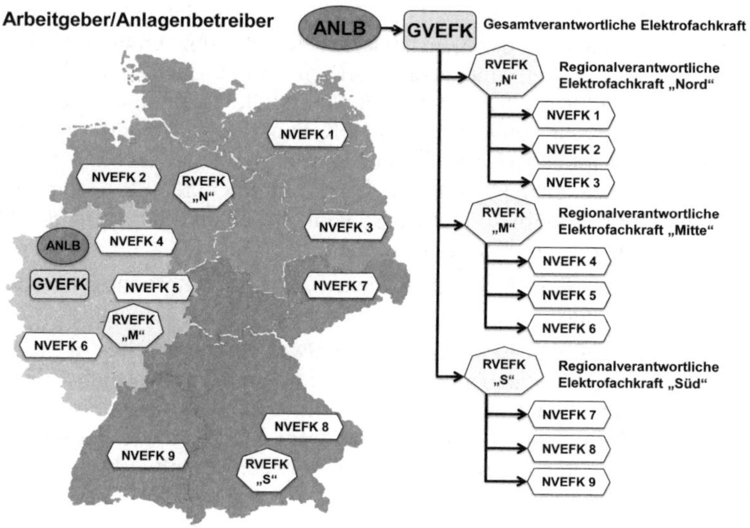


**Bild 64** Komplexität durch regionale Ausdehnung und viele Standorte

genannt seien hier Kataloge mit Arbeitsanweisungen, verbindliche Werkzeug- und Prüfmittelvorgaben, Regelungen zum Umgang mit Privatgeräten oder ein einheitliches Prüfkonzept.

Beim Aufbau einer Regionalstruktur sind insbesondere zu beachten:

- genaue regionale Abgrenzung in den Bestellungen erforderlich; es dürfen weder „Überschneidungen“ noch „Lücken“ zwischen den verschiedenen Bereichen entstehen.
- Nachgeordnete verantwortliche Elektrofachkräfte sind gegenüber der jeweiligen vorgesetzten verantwortlichen Elektrofachkraft nicht weisungsfrei.
- Regelmäßiger Informationsaustausch und gute Kommunikation zwischen allen verantwortlichen Elektrofachkräften sind unerlässlich.

## Gesamtverantwortliche Elektrofachkraft (GVEFK)

Die gesamtverantwortliche Elektrofachkraft vertritt den Unternehmer im gesamten Bereich der elektrotechnischen Sicherheit. Sie tritt in die Unternehmerverantwortung ein, die der Unternehmer aufgrund seiner fehlenden Fachkenntnis oder seiner knappen zeitlichen Ressourcen nicht wahrnehmen kann. Die gesamtverantwortliche Elektrofachkraft ist die zentrale Schnittstelle zur Unternehmensleitung.

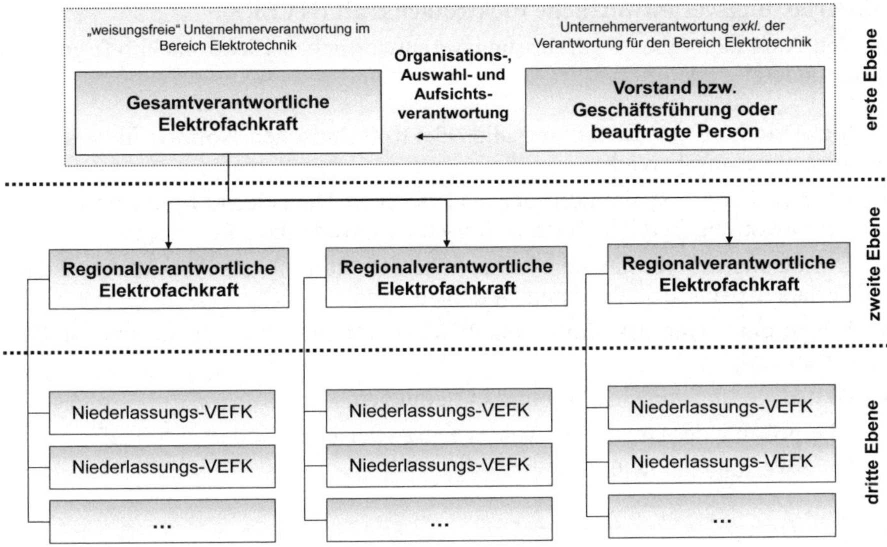


**Bild 65** Mögliche Struktur bei starker regionaler Ausdehnung

## Regionalverantwortliche Elektrofachkraft (RVEFK)

Zum Aufgabenbereich der regionalverantwortlichen Elektrofachkraft gehört die Wahrnehmung aller elektrotechnischen Aufgaben mit übergreifender Relevanz im Bestellungsbereich in enger Abstimmung mit der gesamtverantwortlichen Elektrofachkraft. Das können u. a. sein:

- konkreter fachlicher Ansprechpartner für alle niederlassungsverantwortlichen Elektrofachkräfte im jeweiligen Regionalbereich,
- Koordinierung einheitlicher Organisations- und Vorgehensweisen in seinem Gebiet,
- Ausübung der fachlichen Aufsicht in seiner Region,
- Auswahl und Einsatz von Anlagen- und Arbeitsverantwortlichen,
- koordinierte Erstellung und Aktualisierung von Arbeitsanweisungen,
- Auswahl und Koordination von Fremdfirmen, die elektrotechnisch tätig werden,
- regelmäßige Organisation und Durchführung von Workshops mit den NVEFK, oder
- zeitnahe Bekanntmachung sowie Umsetzung neuer Vorschriften.

**Niederlassungsverantwortliche Elektrofachkraft (NVEFK)**

Zu den Aufgaben einer niederlassungsverantwortlichen Elektrofachkraft gehören insbesondere:

- Sicherstellung der Einhaltung aller elektrotechnischen Normen im gesamten Verantwortungsbereich,
- Überwachung von Fremdfirmen und internen Dienstleistern, die im eigenen Verantwortungsbereich elektrotechnisch tätig werden,
- Umsetzung der vermittelten einheitlichen Organisations-, Prüf- und sonstigen Verfahrensweisen sowie deren Dokumentation,
- Pflege einer Qualifikations- und Weiterbildungsmatrix für die unterstellten Mitarbeiter,
- Aktualisierung von Gefährdungsbeurteilungen,
- Überprüfung der Umsetzung von Arbeitsanweisungen, oder
- Unterweisung der Mitarbeiter.

### *4.4.2.3 Gemischte Organisationsform*

Bei der gemischten Organisationsform werden die territoriale und die funktionale Organisationsvariante kombiniert.

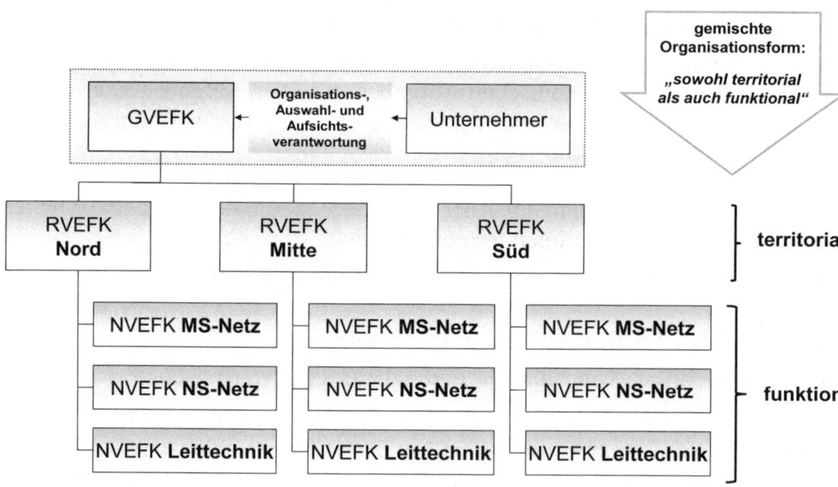


**Legende:**
GVEFK Gesamtverantwortliche Elektrofachkraft
RVEFK Regionalverantwortliche Elektrofachkraft für die Regionen Nord, Mitte und Süd
NVEFK nachgeordnete verantwortliche Elektrofachkraft für funktionale Bereiche innerhalb einer Region

**Bild 66** Gemischte Organisationsstruktur mit territorialen und funktionalen verantwortlichen Elektrofachkräften

Hierbei ist zu beachten, dass jetzt nicht nur zwischen den Regionen Schnittstellen entstehen, sondern auch innerhalb einer jeden Region. Die Anzahl der Schnittstellen einer Region hängt von den vorhandenen unterschiedlichen elektrotechnischen Fachgebieten ab.

**Bild 66** zeigt beispielhaft einen einheitlichen Aufbau in jeder Region. In der Praxis ist es denkbar, dass es regionale Unterschiede in der Ausgestaltung der vorhandenen elektrotechnischen Fachgebiete geben kann.

### 4.4.3 Elektroverantwortung im Innen- und Außenverhältnis

In einem absatzmarktorientierten Unternehmen lässt sich beispielsweise als eine grobe Unterteilung bereits der Bereich der eigentlichen Produktion (innerhalb des eigenen Unternehmens) von dem des Kundendiensts (außerhalb des eigenen Unternehmens) trennen. Gerade diese beiden Tätigkeitsfelder stellen das Personal vor völlig verschiedene Anforderungen.

Im Bereich Produktion liegt das Hauptaugenmerk auf der Instandhaltung der Räumlichkeiten und einer möglichst hohen Verfügbarkeit der vorhandenen Maschinen. Im Bereich des Kundendiensts hingegen trifft man auf unbekannte Verhältnisse in der elektrischen Anlage des Kunden sowie der Fehlerbehebung an den eigenen Produkten.

Während beispielsweise die verantwortliche Elektrofachkraft für den Bereich Produktion fundierte Kenntnisse der eigenen betriebstechnischen Einrichtungen und der sicheren Gestaltung der Produktionsabläufe benötigt, muss beispielsweise die verantwortliche Elektrofachkraft für den Bereich Kundendienst den Aufbau und die Eigenschaften des Produkts im Zusammenwirken mit der Kundenanlage möglichst umfassend einschätzen können.

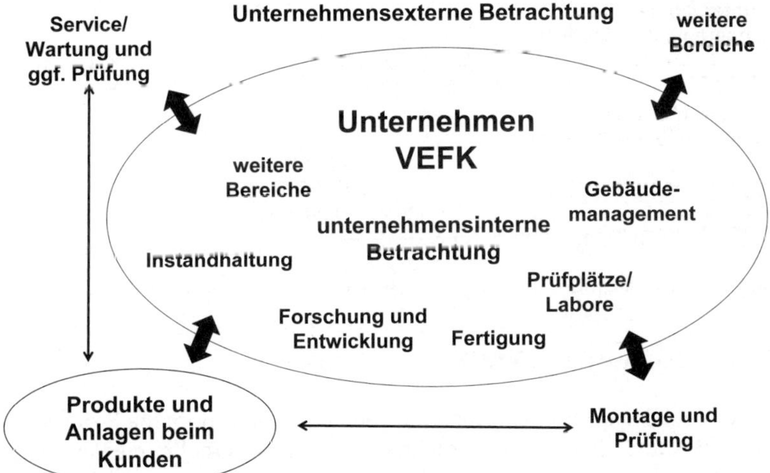


**Bild 67** Elektroverantwortung im Innen- und Außenverhältnis

Zu **Bild 67** sei zur Verdeutlichung noch folgendes Beispiel erwähnt:

*Der Unternehmer A fertigt Klimazellen in seiner eigenen Produktionsstätte, die er dem Unternehmer B verkauft und auf dessen Werksgelände montiert und einer Inbetriebnahmeprüfung unterzieht. In dem Zusammenhang ist es auch denkbar, dass die beiden Unternehmen einen Wartungsvertrag für die Klimazelle abschließen. Da es sich hier um zwei Bereiche mit unterschiedlichen Anforderungen handelt, ist es ratsam, die elektrotechnische Verantwortung auf zwei natürliche Personen aufzuteilen: eine verantwortliche Elektrofachkraft für den Produktionsstandort des Unternehmers A (AL 1 für „alles, was sich innerhalb des Zauns befindet") und eine weitere verantwortliche Elektrofachkraft für die Montage- und Servicetätigkeiten, die im Machtbereich des Unternehmers B stattfinden (AL 2 für „alles außerhalb des Zauns"), vgl.* ***Bild 68****.*

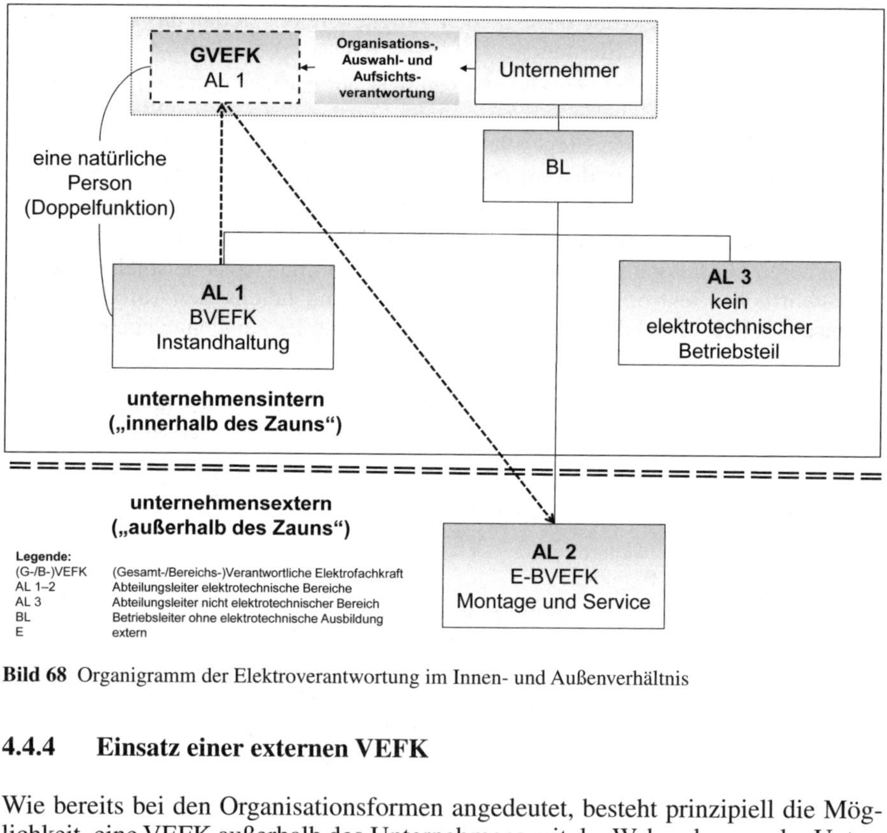


**Bild 68** Organigramm der Elektroverantwortung im Innen- und Außenverhältnis

### 4.4.4 Einsatz einer externen VEFK

Wie bereits bei den Organisationsformen angedeutet, besteht prinzipiell die Möglichkeit, eine VEFK außerhalb des Unternehmens mit der Wahrnehmung der Unternehmerpflichten in elektrotechnischen Fachfragen zu beauftragen.

*4.4.4.1 Externe VEFK als gesamtverantwortliche Elektrofachkraft*

Die in **Bild 69** dargestellte Option bietet sich immer dann an, wenn kein geeigneter Mitarbeiter in dem Unternehmen zu finden ist und es wirtschaftlich auch nicht zumutbar ist, eine entsprechende zusätzliche Stelle zu schaffen. Besonders attraktiv ist diese Lösung für Kleinbetriebe ohne nennenswerten Anteil elektrotechnischer Arbeiten. In diesem Fall ist der zeitliche Anspruch an die VEFK recht gering, es sollte eine auf die Belange des Unternehmens zugeschnittene Betreuung stattfinden.

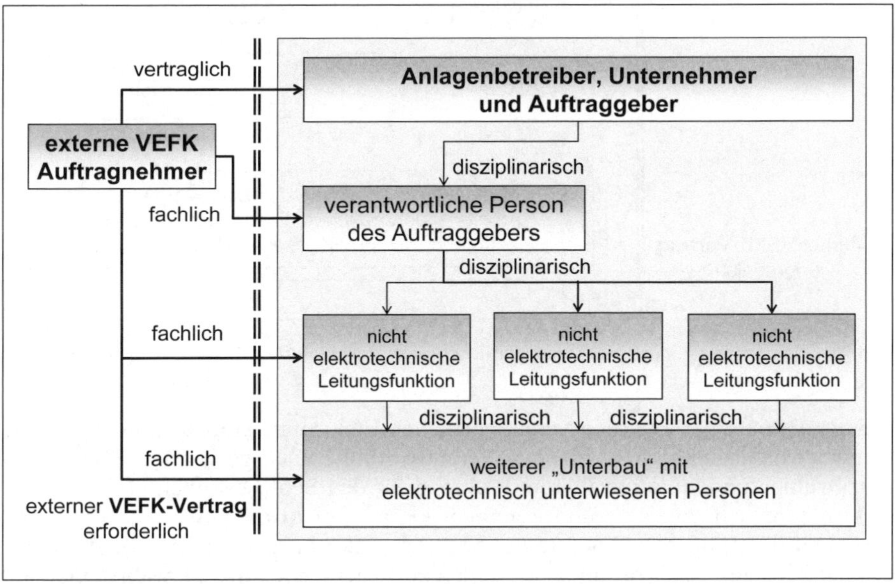


**Bild 69** Organigramm mit externer verantwortlicher Elektrofachkraft für kleinere Unternehmen

Wenn das beauftragende Unternehmen über eigenes elektrotechnisches Know-how verfügt, aber trotzdem die Funktion der gesamtverantwortlichen Elektrofachkraft extern besetzen möchte, so ist die in **Bild 70** dargestellte Organisation denkbar. Die verantwortliche Person des Auftraggebers ist in diesem Fall das Sprachrohr bzw. der verlängerte Arm der externen verantwortlichen Elektrofachkraft und übernimmt größtenteils die fachliche Umsetzung im Auftrag gebenden Unternehmen.

Die nicht dauerhafte Präsenz im betreuten Unternehmen stellt aber zugleich auch das Problem an dieser Lösung dar. Daraus resultierend fehlt der externen verantwortlichen Elektrofachkraft die Nähe zum betrieblichen Alltag. Ist ein größerer Zeitaufwand für die Bewältigung der VEFK-Arbeit erforderlich, ist eine externe Lösung meist wenig attraktiv, lässt sich ein externer Anbieter sein mangels Anwesenheit latent erhöhtes Haftungsrisiko doch recht gut vergüten.

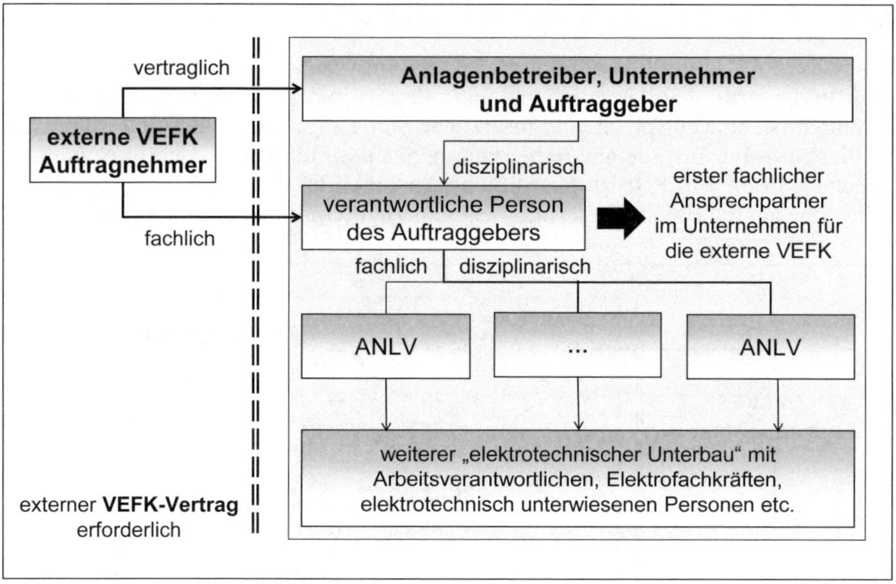


**Bild 70** Organigramm mit externer verantwortlicher Elektrofachkraft für größere Unternehmen

Das Bestellen einer externen verantwortlichen Elektrofachkraft entbindet den Arbeitgeber natürlich nicht von seiner Verantwortung, einen geeigneten Kandidaten auszuwählen und zu kontrollieren. Während für den Schlossereibetrieb, der durch elektrotechnisch unterwiesene Personen kleinste elektrotechnische Tätigkeiten verrichten lässt, oftmals ein externer Elektromeister infrage kommt, wirft das für das Sanitätshaus, das Prüfungen an seinen zu verleihenden medizinischen Geräten vornimmt, bereits die ersten Probleme bezüglich der erforderlichen Spezialkenntnisse auf. Handelt es sich um ein kleines Lohnunternehmen, das sich auf spezielle Fertigungsschritte mittels Induktions- oder Mikrowellenöfen spezialisiert hat, wird nur noch ein Bruchteil der Fachkräfte überhaupt die Gefahren beurteilen können.

### *4.4.4.2 Externe VEFK als nachgeordnete verantwortliche Elektrofachkraft*

Das im Folgenden dargestellte Unternehmen hat sich entschieden, für Teile der eigenen Anlagen die Betreiberverantwortung an einen externen Facility-Management-Dienstleister zu übertragen. So kontrolliert hier einer der internen bereichsverantwortlichen Elektrofachkräfte zusätzlich die externe verantwortliche Elektrofachkraft für den Teilbereich FM-Utilities 2.

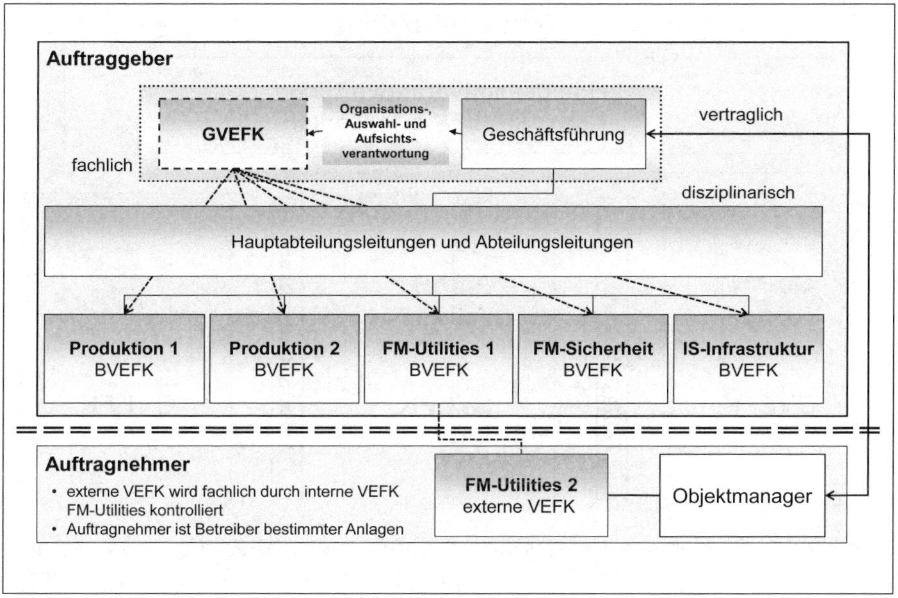


**Bild 71** VEFK-Organisation mit externer nachgeordneter VEFK

## 4.5 Unternehmensübergreifende VEFK

### 4.5.1 Konzern-VEFK

Jeder Konzern muss sich entscheiden, ob die VEFK-Aktivitäten der einzelnen Konzerntöchter in der Konzernzentrale zusammengeführt werden oder ob sie in den Geschäftsführungen der jeweiligen Tochterfirmen enden.

#### *4.5.1.1 Konzern ohne Konzern-VEFK*

Wenn die Tochterunternehmen eines Konzerns keine Verknüpfungen und Schnittstellen auf der elektrotechnischen Ebene haben, ist die Benennung einer Konzern-VEFK nicht notwendig und auch nicht sinnvoll. Das kann beispielsweise bei Mischkonzernen der Fall sein, die völlig unterschiedliche und voneinander unabhängige Tochterfirmen unter einer Konzernholding bündeln.

#### *4.5.1.2 Konzern mit Konzern-VEFK*

In Konzernen, in denen die einzelnen Tochterunternehmen über einen gemeinsamen Hauptprozess verbunden sind, in dem sie jeweils Teilprozesse beisteuern, ist eine koordinierende gesamtverantwortliche Elektrofachkraft sinnvoll.

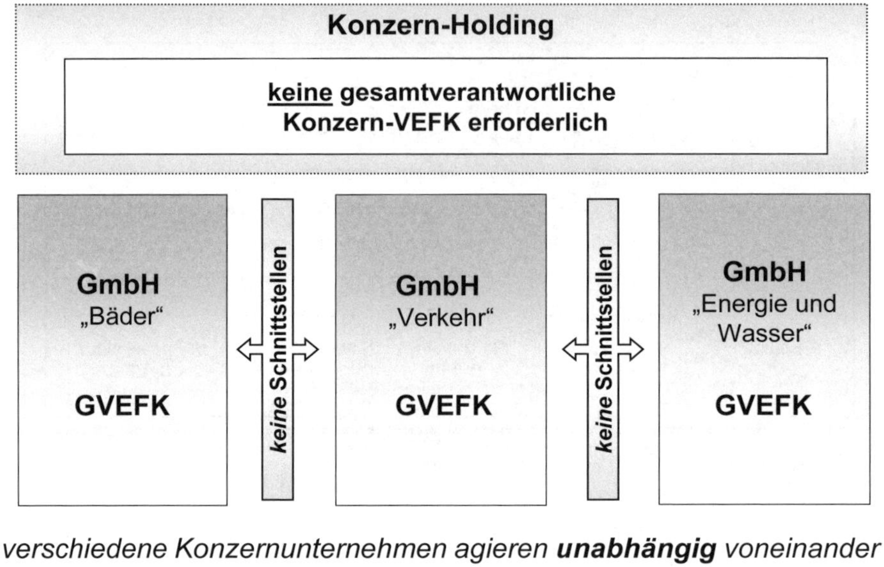


**Bild 72** VEFK-Struktur im Konzern ohne Schnittstellen

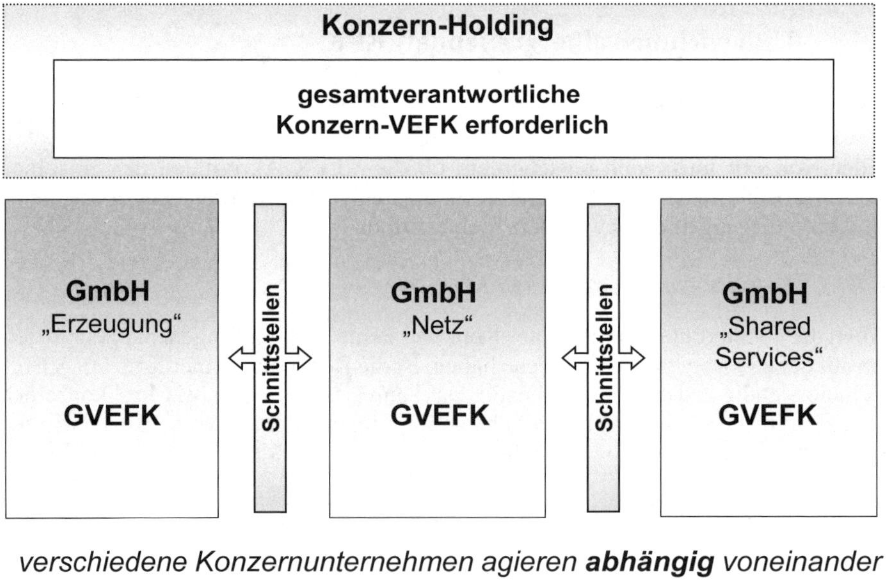


**Bild 73** VEFK-Struktur im Konzern mit Schnittstellen

### 4.5.2 Die VEFK im übernationalen Einsatz

Im Rahmen der fortschreitenden Globalisierung werden zunehmend Arbeitnehmer deutscher Firmen auch im Ausland eingesetzt. Verletzt der Arbeitnehmer einer deutschen Firma im Ausland seine Pflichten, so muss geklärt werden, welche Rechtsvorschriften hierauf Anwendung finden und wie er letztlich haftet.

#### *4.5.2.1 Generelles zum Einsatz von Mitarbeitern im Ausland*

Die deutschen Unfallverhütungsvorschriften gelten unter bestimmten Voraussetzungen auch für Arbeitnehmer einer deutschen Firma, die im Ausland eingesetzt werden. Die Ausdehnung des Versicherungsschutzes wird geregelt durch:

- EWG-Verordnung Nr. 1408/71,
- Sozialversicherungsabkommen mit einigen Staaten und
- § 4 Sozialgesetzbuch IV – Ausstrahlung.

Der Versicherungsschutz über eine deutsche Berufsgenossenschaft bleibt bestehen, soweit

- der Auslandseinsatz von Anfang an zeitlich befristet ist und kein dauerhafter Einsatz im Ausland angestrebt wird und
- die Entsendung des Arbeitnehmers im Rahmen eines in Deutschland bestehenden rechtsgültigen Arbeitsverhältnisses erfolgt.

Wird der Arbeitnehmer im europäischen Wirtschaftsraum (alle EU-Mitgliedsstaaten sowie Liechtenstein, Schweiz, Norwegen, Island) eingesetzt, bleibt der Versicherungsschutz in der deutschen Berufsgenossenschaft bei Auslandseinsätzen aber nur dann bestehen, wenn dieser von Beginn an auf max. zwölf Monate beschränkt ist, wobei eine einmalige Verlängerung um weitere zwölf Monate möglich ist. Ist ein längerer Auslandseinsatz geplant, greifen von Beginn an die sozialrechtlichen Regelungen des Einsatzlands. Will man diese Folge ausschließen, muss man in diesem Fall vor dem Auslandseinsatz aktiv werden und eine Einzelfallregelung herbeiführen. Derartige Sonderregelungen sind über die DVAK (Deutsche Verbindungsstelle Krankenversicherung Ausland) in Bonn möglich.

Mit vielen anderen Staaten bestehen zwischenstaatliche Sozialversicherungsabkommen, die spezielle Fristen festlegen, innerhalb derer die deutschen Arbeitnehmer im Ausland in der deutschen Berufsgenossenschaft versichert bleiben und somit den Vorschriften nach deutschem Recht weiterhin unterliegen.[34]

---

[34] *Lange, K.*: Grenzenlos geschützt – Arbeiten im Ausland. BG-ETEM-Mitteilungsblatt Brücke 2 (2009) H. 5, S. 22–23. – ISSN 1869-0777

Hinsichtlich der Staaten, die weder durch den europäischen Wirtschaftsraum noch durch entsprechende Sozialversicherungsabkommen erfasst sind, ist zunächst zu prüfen, ob Versicherungsschutz für den Aufenthalt im Ausland im Rahmen der Ausstrahlung nach § 4 SGB IV fortbesteht. Hier muss im individuellen Einzelfall geprüft werden, ob die Bedingungen für das Fortbestehen eines Versicherungsschutzes erfüllt sind. Hier spielen ebenfalls der Wohnsitz und die zeitliche Begrenzung der Entsendung eine Rolle.

Ebenfalls zu erwähnen ist, dass vor Ort im Ausland eingestellte Arbeitskräfte des inländischen Unternehmens nicht unter die Ausstrahlung fallen, da der Sachverhalt der Entsendung nicht erfüllt ist. Somit besteht für diese Personen auch kein Versicherungsschutz nach deutschen Rechtsvorschriften. In solchen Fällen kann eine separate Auslandsunfallversicherung für die beruflichen Tätigkeiten abgeschlossen werden.

#### *4.5.2.2 Zivilrechtliche Haftung*

Eine deliktische Haftung nach § 823 ff. BGB kommt ebenso wenig in Betracht wie die Haftung nach anderen Normen des deutschen Zivilrechts. Das deutsche Zivilrecht hat im Ausland grundsätzlich keine Wirkung. EG-Recht ist im Bereich der Europäischen Union anwendbar, wo es bereits in nationales Recht umgesetzt wurde, z. B. die EG-Produkthaftungsrichtlinien oder die EG-Rahmenrichtlinie Arbeitsschutz. Im Übrigen gelten die zivilrechtlichen Regelungen des Staats, in dem das Delikt begangen, der Arbeitnehmer eingesetzt wird.

#### *4.5.2.3 Haftung für Ordnungswidrigkeiten und Straftaten*

§ 5 OWiG regelt, dass Ordnungswidrigkeiten nur dann geahndet werden können, wenn sie im räumlichen Geltungsbereich des OWiG begangen werden. Dieser beschränkt sich auf das Gebiet der Bundesrepublik Deutschland sowie auf Schiffe und Flugzeuge, die unter deutscher Flagge fahren/fliegen.

*Beispiel: Meister M ist von seiner Firma zur Montage nach Tschechien abgeordnet worden und begeht dort eine Tat, die nach deutschen OWiG als Ordnungswidrigkeit verfolgt wird. Da die Tat aber nicht im Geltungsbereich des deutschen Gesetzes begangen wird, kann er nicht nach deutschem Recht belangt werden. Möglich bleibt eine Verfolgung der Tat nach den Gesetzen der Tschechischen Republik.*

Auch im strafrechtlichen Bereich gilt grundsätzlich das Inlandsprinzip; § 3 StGB schreibt fest, dass das deutsche Strafrecht nur für Taten gilt, die im Inland begangen werden; § 4 StGB erweitert diesen Bereich analog zum OWiG auf Schiffe und Flugzeuge unter deutscher Flagge. Von diesem Grundsatz gibt es drei gesetzlich normierte Ausnahmen:

- § 5 StGB – „Auslandstaten gegen inländische Rechtsgüter“. Diese Norm enthält eine Aufzählung von Tatbeständen, die nach deutschem Recht auch bei einer Tat im Ausland sanktioniert werden können.

- § 6 StGB – „Auslandstaten gegen international geschützte Rechtsgüter“. Auch in diesen Fällen können deutsche Gerichte bei Auslandstaten tätig werden und verurteilen. Bei den genannten Delikten handelt es sich aber regelmäßig um Straftaten der internationalen, d. h. weltweit organisierten Kriminalität.
- § 7 StGB – „Geltung für Auslandstaten in anderen Fällen“. Dabei handelt es sich um eine Art Auffangtatbestand mit wenig praktischer Bedeutung.

Zusammengefasst lässt sich festhalten, dass Mitarbeiter deutscher Firmen, die im Ausland eine Straftat begehen, nicht nach deutschem Strafrecht verurteilt werden können, soweit nicht eine Ausnahmevorschrift der §§ 5–7 StGB eingreift. Selbstverständlich unterliegt der Täter aber den Strafgesetzen und der Strafjustiz des Staats, in welchem er seine Tat begeht.

*Beispiel: Meister M, dessen Tat in Tschechien nach deutschem und nach tschechischen Strafrecht unter Strafe gestellt ist und nicht unter §§ 5–7 StGB fällt, kann in Tschechien strafrechtlich belangt werden, nicht aber in Deutschland.*

Wenn Mitarbeiter einer ausländischen Firma in Deutschland eingesetzt werden, haften sie praktisch wie deutsche Arbeitnehmer. Sie unterliegen den deutschen Gesetzen und der deutschen Gerichtsbarkeit, können Täter einer Ordnungswidrigkeit oder einer Straftat sein und dies unabhängig davon, ob sie für die Tat auch in ihrem Heimatland (nochmals) bestraft werden können oder nicht.

### 4.5.3 Werke und Tochterunternehmen im Ausland

In der Praxis ergibt sich häufig der folgende Fall: Die gesamtverantwortliche Elektrofachkraft mit Sitz und Anstellung in Deutschland bekommt auch die Verantwortung für Unternehmensteile (Werke oder Tochterunternehmen) im Ausland übertragen. Oft stellt sich dann die Frage, nach welchem Recht die Haftung beurteilt wird und welches Gericht hierüber entscheidet.

Bei Ordnungswidrigkeiten und Straftaten gilt in allen Fällen das im Kapitel 4.5.2.3 Gesagte.

Im Zivilrecht ist die Grenze etwas offener. Wenn die verantwortliche Elektrofachkraft im Ausland jemanden schädigt, so ist der Geschädigte (innerhalb gewisser Grenzen) grundsätzlich frei, Schadensersatzansprüche vor den Gerichten des Tatlands oder vor deutschen Gerichten geltend zu machen. Er wird sich in der Regel an die Gerichte seines Heimatlands halten, schon allein der Sprache und der „Vertrautheit“ wegen.

Dennoch bietet die EuGVVO (EG-Verordnung Nr. 44/2001 vom 22.12.2000 des Rates über die gerichtliche Zuständigkeit und die Anerkennung und Vollstreckung von Entscheidungen in Zivil- und Handelssachen) die Möglichkeit, Klagen auch am „allgemeinen Gerichtsstand“ des Beklagten zu erheben. Dieser besteht bei natürlichen Personen an deren Wohnsitz (Art. 2 Abs. 1 EuGVVO), bei Arbeitgebern an deren

Wohnsitz oder dort, wo der Arbeitnehmer gewöhnlich und bestimmungsgemäß seine Arbeit verrichtet (Art. 19 EuGVVO), und bei juristischen Personen an deren Sitz (Sitz laut Satzung, Verwaltungssitz oder Hauptniederlassung, Art. 60 EuGVVO).

Materiell ist das Recht anzuwenden, welches am Ort und zum Zeitpunkt der schädigenden Handlung gilt. Wie bereits oben erwähnt, kann das deutsche Zivilrecht nicht ohne Weiteres auf Auslandssachverhalte angewendet werden. Verklagt der im Ausland Geschädigte den Schädiger oder den Arbeitgeber des Schädigers also vor einem deutschen Gericht, kommt es zu der unglücklichen, aber unausweichlichen Situation, dass ein deutsches Gericht im Rahmen seiner internationalen Zuständigkeit ausländisches Zivilrecht anwenden muss, um nach diesem zu beurteilen, ob und ggf. in welcher Höhe dem Geschädigten Schadensersatz- oder Schmerzensgeldansprüche gegen den Schädiger zustehen.

## 4.6 Absicherung der VEFK

### 4.6.1 Auswahl- und Aufsichtsverantwortung

#### *4.6.1.1 Dokumentation der Auswahl- und Aufsichtsverantwortung*

Ein wesentliches Element einer jeden Aufgaben-Delegierung ist die Kontrolle. Jede Maßnahme – sei es nun eine Weiterübertragung von Pflichten oder alle der elektrotechnischen Sicherheit dienenden Maßnahmen – muss regelmäßig auf ihre Wirksamkeit kontrolliert werden. Ebenso muss sich der Delegierende vergewissern, dass von ihm beauftrage Personen der ihnen übertragenen Aufgabe gewachsen sind und diese auch ordnungsgemäß ausgeführt werden. Diese Kontrolle und insbesondere auch deren Dokumentation kommen in der Praxis, häufig bedingt durch ein den Arbeitstag ausfüllendes Tagesgeschäft, jedoch zu kurz. Die Anlagenverfügbarkeit hat hier in vielen Unternehmen die höchste Priorität, sodass die oben genannte Kontrolle häufig in den Hintergrund tritt.

Im Fall eines Unfalls ist es jedoch von erheblicher Bedeutung, nachweisen zu können, dass man seinen Pflichten ausreichend nachgekommen ist. Dazu reichen bereits einfachste Hilfsmittel wie ein kleines Notizheft, in welchem man stichpunktartig über seine Kontrolltätigkeiten Buch führt. Auch das Weiterleiten und Archivieren von E-Mails mit wichtigem Inhalt ist beim heutigen Stand der Technik unerlässlich. Ebenso müssen regelmäßig Backups auf externen Datenträgern erstellt werden. Dabei ist darauf zu achten, dass diese Dokumentationen mit den Datenschutz- bzw. IT-Sicherheits-Richtlinien des jeweiligen Unternehmens übereinstimmen. Der Taschenkalender ist dort oftmals der unproblematischere Weg.

Im Fall eines schweren Unfalls im eigenen Verantwortungsbereich werden sowohl Papier- als auch digitale Dokumente von den ermittelnden Stellen sichergestellt. So werden nachträgliche Manipulationen verhindert.

Stehen erhebliche Schadensersatzansprüche oder persönliche Haftung im Raum, werden die Betroffenen versuchen, sich gegeneinander abzugrenzen. Dabei ist derjenige im Vorteil, der seine Behauptungen durch juristisch belastbare Dokumentationen untermauern kann. Eine schlüssig und bereits lange vor dem fraglichen Ereignis geführte eigene Dokumentation ist ein deutliches Indiz für eine gewissenhafte Ausübung der Aufsichtsverantwortung.

#### *4.6.1.2 Auswahl- und Überwachung von Fremddienstleistern*

Neben der Ausübung der Aufsichtsverantwortung für die eigenen unterstellten Mitarbeiter und der Leiharbeitnehmer kommt der Auswahl und Kontrolle von Fremddienstleistern eine besondere Bedeutung zu. Ohne Anspruch auf Vollständigkeit seien hier beispielhaft folgende zu dokumentierende Schritte genannt:

- Abstimmung der inhaltlichen Vorgaben mit dem Bereich Einkauf,
- Vorab-Qualifikationsüberprüfung anhand von persönlichen Dokumenten,
- bestätigte Übergabe eines Fremdfirmenmerkblatts,
- Kontrolle des persönlichen Sicherheitspasses,
- Abstimmung der Gefährdungsbeurteilungen für die Fremdfirmenprozesse,
- Durchführung der Einweisung der Fremdfirmenmitarbeiter,
- regelmäßige Kontrolle der Fremdfirma an der Arbeitsstelle,
- Einforderung von Dokumentationen, z. B. Schaltpläne und/oder Prüfprotokolle, oder die
- Bewertung der Fremdfirma in einem Lieferantenbewertungssystem.

#### *4.6.1.3 Mitarbeiter-Qualifikationsdatenbank*

Eine Mitarbeiter-Qualifikationsdatenbank kann im besten Fall eine umfassende Informationsquelle sein, die beispielsweise Auskunft über folgende mitarbeiterbezogene Fragestellungen gibt:

- Berufliche Qualifikationen und durchgeführte Weiterbildungen,
- arbeitsmedizinische Vorsorgeuntersuchungen,
- übertragene Unternehmerpflichten und sonstige Beauftragungen (befähigte Personen, Schaltberechtigung, Berechtigung zum Arbeiten unter Spannung etc.),
- welche elektrotechnischen Tätigkeiten unter Leitung und Aufsicht oder selbstständig ausgeführt werden dürfen,
- welche Werkzeuge, Betriebsschlüssel oder sonstige Arbeitsmittel im Besitz sind,
- Ableitung von zukünftigen Schulungsmaßnahmen resultierend aus den Datenbankinhalten, oder
- statistische Auswertungsmöglichkeiten.

Diese Informationen können im einfachsten Fall aus einer Matrix mit der Microsoft-Tabellenkalkulation Excel generiert werden, die in Spalten die einzelnen betrieblichen Qualifikationsangebote und in Zeilen die einzelnen Mitarbeiter enthält. Professioneller sind Lösungen mit spezieller Software. Wer professionellere und individuellere Lösungen anstrebt, kann beispielsweise mit dem Microsoft-Datenbanksystem Access und entsprechender Benutzeroberfläche kostengünstig gute Ergebnisse erzielen. Zudem gibt es auf dem Markt auch entsprechende Softwareprodukte, die die o. g. Aufgaben erfüllen.

Zudem kann der Fachvorgesetzte über entsprechend leistungsfähige und gepflegte Qualifikationsdatenbanken bei der Ausübung seiner Auswahlverantwortung unterstützt werden. Es gibt Systeme, die die Möglichkeit bieten, zu einer auszuführenden Tätigkeit einen entsprechend qualifizierten Mitarbeiter vorzuschlagen. Dabei ist das System in der Lage, die aktuelle Verfügbarkeit der Mitarbeiter über eine Schnittstelle zum Zeiterfassungssystem abzubilden.

Wenn eine Qualifikationsdatenbank zum Einsatz kommt oder kommen soll, sind insbesondere folgende Gesichtspunkte zu berücksichtigen:

- Änderungsberechtigung sollten nur wenige ausgewählte Personen besitzen,
- Leseberechtigung hat ein größerer Personenkreis, beispielsweise Meister, Disponenten und Vorgesetzte,
- um die Akzeptanz in der Praxis sicherzustellen, ist das Handling des Systems möglichst einfach zu gestalten,
- ein angemessener Pflegeaufwand für den laufenden Betrieb des Systems ist einzuplanen; weitere Pflege durch Papierdokumente („Unterschriften") erforderlich; ein Ausbau des Systems im Sinn einer Integration der Papierdokumente ist durch ein Dokumenten-Management-System denkbar,
- die Einbeziehung des Betriebsrats ist bereits in der Planungsphase sinnvoll, da mitarbeiterbezogene Daten verarbeitet werden.

Über verschiedene Filter- und Eingabefunktionen können die gewünschten Informationen individuell zusammengestellt werden. So können schnell und umfassend alle Mitarbeiter selektiert werden, die beispielsweise eine periodische Maßnahme, wie eine Sicherheitsweisung oder eine Vorsorgeuntersuchung, benötigen.

*Siehe zu diesen Ausführungen auch die ergänzenden Muster-Dokumente in Kapitel 6.7 „Muster-Qualifikationsdatenbank".*

### *4.6.1.4 Planung und Überwachung von Einarbeitungsphasen*

In der Praxis wird der theoretischen Ausbildung von Mitarbeitern insbesondere in Bezug auf koordinierte Durchführung und Dokumentation der Aus- oder Weiterbildungsmaßnahme häufig eine höhere Bedeutung beigemessen als den praktischen Ausbildungsinhalten und der Einarbeitung in die speziellen betrieblichen Belange. Eine gute Möglichkeit stellt ein tabellarischer Einarbeitungsplan dar, der im Prinzip für alle elektrotechnischen Qualifikationsstufen anwendbar ist. Besonders bewährt hat er sich in der Praxis bei Elektrofachkräften, die einen neuen Aufgabenbereich übernehmen, und bei der Einarbeitung von Elektrofachkräften für festgelegte Tätigkeiten.

**Praxispass zur Einarbeitung in einzelne Tätigkeiten**

Der Praxispass zur Einarbeitung in einzelne Tätigkeiten ist eine Matrix, die in den Zeilen die Einarbeitungstätigkeiten und in den Spalten die Durchführungszeitpunkte erfasst. Nach jeder Durchführung wird in der entsprechenden Zelle der Matrix, sowohl von dem einarbeitenden als auch von dem ausführenden Mitarbeiter die Durchführung mit Datum paraphiert.

Die Einarbeitung ist zeitlich nicht begrenzt, da in der Praxis nicht immer sichergestellt werden kann, wie oft eine bestimmte Tätigkeit in einem Zeitraum vorkommt. Zudem kann es aus betrieblichen Gründen schwierig sein, anfallende Tätigkeiten, die ggf. sehr schnell erledigt werden müssen, immer der einzuarbeitenden Person zuzuweisen. Wenn allerdings von einer bestimmten Tätigkeit eine vorher vom Fachvorgesetzten vorgegebene Anzahl an Ausführungen erledigt wurde, kann diese einzelne Tätigkeit freigegeben werden. Die weißen Felder geben die Anzahl der mind. auszuführenden Wiederholungen jeder Tätigkeit vor. Die grau hinterlegten Felder sind nicht auszufüllen.

*Siehe zu diesen Ausführungen auch das ergänzende Muster-Dokument in Kapitel 6.8.1 „Einarbeitung in Tätigkeiten“.*

**Praxispass zur Einarbeitung in Prozesse**

Neben der Einarbeitung in einzelne Tätigkeiten ist die Kenntnis der Prozesszusammenhänge in dem Bereich, in dem der Mitarbeiter eingesetzt werden soll, für bestimmte Personenkreise wünschenswert und für bestimmte Personenkreise notwendig.

Der Praxispass zur Einarbeitung in Prozesse ist eine Matrix, die in den Zeilen die Einarbeitungsprozesse und in den Spalten die Durchführungszeiträume erfasst. Nach der Beendigung eines Teil-Einarbeitungsraums wird in der entsprechenden Zelle der Matrix sowohl von dem einarbeitenden als auch von dem ausführenden Mitarbeiter die erfolgte Einarbeitung mit Datum paraphiert.

Die im hinteren Teil des Buchs dargestellten Muster-Dokumente müssen auf die besonderen Belange des anwendenden Unternehmens angepasst werden.

*Siehe zu diesen Ausführungen auch die ergänzenden Muster-Dokumente in Kapitel 6.8.2 „Einarbeitung in Prozesse“.*

### 4.6.2 Dokumentierte Kommunikation

Zur Absicherung können auch entsprechende Schreiben der verantwortlichen Elektrofachkraft, die sie an unternehmensinterne oder unternehmensexterne Adressaten richtet, gehören. Beispielhaft genannt seien:

- Rundschreiben zur Verbesserung der elektrischen Sicherheit,
- Ankündigung der anstehenden Wiederholungsprüfung,
- Qualifikationsüberwachung von Fremdfirmen,
- partielle Rückgabe der Verantwortung an den Unternehmer,
- Gesprächsnotiz Handlungsbedarf Elektrosicherheit,
- Ergänzung zur Aufgabenübernahme der VEFK,
- Mängeldokumentation für elektrische Arbeitsmittel.

Für diese Fälle finden sich Musteranschreiben im Anhang.

*Siehe zu diesen Ausführungen auch die ergänzenden Muster-Dokumente in den Kapiteln 6.5 „Muster-Rundschreiben“, 6.6.2 „Dokumentation der Kontrolle von Fremdfirmen“ und 6.10 „Formulierungsvorschläge für entlastende Schriftstücke“.*

### 4.6.3 Versicherungen

Die Angestellten eines Unternehmens, die echte unternehmerische Verantwortung tragen, sollten über eine Berufshaftpflichtversicherung abgesichert sein. Die unternehmerische Verantwortung kann entweder direkt per Arbeitsvertrag übertragen werden oder durch eine nachträgliche Pflichtenübertragung. Die verantwortliche Elektrofachkraft gemäß DIN VDE 1000-10 übernimmt mit einer solchen weisungsfreistellenden Beauftragung im Extremfall die gesamte Verantwortung für den elektrotechnischen Betrieb vom Unternehmer, sie kommt so dauerhaft in eine Garantenstellung, d. h., sie haftet sowohl für ein „fehlerhaftes Tun“ als auch für ein „Unterlassen“.

Bei den weitergehenden Überlegungen müssen jetzt zwei Fälle unterschieden werden:

- Eine leitende Person (Geschäftsführer, Betriebsleiter oder leitender Angestellter) wird zur verantwortlichen Elektrofachkraft bestellt. Hier müsste eigentlich bereits ein Versicherungsschutz durch den per Arbeitsvertrag übernommenen Verantwortungsbereich bestehen, sodass in diesem Fall in der Regel kein weiterer Handlungsbedarf besteht.
- Eine Person ohne Unternehmerverantwortung vor der Bestellung wird zur verantwortlichen Elektrofachkraft bestellt. In diesem Fall müsste der Mitarbeiter ggf. abgesichert werden.

Bezogen auf den zweiten Fall (Person ohne Unternehmerverantwortung vor der Bestellung) stellt sich die Frage, ob die verantwortliche Elektrofachkraft ein leitender Angestellter im Sinn des § 5 (3) des Betriebsverfassungsgesetzes ist. Denn diese Eigenschaft muss erfüllt sein, um einen entsprechenden Versicherungsschutz, der unternehmerisches Handeln abdeckt, beantragen zu können.

Der § 5 (3) des Betriebsverfassungsgesetzes (BetrVG), der die Eigenschaft eines leitenden Angestellten beschreibt, lautet:

*„(3) Dieses Gesetz findet, soweit in ihm nicht ausdrücklich etwas anderes bestimmt ist, keine Anwendung auf leitende Angestellte. Leitender Angestellter ist, wer nach Arbeitsvertrag und Stellung im Unternehmen oder im Betrieb*

1. *zur selbstständigen Einstellung und Entlassung von im Betrieb oder in der Betriebsabteilung beschäftigten Arbeitnehmern berechtigt ist* ***oder***
2. *Generalvollmacht oder Prokura hat und die Prokura auch im Verhältnis zum Arbeitgeber nicht unbedeutend ist* ***oder***
3. *regelmäßig sonstige Aufgaben wahrnimmt, die für den Bestand und die Entwicklung des Unternehmens oder eines Betriebs von Bedeutung sind und deren Erfüllung besondere Erfahrungen und Kenntnisse voraussetzt, wenn er dabei entweder die Entscheidungen im Wesentlichen frei von Weisungen trifft oder sie maßgeblich beeinflusst; dies kann auch bei Vorgaben insbesondere aufgrund von Rechtsvorschriften, Plänen oder Richtlinien sowie bei Zusammenarbeit mit anderen leitenden Angestellten gegeben sein.“*

Insbesondere der letztgenannte Satz 3 des § 5 (3) BetrVG legt die Vermutung nahe, dass es sich bei der Funktion einer verantwortlichen Elektrofachkraft um einen leitenden Angestellten handeln kann.

Insbesondere wenn die elektrotechnische Betriebsorganisation mit mehreren verantwortlichen Elektrofachkräften ausgestattet ist, ist zu prüfen, welche Personen hier tatsächlich die Unternehmerverantwortung tragen. Hier ist auf jeden Fall die gesamtverantwortliche Elektrofachkraft zu nennen. Bei der Betrachtung zu dieser

Funktion ist es aus Sicht der Verfasser zudem auch unerheblich, zu welchem Kapazitätsanteil die gesamtverantwortliche Elektrofachkraft ihre Zusatzfunktion ausübt. Das heißt, dass der zeitliche Umfang der VEFK-Tätigkeit bei einer Beurteilung eine wesentliche Rolle spielen dürfte.

Wenn eine Versicherung in Betracht kommt, kann es verschiedene Varianten geben:

- Der Mitarbeiter wird in die bestehende Haftpflichtversicherung des Unternehmens aufgenommen (das ist der Praxisfall; das kann sogar häufig kostenlos sein, weil es ja nicht um ein echtes „Mehr" an Verantwortung bzw. Versicherungsrisiken geht, sondern lediglich um eine Verlagerung vom einen Mitarbeiter zum anderen).
- Bei manchen Unternehmen reicht die „offizielle" Aufnahme des Mitarbeiters in das der Versicherung vorliegende Unternehmensorganigramm (wo die verantwortliche Elektrofachkraft ja auch erscheinen sollte).
- Für den Mitarbeiter wird eine separate Versicherung abgeschlossen (eher unüblich).
- Der Mitarbeiter schließt selbst eine Versicherung ab (sehr unüblich).

Solche Versicherungen[35] laufen häufig unter der Überschrift „Corporate Insurance & Risk Control" oder „Directors and officers insurance" („D&O-Versicherung"). Diese Versicherung ist eine Vermögensschadenhaftpflichtversicherung, die ein Unternehmen für seine Organe und leitenden Angestellten abschließt. Damit ist man gut für die leichte Form der Fahrlässigkeit abgesichert, die die verantwortlichen Personen schnell durch ein „Unterlassen" ereilen können. Grobe Fahrlässigkeit, Eventualvorsatz und Vorsatz sind – wie auch bei keiner anderen Versicherung – nicht versicherbar.

Es handelt sich dabei um eine Versicherung zugunsten Dritter, die der Art nach zu den Berufshaftpflichtversicherungen gezählt wird[36].

Vom Versicherungsschutz erfasst sind in der Regel alle Organe (Vorstand, Geschäftsführung, Aufsichtsrat, Beirat u. Ä.) und leitende Angestellte (Prokuristen u. Ä.) einer Gesellschaft, die die Sorgfalt eines ordentlichen und gewissenhaften Geschäftsleiters (Definition nach den einschlägigen Vorschriften des GmbH-Gesetzes bzw. des Aktiengesetzes, eine genauere Auslegung ist regelmäßig nur im Einzelfall möglich) zu erfüllen haben. Deckung besteht bei Sorgfaltspflichtverletzungen ohne Vorsatz bzw. wissentlicher Pflichtverletzung im Innen- oder Außenverhältnis. Ersetzt werden normalerweise alle Vermögensschäden, die während der Versicherungsperiode verursacht wurden und bei denen die Anspruchserhebung noch innerhalb der Versicherungslaufzeit erfolgt.

---

[35] Im Literaturverzeichnis finden sich Angaben zu weiterführender Literatur zu dem Thema.

[36] In Anlehnung an: *Seiwert, M.*: Im Fadenkreuz – Auch für Führungskräfte kleiner Unternehmen kann eine Managerhaftpflichtversicherung sinnvoll sein. Wirtschaftswoche 61 (2007) Nr. 33 vom 13.8.2007, S. 82–84. – ISSN 0042-8582

Daneben werden in der Regel auch schon vorher verursachte Vermögensschäden in den Versicherungsschutz integriert („Rückwärtsdeckung"), soweit die Erhebung des Anspruchs nach Vertragsbeginn erfolgt, und die Pflichtverletzung den versicherten Personen und dem Versicherungsnehmer (in der Regel die Gesellschaft) bis zum Abschluss des Vertrags nicht bekannt war oder hätte bekannt sein können/müssen. Spiegelbildlich finden sich in vielen D&O-Verträgen sog. Nachmeldefristen. Danach sind auch solche Schadensersatzansprüche vom Versicherungsschutz umfasst, die innerhalb eines begrenzten Zeitraums (in der Regel sechs Monate bis drei Jahre) nach Vertragsbeendigung geltend gemacht werden und bei denen der zugrunde liegende Pflichtverstoß auf den Zeitraum vor Vertragsbeendigung datiert. Bei Wechsel des Versicherers endet die Nachmeldefrist des Vorvertrags in der Regel mit Beginn des neuen D&O-Versicherungsvertrags.

Bei Ansprüchen unterscheidet man grundlegend in Innenhaftung und Außenhaftung. Der weit überwiegende Teil der Versicherungsfälle betrifft die Innenhaftung. Hierbei wird die versicherte Person gegen Ansprüche gegenüber der Gesellschaft bzw. der Organe der Gesellschaft wie Aufsichtsorgane/Aufsichtsräte oder Gesellschafter/Eigentümer geschützt. Bei der Außenhaftung werden Versicherungsansprüche seitens Geschäftspartner (Kunden/Lieferanten), Wettbewerbern, Mitarbeitern und Mitarbeiterinnen, Aufsichtsbehörden oder anderen Dritten gestellt.[37]

Die Grenzen der D&O-Versicherung lassen sich grob wie folgt umreißen:

- Die D&O-Versicherung ist eine typische Haftpflichtversicherung – nicht aber eine Kaskoversicherung. Dies bedeutet, dass der versicherten Person, also dem Organ, ein schuldhaftes pflichtwidriges Fehlverhalten nachgewiesen werden muss, das zu einem Vermögensnachteil aufseiten der Versicherungsnehmerin oder eines Dritten geführt hat. Allein die Behauptung oder Feststellung einer offenbar „falschen" oder unvorteilhaften unternehmerischen Entscheidung reicht nicht aus. Ist allerdings ein Schaden feststellbar, findet oft eine Beweislastumkehr statt, d. h. der Unternehmensleiter muss beweisen, dass seine Entscheidung trotz Schadeneintritts die richtige war (wichtiger Punkt hierbei: die Dokumentierung der Entscheidungsfindung).
- Die Deckung kann schon nach Gesetz und Treu und Glauben nicht allumfassend sein. So tritt sie etwa bei Vorsatz nicht ein. Je nach Anbieter und Risikosituation begrenzen diverse Ausschlusstatbestände den Versicherungsschutz zum Teil erheblich.
- Mangelnde Kenntnisse und Eignung für ein Ressort führen zu keiner Haftungsbefreiung.

[37] http://de.wikipedia.org/wiki/D&O-Versicherung; Zugriff am 11.11.2009.

**Versicherungsäquivalent**

Es gibt Unternehmen, insbesondere Großunternehmen, die ihre Mitarbeiter nicht versichern, sondern tarifvertragliche Obergrenzen für Haftung im Innenverhältnis und ggf. auch im Außenverhältnis verbindlich festlegen. Der unten genannte Formulierungsvorschlag kann in einer Bestellung einer verantwortlichen Elektrofachkraft in einem solchen Unternehmen Verwendung finden:

*„Die Haftung im Innenverhältnis beschränkt sich auf Fälle des Vorsatzes und der groben Fahrlässigkeit. Die Haftungshöhe für Fälle der groben Fahrlässigkeit ist auf drei Bruttogehälter beschränkt (gemäß § xx des Tarifvertrags). Im Außenverhältnis stellt das Unternehmen die gleichen Haftungsbeschränkungen sicher.“*

# 5 Ausgewählte Praxisfragen und deren Lösung

Grundaufgabe der verantwortlichen Elektrofachkraft ist es, für die erforderliche elektrische Sicherheit in ihrem Verantwortungsbereich zu sorgen. Wie sie diesem Anspruch gerecht werden kann, wird ihr oftmals in Normen, Vorschriften und Richtlinien aufgezeigt. Doch nicht immer lassen sich diese in der Praxis einfach umsetzen. Es gibt immer wieder Sonderfälle, die entweder nicht in das Normschema passen oder wo die betrieblichen Rahmenbedingungen abweichende Lösungen erfordern. Ebenso trifft man immer wieder auf „Altlasten" an elektrischen Anlagen und Maschinen, deren Umrüstung versäumt oder deren Mängel erst jetzt erkannt wurde. In gravierenden Fällen kann dies die Abschaltung einer Anlage oder Maschine nach sich ziehen. Doch oftmals wiegen die angetroffenen Probleme weniger schwer, wenn sie durch eine Ersatzmaßnahme, die eine vergleichbare Sicherheit erzeugt, kompensiert werden. Dann kann der Betrieb durch zeitlich befristete Übergangslösungen ohne nennenswerte Einschränkungen für den Übergangszeitraum sichergestellt werden.

Die verantwortliche Elektrofachkraft steht nun vor der Frage, welche Vorgaben sie wie exakt beachten muss und in welcher Form Abweichungen denkbar und vertretbar sind.

Nun sind die Regelwerke im Lauf der Zeit auf ein beachtliches Maß gewachsen und geben für die meisten Situationen einen angemessenen Zielkorridor vor. Dazu muss der Ratsuchende nur ein wenig den Aufbau der Werke verinnerlicht haben. In besonderen Einzelfällen jedoch wird er vergebens nach einer passenden Lösung suchen. Es gibt immer wieder Sonderfälle, die mangels Bedeutung für die Masse noch nicht näher behandelt wurden oder wo spezielle Rahmenbedingungen den Standardlösungen entgegenstehen. Genau hier liegt die Aufgabe einer verantwortlichen Elektrofachkraft, eine angemessene Lösung für den individuellen Einzelfall zu erarbeiten, die sowohl mit der Zielsetzung als auch ggf. bestehenden Grundanforderungen im Einklang stehen. Wie der Weg zum Ziel – die Sicherheit für alle Beteiligten auf zugleich wirtschaftliche Weise zu gewährleisten – aussieht, liegt dabei im Gestaltungsrahmen aber auch in der Verantwortung der verantwortlichen Elektrofachkraft.

Allgemein lässt sich feststellen, dass die Regelwerke selbst zunehmend liberalisiert werden. Statt Anleitungen, wie etwas zu tun ist oder auszusehen hat, werden vermehrt Zielbeschreibungen ohne detaillierte Umsetzungsanweisungen vorgegeben.

Im Einzelfall kann daher sogar eine zurückgezogene Fassung einer Norm oder Vorschrift die angemessene Lösung parat haben, gemäß dem Motto: „Was gestern richtig und sicher war, kann heute nicht völlig falsch sein." Es können sich aber die Ansprüche an das Sicherheitsniveau geändert haben. Der Anwender einer solchen Lösung muss sich daher zunächst die Frage beantworten, ob mit dieser Lösung das heute erforderliche Sicherheitsniveau erreicht wird.

Häufig steht die Fachkraft aber auch vor dem Problem, dass Lösungen zwar existieren, aber aus bestimmten Gründen in ihrem betrieblichen Verantwortungsbereich nicht oder nicht vollständig umgesetzt werden können. Die Gründe können sowohl in den technischen Rahmenbedingungen liegen als auch terminlich bedingt sein. Kaum ein Fehler lässt sich mit seiner Entdeckung bereits zeitgleich beheben, es gilt daher ein möglichst kleines Zeitfenster mit Alternativlösungen, also den oben bereits angesprochenen Ersatzmaßnahmen, zu überbrücken, um die wirtschaftlichen Konsequenzen für das Unternehmen zu minimieren.

Hier ist die Kreativität und Erfahrung der verantwortlichen Elektrofachkraft gefragt, wie man eine nahezu gleiche Sicherheit auf anderem Weg gewährleisten kann. So können fehlende technische Schutzeinrichtungen beispielsweise durch organisatorische Maßnahmen oder persönliche Schutzausrüstung in begrenztem Umfang kompensiert werden. Auch hier muss es das Bestreben der verantwortlichen Elektrofachkraft sein, das STOP-Prinzip, also die Rangfolge der Schutzmaßnahmen in der Reihenfolge: „Substitution" (Ersetzung), „technisch", „organisatorisch" und erst zu guter Letzt „persönlich" anzuwenden.

Die Festlegung der Ersatzmaßnahmen stellt die verantwortliche Elektrofachkraft dabei vor eine besondere Verantwortung. Zum einen gestatten die Ersatzmaßnahmen oftmals nur ein ähnliches Sicherheitsniveau oder sind nur in geeigneter Kombination effektiv. Zum anderen begibt sich die verantwortliche Elektrofachkraft auch selbst auf dünnes Eis, denn sie kann nicht mehr unbedingt auf die juristische Vermutungswirkung, richtig gehandelt zu haben, vertrauen. Folgt sie, je nach juristischem Vorschriftenwerk, den allgemein anerkannten Regeln der Technik bzw. dem Stand der Technik, besteht zunächst die Vermutung, dass sie damit ihrer Sorgfaltspflicht nachgekommen ist. Sowohl im VDE-Regelwerk als auch in der Betriebssicherheitsverordnung und zugehörigen Technischen Regeln für Betriebssicherheit (TRBS) ist dieser Grundsatz ausdrücklich vermerkt und wird gemeinhin anerkannt. Sprechen keine offensichtlichen Gründe dagegen, die jeweiligen Maßnahmen als geeignet zu betrachten, steht die Fachkraft damit zunächst auf der sicheren Seite. Entschließt man sich als verantwortliche Elektrofachkraft hingegen, von geltenden Regeln abzuweichen, übernimmt man damit auch die volle Verantwortung. Kommt es zu einem Schaden, findet man sich in der Situation wieder, selbst nachweisen zu müssen, dass der eigene Weg der Regelwerkslösung ebenbürtig ist. Zwar gestattet das Vorwort zum VDE-Regelwerk wie auch jeder TRBS[38] ausdrücklich vergleichbare Alternativen, faktisch besteht damit aber in der Praxis bei Abweichungen vom Regelwerk eine Beweislastumkehr mit all ihren Unwägbarkeiten. Es gilt daher zu belegen, dass man seiner Aufgabe mit der im Verkehr erforderlichen Sorgfalt nachgekommen ist und nicht fahrlässig mögliche Gefahrenquellen bestehen hat lassen.

[38] Siehe hierzu auch die Ausführungen in Kapitel 2.1.1.

Die o. g. Ersatzmaßnahmen sind über Gefährdungsbeurteilungen zu ermitteln, zu verifizieren und zu dokumentieren. Prinzipiell stehen dazu zwei unterschiedliche Varianten zur Auswahl.

- Zum einen lassen sich die erforderlichen Anpassungsmaßnahmen in eine bestehende Gefährdungsbeurteilung integrieren,
- zum anderen besteht die Möglichkeit, die erforderliche Ersatzmaßnahme in einer separaten und ergänzenden Gefährdungsbeurteilung zu beschreiben. Diese Vorgehensweise ist insbesondere dann sinnvoll, wenn die Ersatzmaßnahme zeitlich befristet ist. Sie kann so wieder zurückgezogen werden, ohne dass Änderungen in der eigentlichen Gefährdungsbeurteilung erforderlich sind.

Wichtig ist dabei, dass die dazu angestellten Überlegungen und Einschätzungen transparent und nachvollziehbar sind. Im Zweifelsfall steht man mit einer falsch getroffenen Annahme besser dar, als wenn man eine Problematik außen vor gelassen hat. Während Ersteres noch unter „menschlicher Fehleinschätzung“ verbucht werden kann, findet man Letzteres schnell im Bereich der Fahrlässigkeit oder des Vorsatzes wieder.

Im Folgenden soll an zwei typischen Szenarien die oben beschriebene Anwendung von Ersatzmaßnahmen verdeutlicht werden.

## 5.1 Fehlender teilweiser Berührungsschutz

### Grundlage

Wegen vermeidbarer besonderer Unfallgefahren wurden u. a. folgende Anpassungen im Anhang 1 der BGV A3 gefordert: Der Berührungsschutz für Bedienvorgänge

**Bild 74** Nicht finger- und handrückensichere Anlage

gemäß DIN VDE 0106-100 muss bis zum 31. Dezember 1999 umgerüstet werden. Die Berufsgenossenschaften verlangen deshalb ebenfalls ausdrücklich entsprechend konstruierte Schaltschränke. Die enorme Bedeutung, die man diesem Aspekt zumisst, erkennt man daran, dass entgegen der sonst üblichen Praxis ausdrücklich eine Anpassung auch bestehender Anlagen gefordert wird. Daraus folgt, dass das Argument des „Bestandsschutzes" in diesen Fall nicht greift.

Seit November 2002 gilt für Niederspannungs-Schaltgerätekombinationen mit Bemessungsspannungen bis AC 1 000 V und DC 1 500 V die DIN EN 50274 (**VDE 0660-514**). In der Übergangsphase bis 1. Februar 2005 durfte die bis dahin geltende Norm DIN VDE 0106-100:1983-03 zur Anwendung gelangen.

Die DIN EN 50274 (**VDE 0660-514**) beschreibt zusätzliche Maßnahmen, die für den Schutz gegen elektrischen Schlag bei direkter Berührung mit berührungsgefährlichen aktiven Teilen für Elektrofachkräfte und elektrotechnisch unterwiesene Personen anzuwenden sind, wenn es erforderlich ist, von Hand Betätigungen in der Schaltgerätekombination vorzunehmen und die erforderliche Finger- bzw. Handrückensicherheit nicht gewährleistet ist.

Diese Norm gilt nicht für Betätigungseinrichtungen und deren Anordnung, wenn der Zugang durch Laien vorgesehen ist.

Betätigungseinrichtung im Sinn der DIN EN 50274 (**VDE 0660-514**) ist ein Stellteil (z. B. Druckknopf, Kipphebel) und auswechselbare Melde- und Schutzeinrichtungen (z. B. Schraubsicherungen, Meldelampen), das dazu dient, Betriebsmittel einer elektrischen Anlage zu bedienen, schützen oder deren Betriebszustand anzuzeigen.

Um Betätigungseinrichtungen an elektrischen Betriebsmitteln gibt es einen Bereich, der fingersicher ausgeführt sein muss. Das bedeutet, dass in einem Radius von 30 mm

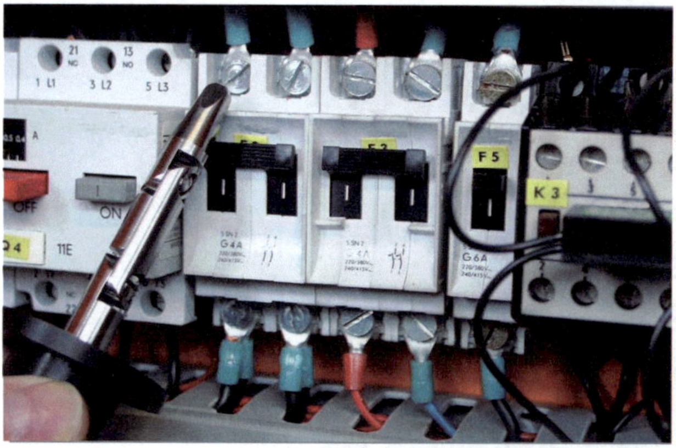


**Bild 75** Nicht fingersichere Anlage mit Prüffinger (Quelle: Vortrag des Staatlichen Amts für Arbeitsschutz NRW, Februar 2006)

(äußere Umrandung bzw. Betätigungshüllkurve) um die Betätigungseinrichtung keine gefährlichen aktiven Teile (Teile mit Spannungen größer AC 50 V/DC 120 V) berührbar sein dürfen.

Geprüft wird das mögliche Berühren aktiver Teile mit einer starren Prüfsonde nach DIN EN 60529 (**VDE 0470-1**). Man spricht auch von einem geraden Prüffinger. Die Prüfsonde ist 80 mm lang und hat einen Durchmesser von 12 mm. Daher gilt die Fingersicherheit – wegen der Prüfsondenlänge/Prüffingerlänge – auch bis zu einer Tiefe von 80 mm hinter die Betätigungsfläche/Einrichtung. Ferner darf auch aus dem Hineingreifen in einen Schaltschrank keine Gefahr resultieren. Es wird daher verlangt, dass die Handrückensicherheit im Bereich vom jeweiligen Bedienelement bis zu den üblichen Schulterhöhen einer davorstehenden oder knieenden Person gewährleistet ist.

Im Radius von 100 mm um ein Betätigungselement dürfen sich keine gefährlichen aktiven Teile befinden, die mit dem Handrücken berührt werden könnten. Geprüft wird das mit einer Kugel von 50 mm Durchmesser. Daher ist auch in der Tiefe, hinter der Betätigungsebene, ein Bereich von 25 mm mit zu betrachten, d. h. dieser Bereich muss auch handrückensicher ausgeführt sein. Die Handrückensicherheit (im Schutzraum) erstreckt sich von der Basisfläche mit einem Radius von 100 mm quasi trichterförmig bis zur Schrankvorderkante.

### Ziel der Ersatzmaßnahme

Die vorliegende Beantwortung des Praxisproblems zeigt beispielhaft den Umgang mit Anlagen und Betriebsmitteln, bei denen der erforderliche Berührungsschutz nicht den Vorgaben der DIN EN 50274 (**VDE 0660-514**) entspricht.

**Bild 76** Nachgerüsteter Berührungsschutz nach DIN EN 50274 (**VDE 0660-514**)

Langfristig wird in der Regel die Herstellung der Finger- und Handrückensicherheit nach DIN EN 50274 (**VDE 0660-514**) mittels technischer Maßnahmen (durch Anbringung von Abdeckungen oder Komplettaustausch) die geeignete Lösung sein.

**Bild 77** Neuere Anlage mit vollständigem Berührungsschutz (Quelle: Vortrag des Staatlichen Amts für Arbeitsschutz NRW, Februar 2006)

Ein kurzfristiges Weiterbetreiben bis zum tatsächlichen Zeitpunkt einer Nach- bzw. Umrüstung ist nur mittels organisatorischer Maßnahmen und der Verwendung von persönlicher Schutzausrüstung (PSA) möglich. Damit ein gleichwertiges Schutzniveau sichergestellt werden kann, sind die alternativen Maßnahmen zur technischen Lösung anhand entsprechender Gefährdungsbeurteilungen festzulegen.

**Bild 78** Unkonventionelle Interimslösung zur Herstellung des Berührungsschutzes (Quelle: Vortrag des Staatlichen Amts für Arbeitsschutz NRW, Februar 2006)

Verantwortlich für die Erstellung der Gefährdungsbeurteilungen, die von einer oder mehreren qualifizierten Person(en) durchzuführen ist (sind), ist der Anlagenbetreiber. Der Anlagenbetreiber hat seine Aufgabe in der Regel auf eine verantwortliche Elektrofachkraft übertragen. Als fachliche Vertretung des Unternehmers ist auch diese damit betraut, die elektrische Anlage auf einem akzeptablen Sicherheitsniveau zu halten. Da hier ausdrückliche Anpassungsforderungen vorliegen, ist das anzustrebende Ziel zweifelsfrei erkennbar – ein Berühren aktiver Teile muss nach aller Möglichkeit verhindert werden.

Auch in der Wahl der Mittel bleibt nicht viel Spielraum. Technische Maßnahmen haben einen höheren Stellenwert als rein organisatorische oder auf persönlicher Schutzausrüstung basierende Maßnahmen. Im Grund ist der Weg damit klar vorgegeben – die Schränke sind mit isolierenden Abdeckungen nachzurüsten. Alternativ besteht auch die Möglichkeit, den Hauptschalter/Netztrenneinrichtung mit der Tür zu verriegeln, sodass beim Öffnen der Tür sämtliche berührbare, aktive Teile abgeschaltet werden.

Beide Lösungsansätze stoßen in der Realität jedoch an ihre Grenzen. Zum einen ist ein Umbau des Schranks nicht ohne Zeitaufwand möglich, zum anderen können je nach Komplexität erhebliche Kosten entstehen. Hier ist es Aufgabe der verantwortlichen Elektrofachkraft, eine angemessene Lösung zu erarbeiten, die dennoch zuverlässig verhindert, dass jemand einen elektrischen Schlag erhält.

**Bild 79** zeigt eine organisatorische Ersatzmaßnahme, die im Prinzip gut ist. In diesem Fall ist die Ausführung leider nicht optimal gestaltet worden, insbesondere der Hinweis, dass sich die erforderliche Arbeitsanweisung innerhalb der Schaltgerätekombination befindet („innenliegend"), ist zu bemängeln.

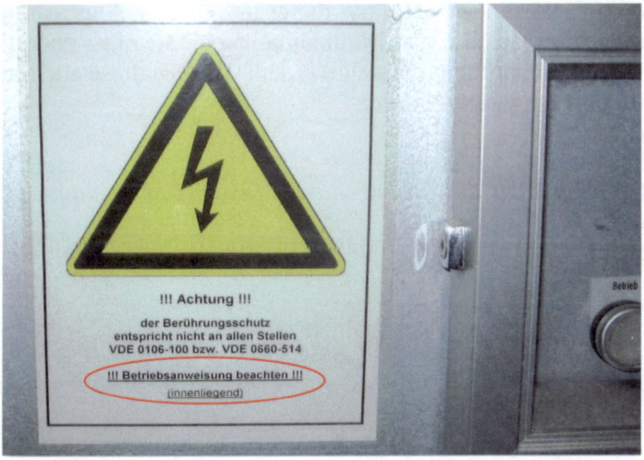


**Bild 79** Organisatorische Maßnahme in nicht optimaler Ausführung (Quelle: Vortrag des Staatlichen Amts für Arbeitsschutz NRW, Februar 2006)

Einen aussagekräftigeren Mustertext zeigt **Bild 80**. Im hinteren Teil des Buchs ist auch die zugehörige Arbeitsanweisung abgedruckt.

***Teilweiser Berührungsschutz gemäß DIN VDE 0660-514***

Dieser Schaltschrank erfüllt nicht an allen Bedienelementen die Forderung der DIN VDE 0660-514 (alt: VDE 0106-100) bezüglich des teilweisen Berührungsschutzes. Daher ist das gelegentliche Handhaben von Bedienelementen und Stellgliedern ohne persönliche Schutzausrüstung in diesem Schaltschrank sowohl für elektrotechnisch unterwiesene Personen wie auch für Elektrofachkräfte untersagt.

**Achtung:**
**Lebensgefahr durch elektrische Gefährdungen**

**Die entsprechende Arbeitsanweisung D-01 ist zu beachten. Bei Fragen oder Unklarheiten vor dem Öffnen des Schaltschranks die verantwortliche Elektrofachkraft Herrn Peter Prüfmann kontaktieren (Telefon intern –3427).**

**Bild 80** Organisatorische Maßnahme in optimaler Ausführung

Das Ziel der verantwortlichen Elektrofachkraft muss daher immer eine Anpassung an die aktuelle Vorschriftenlage durch technische Maßnahmen sein. Sie muss zudem sicherstellen, dass nicht nur die Maßnahmen erlassen werden, sondern diese auch in der Praxis Beachtung finden und umgesetzt werden.

*Siehe zu diesen Ausführungen auch die ergänzenden Muster-Dokumente in Kapitel 6.3.2.*

## 5.2 Fehlender Wiederanlaufschutz elektrischer Geräte

### PRCD-S als Wiederanlaufschutz an Winkelschleifern

In der betrieblichen Praxis stößt man immer wieder auf Winkelschleifer, welche keinen Schutz gegen ein unbeabsichtigtes Wiederanlaufen bei Spannungswiederkehr bieten, sondern deren Schalter über rein mechanische Feststeller im Dauerbetriebszustand arretiert werden können. Diese Ausführung entspricht nicht mehr dem heutigen Sicherheitsniveau, ist aber häufig noch in Gebrauch und wird gar teilweise auch noch zum Kauf angeboten.

### Vorschriftenlage

Zunächst kann man sagen, dass Winkelschleifer unter die Maschinenrichtlinie (MRL) fallen. Dort wird ganz klar erwähnt, dass ein Ingangsetzen nur durch absichtliche Betätigung erfolgen darf. Aufgrund dieser Tatsache steht fest: Die Winkelschleifer entsprechen nicht der Vorgabe der Maschinenrichtlinie. Es wäre jetzt allerdings zu klären, inwieweit diese Richtlinie Gültigkeit hat, und wer schlussendlich ein unbeabsichtigtes Ingangsetzen zu verhindern hat.

Aus dem Art. 114 (ehemals Art. 100a bzw. ehemals Art. 95) des EG-Vertrags resultieren Richtlinien, die sich an die EU-Mitgliedsstaaten richten und in nationales Recht umgesetzt werden müssen. Hierzu zählen z. B. die Maschinenrichtlinie (MRL), die Niederspannungsrichtlinie und die EMV-Richtlinie. Diese Richtlinien legen genaue Beschaffenheitsanforderungen fest, die keine nationalen Abweichungen erlauben. Die Hersteller sind dazu verpflichtet, anhand einer Konformitätserklärung und einer CE-Kennzeichnung die Übereinstimmung ihres Produkts mit den geltenden europäischen Richtlinien zu bestätigen. Die Umsetzung der MRL erfolgt in Deutschland mit der 9. Verordnung zum Geräteproduktsicherheitsgesetz (GPSG). Die Verordnung fordert die Erfüllung grundlegender Sicherheits- und Gesundheitsanforderungen des Anhangs I der Maschinenrichtlinie von jeder Maschine. Im Anhang I der noch gültigen MRL 98/37/EG (ein sinngemäßer Wortlaut findet sich auch in der ab 29. Dezember 2009 gültigen 2006/42/EG) steht unter Punkt 1.2.3 „Ingangsetzen" Folgendes:

*„Das Ingangsetzen einer Maschine darf nur durch absichtliche Betätigung einer hierfür vorgesehenen Befehlseinrichtung möglich sein. Dies gilt auch*

- *für das Wiederingangsetzen nach einem Stillstand, ungeachtet der Ursache für diesen Stillstand;*
- *für eine wesentliche Änderung des Betriebszustands (z. B. der Geschwindigkeit, des Druckes usw.),*

*sofern dieses Wiederingangsetzen oder diese Änderung des Betriebszustands für die gefährdeten Personen nicht völlig gefahrlos erfolgt. Diese grundlegende Anforderung gilt nicht für das Wiederingangsetzen oder die Änderung des Betriebszustands bei der normalen Befehlsabfolge im Automatikbetrieb."*

In Punkt 2.2 „In der Hand gehaltene bzw. von Hand geführte Maschinen" wird weiter Folgendes ausgeführt:

*Die in der Hand gehaltenen bzw. von Hand geführten tragbaren Maschinen müssen den folgenden grundlegenden Sicherheits- und Gesundheitsanforderungen entsprechen:*

- *[...] Sie müssen so konzipiert, gebaut oder ausgerüstet sein, dass Gefahren durch ungewollte Inbetriebnahme und/oder in Betrieb bleiben, nachdem die Griffe losgelassen worden sind, vermieden werden. Ersatzvorkehrungen müssen getroffen werden, wenn diese Anforderung technisch nicht erfüllbar ist. [...].*

Auch in der DIN EN ISO 12100-1 „Sicherheit von Maschinen – Grundbegriffe, allgemeine Gestaltungsleitsätze – Teil 1: Grundsätzliche Terminologie, Methodologie" ist Folgendes festgehalten: In Abschnitt 3.29 der Norm wird unter der Überschrift „Unerwarteter Anlauf bzw. unbeabsichtigter Anlauf" Folgendes ausgeführt:

*„Jeder unvorhergesehene Anlauf, der zu einer Gefährdung führt. Dies kann z. B. verursacht werden durch:*

- *einen Befehl zum Ingangsetzen, der durch einen Ausfall in der Steuerung oder einen äußeren Einfluss auf die Steuerung bewirkt wird;*
- *einen Befehl zum Ingangsetzen durch unpassende Handlung an einer Anlaufsteuerung oder anderen Teilen der Maschine, z. B. Messfühler oder Leistungssteuerelement;*
- *Wiederherstellung der Energieversorgung nach einer Unterbrechung;*
- *äußere/innere Einflüsse (z. B. Schwerkraft, Wind, Selbstzündung bei Verbrennungsmotoren) auf Teile der Maschine."*

In der DIN EN ISO 12100-2 „Sicherheit von Maschinen – Grundbegriffe, allgemeine Gestaltungsleitsätze – Teil 2: Technische Leitsätze" ist zusätzlich die hier angesprochene Frage klar beantwortet. In Abschnitt 4.11.4 der Norm ist unter der Überschrift „Wiederanlauf nach Energieausfall" Folgendes zu lesen:

*„Nach einem Energieausfall muss der spontane Wiederanlauf einer Maschine bei Wiederkehr der Energie verhindert werden, wenn durch einen derartigen Wiederanlauf eine Gefährdung entstehen könnte (z. B. durch Einsatz eines selbsthaltenden Relais, Schützes oder Ventils)."*

Diese Forderung ist in diesem Fall nicht gegeben. Warum kommt es aber dennoch vor, dass Winkelschleifer ohne Anlaufschutz in Verkehr gebracht werden?

Es besteht natürlich zum einen die Möglichkeit, dass die Winkelschleifer vor dem Jahr 1995 in Verkehr gebracht wurden und damit nicht unter die CE-Kennzeichnungspflicht gemäß MRL fallen. Zum anderen gibt es spezielle Produktnormen, die erst ab einer

Bemessungskapazität (Schleifscheibendurchmesser) von 155 mm die Umsetzung der o. g. Forderung verlangen.

**Pflichten des Arbeitgebers**

Da es aber trotz der vorherigen Ausführungen unsichere Maschinen zu kaufen gibt und diese in den meisten Unternehmen ihren Einsatz finden, kommt an dieser Stelle ein weiterer Artikel aus dem EG-Vertrag ins Spiel: Art. 137 (ehemals Art. 118a) des EG-Vertrags gibt die Mindestanforderungen an den betrieblichen Arbeitsschutz vor. Hier ist es Aufgabe des Arbeitgebers und damit seiner verantwortlichen Elektrofachkraft, für eine Beachtung der entsprechenden Regeln zu sorgen. Für die Umsetzung in nationales Recht sind das Arbeitsschutzgesetz (ArbSchG) und die Betriebssicherheitsverordnung (BetrSichV) maßgeblich. Die BetrSichV fordert hier eine sichere Bereitstellung und Benutzung von Arbeitsmitteln durch den Arbeitgeber. In § 4 „Anforderungen an die Bereitstellung und Benutzung der Arbeitsmittel“ heißt es:

(1) *Der Arbeitgeber hat die nach den allgemeinen Grundsätzen des § 4 des Arbeitsschutzgesetzes erforderlichen Maßnahmen zu treffen, damit den Beschäftigten nur Arbeitsmittel bereitgestellt werden, die für die am Arbeitsplatz gegebenen Bedingungen geeignet sind und bei deren bestimmungsgemäßer Benutzung Sicherheit und Gesundheitsschutz gewährleistet sind. Ist es nicht möglich, demgemäß Sicherheit und Gesundheitsschutz der Beschäftigten in vollem Umfang zu gewährleisten, hat* ***der Arbeitgeber geeignete Maßnahmen zu treffen****, um eine Gefährdung so gering wie möglich zu halten. Die Sätze 1 und 2 gelten entsprechend für die Montage von Arbeitsmitteln, deren Sicherheit vom Zusammenbau abhängt.*

(2) *Bei den Maßnahmen nach Abs. 1 sind die vom Ausschuss für Betriebssicherheit ermittelten und vom Bundesministerium für Arbeit und Soziales im Bundesarbeitsblatt veröffentlichten Regeln und Erkenntnisse zu berücksichtigen.* ***Die Maßnahmen müssen dem Ergebnis der Gefährdungsbeurteilung nach § 3 und dem Stand der Technik entsprechen.***

(3) *Der Arbeitgeber hat sicherzustellen, dass Arbeitsmittel nur benutzt werden, wenn sie gemäß den Bestimmungen dieser Verordnung für die vorgesehene Verwendung geeignet sind.*

(4) *Bei der Festlegung der Maßnahmen nach den Abs. 1 und 2 sind für die Bereitstellung und Benutzung von Arbeitsmitteln auch die ergonomischen Zusammenhänge zwischen Arbeitsplatz, Arbeitsmittel, Arbeitsorganisation, Arbeitsablauf und Arbeitsaufgabe zu berücksichtigen; dies gilt insbesondere für die Körperhaltung, die Beschäftigte bei der Benutzung der Arbeitsmittel einnehmen müssen.*

Zusätzlich gibt es im Anhang I der BetrSichV Mindestanforderungen für Arbeitsmittel, die z. B. keine CE-Kennzeichnung haben, weil sie vor 1995 in Verkehr gebracht wurden. Dort heißt es in Punkt 2.2:

*„Das Ingangsetzen eines Arbeitsmittels darf nur durch absichtliche Betätigung einer hierfür vorgesehenen Befehlseinrichtung möglich sein. Dies gilt auch*

- *für das Wiederingangsetzen nach einem Stillstand, ungeachtet der Ursache für diesen Stillstand, und*
- *für die Steuerung einer wesentlichen Änderung des Betriebszustands (z. B. der Geschwindigkeit oder des Drucks),*
- *sofern dieses Wiederingangsetzen oder diese Änderung für die Beschäftigten nicht völlig gefahrlos erfolgen kann."*

Kommen nun im Unternehmen Winkelschleifer ohne Wiederanlaufschutz zum Einsatz, obwohl dies die Betriebssicherheitsverordnung (BetrSichV) zum Betreiben fordert, ist der Arbeitgeber bzw. die ihn in Fachfragen vertretende verantwortliche Elektrofachkraft im Fokus und muss handeln. Ob der Hersteller oder der Betreiber eine geeignete Maßnahme gegen die Gefahren eines unbeabsichtigten Ingangsetzen realisiert ist egal, heutzutage sollte eine Umsetzung durch den Hersteller selbstverständlich sein. Dann könnte das Arbeitsmittel sogar so eingesetzt werden, wie es vorgesehen wurde, als handgeführtes elektrisches Betriebsmittel, ohne dass der Arbeitgeber bzw. Betreiber bei einem Unfall Konflikte mit den Versicherern und den Aufsichtsbehörden bekommen kann. Doch leider wird sich der Hersteller nur in den wenigsten Fällen bereit erklären, derartige Nachrüstungen am Produkt vorzunehmen. Daher ist eine Ersatzmaßnahme innerhalb des Unternehmens festzulegen. Diese Ersatzmaßnahme wird – insbesondere bei handgeführten Arbeitsmitteln mit sehr begrenzter Nutzungsdauer – in der Regel eine Übergangslösung sein. Bei einer Neubeschaffung von entsprechenden Arbeitsmitteln sollte der Wiederanlaufschutz selbstverständlich gewährleistet sein.

Für den Übergangszeitraum ist nun die verantwortliche Elektrofachkraft gefragt, eine praxisorientierte Alternative zu finden.

**Lösungsansatz: PRCD-S**

Eine recht einfache Maßnahme gegen unbeabsichtigtes Ingangsetzen kann der Einsatz von portablen Fehlerstromschutzeinrichtungen (PRCD-S) mit Unterspannungsauslösefunktion sein.

Damit kommt der Betreiber auch gleichzeitig der Forderung nach, den Netzspeisepunkt beim Errichten einer Bau- oder Montagestelle über Fehlerstromschutzschalter zu realisieren.[39] Neben dem Aspekt des Wiederanlaufschutzes wird als Nebeneffekt noch eine Verbesserung des Schutzes gegen elektrischen Schlag erzielt.

---

[39] Siehe hierzu Anmerkungen in der BGI 608. Auch die DIN VDE 0100-410 fordert einen Fehlerstromschutz für Endstromkreise im Außenbereich für die dort verwendeten tragbaren Betriebsmittel mit einem Bemessungsstrom nicht größer als 32 A.

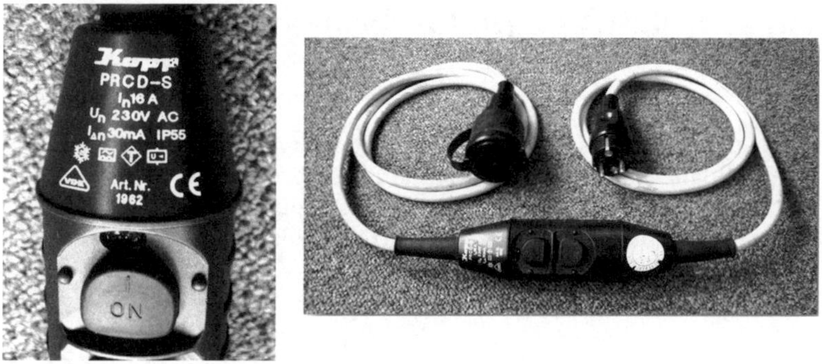


**Bild 81** Portable Residual Current Device – Safety (PRCD-S)

Allerdings muss der verpflichtende Einsatz einer PRCD-S in einer Arbeits- bzw. Betriebsanweisung durch die verantwortliche Elektrofachkraft im Namen des Unternehmers entsprechend sauber geregelt werden. Im hinteren Teil des Buchs ist eine solche beispielhafte Anweisung abgebildet. Mit dem Erlassen der Anweisung allein ist es jedoch noch nicht getan. Die verantwortliche Elektrofachkraft muss dafür Sorge tragen, dass diese Maßnahme auch wirksam ist und einen vergleichbaren Schutz bietet. Technisch ist die Funktion des Wiederanlaufschutzes offensichtlich in ausreichender Form erfüllt.

Jedoch haftet dem PRCD-S-Zwischenstecker der Nachteil an, dass er vergessen oder bewusst außen vor gelassen werden kann. Wird nicht jeder Winkelschleifer mit einem eigenen, fest in die Anschlussleitung integrierten PRCD-S versehen, muss die Verwendung der entsprechenden Zwischenstecker überwacht werden. Dazu müssen zum einen die Beschäftigten unterwiesen werden, um überhaupt Kenntnis von dieser Regelung zu erlangen, zum anderen bedingt diese Lösung eine Kontrolle der tatsächlichen Befolgung. Dies kann beispielsweise durch gelegentliche Ortstermine der verantwortlichen Elektrofachkraft geschehen oder – etwas weniger aussagekräftig – durch Protokollierung der für einen Arbeitsauftrag oder einen Tag ausgegebenen Geräte.

Für die verantwortliche Elektrofachkraft ist dabei zur eigenen Absicherung wichtig, dass dokumentiert ist, dass ihr der Mangel der Umgehbarkeit einer Zwischensteckerlösung bewusst ist und sie zugleich als Ausgleich ein Überwachungskonzept bezüglich der Umsetzung der Arbeitsanweisung etabliert hat.

*Siehe zu diesen Ausführungen auch die ergänzenden Muster-Dokumente in Kapitel 6.3.3 „Einsatz einer portablen Fehlerstromschutzeinrichtung“.*

# 6 Formale Hilfestellungen für die betriebliche Praxis

Die Autoren weisen darauf hin, dass die im Folgenden dargestellten Muster-Checklisten, Muster-Formulare und Muster-Protokolle als unterstützende Hilfsmittel zu verstehen sind. Sie erheben keinen Anspruch auf Vollständigkeit im Bezug auf jedes einzelne Unternehmen. Sie sind im konkreten Einzelfall individuell anzupassen.

# 6.1 Ausgewählte Qualifizierungsnachweise

## 6.1.1 Erhalt der Elektrofachkraftbefähigung

ENSMANNCONSULTING

MEBEDO
CONSULTING ENTWICKLUNG TECHNOLOGIE

**Teilnahmebescheinigung**

**Jährliche Sicherheitsunterweisung für Mitarbeiter aus dem Bereich der Elektrotechnik**

Die Mustermann GmbH bestätigt

**Herrn Max Mustermann**

**die Teilnahme an der Sicherheitsunterweisung am 21.01.2011**
**Schwerpunkt war die Sensibilisierung über die Gefahren des elektrischen Stroms.**

**Während des Seminars wurden folgende Themen behandelt:**

- **Gesetze, Vorschriften und Verordnungen**
- **Organisationsstruktur im Bereich der Elektrotechnik**
- **Umsetzung der Forderungen aus der BetrSichV, den TRBS, der VDE 0105-100 und der BGV A3**
- **Wirkung des Stromes auf den menschlichen Körper**
- **Die häufigsten Fehler in der Praxis**
- **Arbeiten unter Spannung nach BGV A3 und VDE 0105-100**
- **Anwendung von Schutzmaßnahmen beim Arbeiten an, mit oder in der Nähe von unter Spannung stehenden Teilen**

Stefan Prüfmann
Leiter der Ausbildungsakademie

BDSH geprüfter Sachverständiger
im Bereich Elektrotechnik

Koblenz, den 21.01.2011

[redacted]

## 6.1.2 Unterweisungsnachweise für den Elektrobereich

### *6.1.2.1 Regelmäßige Unterweisung*

ENSMANNCONSULTING

MEBEDO CONSULTING ENTWICKLUNG TECHNOLOGIE

**Schulungs- und Unterweisungnachweis**

gemäß BGV A1 "Grundsätze der Prävention" § 4, Abs. 2;
ArbSchG § 12 und GefStoffV § 14, Abs. 2

Sehr geehrte Mitarbeiterin, sehr geehrter Mitarbeiter,

Sie wurden heute, am 21.01.2011 über folgendes Thema unterwiesen:

*Auswahl und Einsatz von elektrischen Arbeitsmitteln auf Bau- und Montagestellen gemäß BGI 600 und BGI 608*

Schulungs / Unterweisungs- Inhalte:

- *Begriff der Bau- und Montagestelle*
- *Versorgung aus definierten Speisepunkten*
- *Einsatz von RCD und PRCD-S*
- *Maßnahmen zur Verhütung von elektrischen Gefährdungen auf Bau- und Montagestellen*
- *Verwendung von Leitungsrollern und handgeführten elektrischen Arbeitsmitteln*

| | | | | | | |
|---|---|---|---|---|---|---|
| Revisionsstand: | 0 | | | | | |
| Datum: | 19.01.2011 | | | | | |
| Erstellt / geändert: | Ensmann | | | | | |
| Genehmigt: | Euler | | | | | |

Seite 1 von 2

ENSMANNCONSULTING

MEBEDO
CONSULTING ENTWICKLUNG TECHNOLOGIE

**Schulungs- und Unterweisungnachweis**

gemäß BGV A1 "Grundsätze der Prävention" § 4, Abs. 2;
ArbSchG § 12 und GefStoffV § 14, Abs. 2

Bitte bestätigen Sie durch Ihre Unterschrift die Teilnahme an der Schulung / Unterweisung am 21.01.2011 und dass Sie die **umseitig aufgeführten Unterweisungsinhalte** verstanden haben.

| Abteilung: | Name des Unterweisenden: | |
|---|---|---|
| Betriebstechnik | Peter Prüfmann | |
| Teilnehmer | | |
| Name, Vorname<br>Personalnummer | Datum | Unterschrift |
| Mustermann, Max<br>123 456 7896 | 21.01.2011 | Max Mustermann |
| Müller, Franz<br>987 654 321 | 21.01.2011 | Franz Müller |
| Meier, Dieter<br>358 945 687 | 21.01.2011 | Dieter Meier |

| | | | | | | |
|---|---|---|---|---|---|---|
| Revisionsstand: | 0 | | | | | |
| Datum: | 19.01.2011 | | | | | |
| Erstellt / geändert: | Ensmann | | | | | |
| Genehmigt: | Euler | | | | | |

Seite 2 von 2

## *6.1.2.2 Ad-hoc-Unterweisung vor Ort*

ENSMANNCONSULTING

MEBEDO
CONSULTING ENTWICKLUNG TECHNOLOGIE

**Dokumentation von mündlichen Unterweisungen**

| Datum | Ort | Inhalt der Unterweisung | Dauer |
|---|---|---|---|
| 16.08.2009 | E-Werkstatt | Durchführen von Fehlersuche unter Spannung gemäß der Arbeitsanweisungen A3 bis A5 | 0,25 h |
| **Unterweisender** | **Unterschrift Unterweisender** | **Teilnehmer der Unterweisung** | **Unterschriften Mitarbeiter (Unterweisungsinhalte verstanden)** |
| VEFK Prüfmann | Peter Prüfmann | Peter Maier, Rudolf Rogler | Peter Maier, Rudolf Rogler |

| Datum | Ort | Inhalt der Unterweisung | Dauer |
|---|---|---|---|
| 27.09.2010 | E-Werkstatt | An- und Abklemmen von Motoren, die Vibrationen ausgesetzt sind; Überprüfung der Niederohmigkeit des Schutzleiters | 0,5 h |
| **Unterweisender** | **Unterschrift Unterweisender** | **Teilnehmer der Unterweisung** | **Unterschriften Mitarbeiter (Unterweisungsinhalte verstanden)** |
| VEFK Prüfmann | Peter Prüfmann | Bruno Beispiel, Max Mustermann | Bruno Beispiel, Max Mustermann |

| Datum | Ort | Inhalt der Unterweisung gemäß der Betriebsanweisung "EM-Felder" (BA 4711) | Dauer |
|---|---|---|---|
| 21.01.2011 | EMV-Labor | Zutritt und Verhalten im Laborbereich, Zonenkonzept und Expositionsbereich des EMV-Labors, abgeleitete Schutzmaßnahmen. | 2 Stunden |
| **Unterweisender** | **Unterschrift Unterweisender** | **Teilnehmer der Unterweisung** | **Unterschriften Mitarbeiter (Unterweisungsinhalte verstanden)** |
| Bereichsleiter Labor | Peter Prüfmann | Peter Maier, Rudolf Rogler | Peter Maier, Rudolf Rogler |

# 6.2 Ausgewählte Muster-Bestellungen

## 6.2.1 Elektrotechnisch unterwiesene Person

ENSMANNCONSULTING

MEBEDO
CONSULTING ENTWICKLUNG TECHNOLOGIE

***B E S T E L L U N G***

***zur elektrotechnisch unterwiesenen Person (EuP)***

gemäß der Unfallverhütungsvorschrift "Elektrische Anlagen und Betriebsmittel" BGV A3, DIN VDE 1000-10 und DIN VDE 0105-100.

| | |
|---|---|
| Herr | **Max Mustermann** |
| beschäftigt bei | **Muster AG** |
| in der Abteilung | **Fertigung (FM)** |

wird hiermit zur elektrotechnisch unterwiesenen Person bestellt.

Herr **Max Mustermann** ist aufgrund dieser Bestellung berechtigt, elektrotechnische Tätigkeiten gemäß dem in **Anhang 1** angefügten Tätigkeitsprofil an den in **Anhang 2** benannten elektrischen Anlagen vorzunehmen.

Herr **Max Mustermann** wurde durch eine orts- und anlagenkundige Elektrofachkraft auch praktisch in die betreffenden elektrischen Anlagen und in die auszuführenden Tätigkeiten eingewiesen. Die EuP darf gemäß der Unfallverhütungsvorschrift BGV A3 nur unter Leitung und Aufsicht einer Elektrofachkraft tätig werden.

Herr **Max Mustermann** wurde vor dieser Bestellung in einem Seminar über die Gefahren des elektrischen Stromes und über die Gefahrenabwehrmaßnahmen belehrt und verpflichtet sich, diese Sicherheitsregeln und Unfallverhütungsvorschriften stets einzuhalten. Herr **Max Mustermann** hat die Inhalte des Seminars und der Unterweisung verstanden und stimmt der Bestellung zu.

| *Köln, 21.01.2011* | *Max Mustermann* |
|---|---|
| Ort, Datum | Unterschrift elektrotechnisch unterwiesene Person Max Mustermann |

| *Köln, 21.01.2011* | *Stefan Strom* | *Karl Kapitalist* |
|---|---|---|
| Ort, Datum | Unterschrift verantwortliche Elektrofachkraft Stefan Strom | Unterschrift disziplinarischer Vorgesetzter Karl Kapitalist |

Seite 1 von 1

ENSMANNCONSULTING

MEBEDO
CONSULTING ENTWICKLUNG TECHNOLOGIE

# *TÄTIGKEITSPROFIL*

***für die elektrotechnisch unterwiesene Person (EuP)***

***Anhang 1***

Herr **Max Mustermann** ist nach seiner Bestellung zur elektrotechnisch unterwiesenen Person berechtigt folgende Tätigkeiten an den in Anhang 2 aufgeführten betrieblichen elektrischen Anlagen - nach erfolgter praktischer Vor-Ort-Einweisung durch eine Elektrofachkraft - auszuführen:

1. **Betreten abgeschlossener elektrischer Betriebsstätten**
   *gemäß Arbeitsanweisung A1*

2. **Neustarten des Prozessleitsystemrechners (PLSR)**
   *gemäß Arbeitsanweisung A2*

3. **Auswechseln von Bauelementen**
   Schraubsicherungen, Geräteschutzsicherungen sowie Anzeige-Lampen
   *gemäß Arbeitsanweisung A3*

4. **Betätigen von Schutzeinrichtungen**
   Leitungsschutzschalter, Fehlerstromschutzschalter und Motorschutzschalter
   *gemäß Arbeitsanweisung A4*

Herr **Max Mustermann** verpflichtet sich durch seine Unterschrift, keine weiteren als die oben aufgeführten Tätigkeiten, Schalthandlungen oder Eingriffe an betrieblichen elektrischen Anlagen vorzunehmen.

| Köln, 21.01.2011 | Stefan Strom | Max Mustermann |
| --- | --- | --- |
| Ort, Datum | Unterschrift verantwortliche Elektrofachkraft Stefan Strom | Unterschrift elektrotechnisch unterwiesene Person Max Mustermann |

Seite 1 von 1

ENSMANNCONSULTING

MEBEDO
CONSULTING ENTWICKLUNG TECHNOLOGIE

# *Anlagenverzeichnis*

***für die elektrotechnisch unterwiesene Person (EuP)***

***Anhang 2***

Herr **Max Mustermann** ist nach seiner Bestellung zur elektrotechnisch unterwiesenen Person berechtigt die im Anhang 1 aufgeführten Tätigkeiten an den unten genannten elektrischen Anlagen, unter Leitung und Aufsicht einer Elektrofachkraft auszuführen.

| Gebäude | Raum | Anlagenteil | Schaltschranknummer bzw. -bezeichnung |
|---|---|---|---|
| Gebäude 2 | 10 (Erdgeschoss) | Schaltraum Produktionsanlage | Es gibt in der Regel keine separaten Schaltschränke; die betroffenen Anlagenteile befinden sich häufig auf Schalttafeln und sind der EuP im Rahmen der Vor-Ort-Einweisung am 14.01.2011 durch die verantwortliche Elektrofachkraft bezeichnet worden. Die Motorschutzschalter, die von einer EuP betätigt werden dürfen, sind eindeutig gekennzeichnet (grüner Klebepunkt). |
| Gebäude 3 | 14 (erster Stock) | Schaltraum Produktionsanlage | |

Köln, 21.01.2011 — Ralf Ensmann — Max Mustermann

Unterschrift unterweisende Elektrofachkraft
Ralf Ensmann

Unterschrift elektrotechnisch unterwiesene Person
Max Mustermann

Köln, 21.01.2011 — Stefan Strom — Karl Kapitalist

Unterschrift verantwortliche Elektrofachkraft
Stefan Strom

Unterschrift disziplinarischer Vorgesetzter
Karl Kapitalist

Seite 1 von 1

### 6.2.2 Befähigte Person für das Prüfen im Elektrobereich

ENSMANNCONSULTING

MEBEDO
CONSULTING ENTWICKLUNG TECHNOLOGIE

**B E S T E L L U N G**

zur befähigten Person für Prüfungen zum Schutz vor elektrischen Gefährdungen gemäß TRBS 1203

| Name, Vorname: | Personalnummer: | Geburtsdatum: |
|---|---|---|
| *Mustermann, Karl* | *123 456 789* | *08.09.1968* |

für den Bestellungsbereich:
*Betriebstechnik Produktionsanlage Musterstadt*

Betreiberin der elektrischen Arbeitsmittel, Anlagen und Maschinen:
*Niederlassung Musterstadt*

Hiermit wird Herr Karl Mustermann, durch die Niederlassung Musterstadt zur „zur befähigten Person für elektrische Prüfungen" bestellt. Die Bestellung umfasst folgenden Bestellungsbereich:

- ortsveränderliche elektrische Arbeitsmittel

Wesentliche Grundlagen der Bestellung sind:

- § 13 Arbeitsschutzgesetz (ArbschG),
- § 9 Ordnungswidrigkeitengesetz (OwiG),
- §§ 2 und 3 der Betriebssicherheitsverordnung (BetrSichV),
- Technische Regel für Betriebssicherheit (TRBS) 1203
- §13 der Unfallverhütungsvorschrift „Grundsätze der Prävention" (BGV A1), sowie
- § 3 der Unfallverhütungsvorschrift "Elektrische Anlagen und Betriebsmittel" (BGV A3).

Seite 1 von 2

ENSMANNCONSULTING

MEBEDO
CONSULTING ENTWICKLUNG TECHNOLOGIE

Die **Anlage 1,** die Bestandteil dieser Bestellung ist, gibt die relevanten Paragraphen und Passagen im Wortlaut wieder.

Die persönlichen und fachlichen Voraussetzungen für diese Tätigkeit gemäß BetrSichV § 2 Abs. 7 inklusive TRBS 1203 sind erfüllt und werden in der zu dieser Bestellung gehörenden Checkliste (**Anlage 2**) dokumentiert. Eine zeitnahe berufliche Tätigkeit im Bereich der Elektrotechnik und die Kenntnis der aktuellen Normung sind gewährleistet. Eine regelmäßige Weiterbildung wird hierzu ermöglicht und ist unabdingbar. Der befähigten Person stehen Mess- und Prüfeinrichtungen sowie Software gemäß dem Stand der Technik zu Verfügung.

Die befähigte Person untersteht in fachlicher Hinsicht der verantwortlichen Elektrofachkraft. Sie unterliegt bei der Ausübung ihrer Prüftätigkeit keiner fachlichen Weisung und darf wegen dieser nicht benachteiligt werden.

Eine Kopie dieser Bestellung ist der befähigten Person auszuhändigen und eine weitere Kopie in den Personalakten zu hinterlegen. Herr Mustermann bestätigt mit seiner Unterschrift, dass er die Inhalte verstanden hat und der Bestellung zustimmt.

| Köln, 21.01.2011 | Max Mustermann |
|---|---|
| Ort, Datum | Unterschrift befähigte Person<br>Max Mustermann |

| Köln, 21.01.2011 | Stefan Strom | Karl Kapitalist |
|---|---|---|
| Ort, Datum | Unterschrift verantwortliche<br>Elektrofachkraft<br>Stefan Strom | Unterschrift disziplinarischer<br>Vorgesetzter<br>Karl Kapitalist |

Seite 2 von 2

ENSMANNCONSULTING

MEBEDO
CONSULTING ENTWICKLUNG TECHNOLOGIE

**Anlage 1**
**zur Bestellung der**
**„befähigten Person für elektrische Prüfungen"**

Diese Anlage, die Bestandteil der Bestellung von Herrn Hans Mustermann ist, führt auszugsweise die wichtigsten Gesetze und Vorschriftenpassagen im Zusammenhang mit der Bestellung von befähigten Personen auf.

**§ 9 des Ordnungswidrigkeitengesetzes (OwiG):**

(1) Handelt jemand

1. als vertretungsberechtigtes Organ einer juristischen Person oder als Mitglied eines solchen Organs,
2. als vertretungsberechtigter Gesellschafter einer rechtsfähigen Personengesellschaft oder
3. als gesetzlicher Vertreter eines anderen, so ist ein Gesetz, nach dem besondere persönliche Eigenschaften, Verhältnisse oder Umstände (besondere persönliche Merkmale) die Möglichkeit der Ahndung begründen, auch auf den Vertreter anzuwenden, wenn diese Merkmale zwar nicht bei ihm, aber bei dem Vertretenen vorliegen.

(2) Ist jemand von dem Inhaber eines Betriebes oder einem sonst dazu Befugten

1. beauftragt, den Betrieb ganz oder zum Teil zu leiten, oder
2. ausdrücklich beauftragt, in eigener Verantwortung Aufgaben wahrzunehmen, die dem Inhaber des Betriebes obliegen, und handelt er aufgrund dieses Auftrags, so ist ein Gesetz, nach dem besondere persönliche Merkmale die Möglichkeit der Ahndung begründen, auch auf den Beauftragten anzuwenden, wenn diese Merkmale zwar nicht bei ihm, aber bei dem Inhaber des Betriebes vorliegen. Dem Betrieb im Sinne des Satzes 1 steht das Unternehmen gleich. Handelt jemand aufgrund eines ent-

sprechenden Auftrages für eine Stelle, die Aufgaben der öffentlichen Verwaltung wahrnimmt, so ist Satz 1 sinngemäß anzuwenden.

(3) Die Absätze 1 und 2 sind auch dann anzuwenden, wenn die Rechtshandlung, welche die Vertretungsbefugnis oder das Auftragsverhältnis begründen sollte, unwirksam ist.

**§ 13 Arbeitsschutzgesetz (ArbSchG) „Verantwortliche Personen":**

(1) Verantwortlich für die Erfüllung der sich aus diesem Abschnitt ergebenden Pflichten sind neben dem Arbeitgeber

1. sein gesetzlicher Vertreter,
2. das vertretungsberechtigte Organ einer juristischen Person,
3. der vertretungsberechtigte Gesellschafter einer Personenhandelsgesellschaft,
4. Personen, die mit der Leitung eines Unternehmens oder eines Betriebs beauftragt sind, im Rahmen der ihnen übertragenen Aufgaben und Befugnisse,
5. sonstige nach Abs. 2 oder nach einer aufgrund dieses Gesetzes erlassenen Rechtsverordnung oder nach einer Unfallverhütungsvorschrift beauftragte Personen im Rahmen ihrer Aufgaben und Befugnisse.

(2) Der Arbeitgeber kann zuverlässige und fachkundige Personen schriftlich damit beauftragen, ihm obliegende Aufgaben nach diesem Gesetz in eigener Verantwortung wahrzunehmen.

**§ 13 der Unfallverhütungsvorschrift „Grundsätze der Prävention" (BGV A1):**

Der Unternehmer kann zuverlässige und fachkundige Personen schriftlich damit beauftragen, ihm nach Unfallverhütungsvorschriften obliegende Aufgaben in eigener Verantwortung wahrzunehmen.

Die Beauftragung muss den Verantwortungsbereich und Befugnisse festlegen und ist vom Beauftragten zu unterzeichnen. Eine Ausfertigung der Beauftragung ist ihm auszuhändigen.

ENSMANNCONSULTING

MEBEDO
CONSULTING ENTWICKLUNG TECHNOLOGIE

Basis hierfür ist § 15 Abs. 1 Nr. 1 Siebtes Buch Sozialgesetzbuch (SGB VII):

(1) Die Unfallversicherungsträger erlassen als autonomes Recht Unfallverhütungsvorschriften über

1. Einrichtungen, Anordnungen und Maßnahmen, welche die Unternehmer zur Verhütung von Arbeitsunfällen, Berufskrankheiten und arbeitsbedingten Gesundheitsgefahren zu treffen haben, sowie die Form der Übertragung dieser Aufgaben auf andere Personen,

2. […].

**§ 3 der Unfallverhütungsvorschrift „Elektrische Anlagen und Betriebsmittel" (BGV A3)**
(entspricht der GUV-VA3 der Gesetzlichen Unfallkassen (in der Fassung vom Januar 1997; entspricht nach der Transferliste des HVBG (BGVR 04/1999) der BGV A 2)

(1) Der Unternehmer hat dafür zu sorgen, dass elektrische Anlagen und Betriebsmittel nur von einer Elektrofachkraft oder unter Leitung und Aufsicht einer Elektrofachkraft den elektrotechnischen Regeln entsprechend errichtet, geändert und instand gehalten werden. Der Unternehmer hat ferner dafür zu sorgen, dass die elektrischen Anlagen und Betriebsmittel den elektrotechnischen Regeln entsprechend betrieben werden.

(2) Ist bei einer elektrischen Anlage oder einem elektrischen Betriebsmittel ein Mangel festgestellt worden, d. h. entsprechen sie nicht oder nicht mehr den elektrotechnischen Regeln, so hat der Unternehmer dafür zu sorgen, dass der Mangel unverzüglich behoben wird und, falls bis dahin eine dringende Gefahr besteht, dafür zu sorgen, dass die elektrische Anlage oder das elektrische Betriebsmittel im mangelhaften Zustand nicht verwendet werden.

Seite 3 von 5

ENSMANNCONSULTING

MEBEDO CONSULTING ENTWICKLUNG TECHNOLOGIE

**§ 2 „Begriffsbestimmungen" der Betriebssicherheitsverordnung (Auszug)**

[...]

(7) Befähigte Person im Sinne dieser Verordnung ist eine Person, die durch ihre Berufsausbildung, ihre Berufserfahrung und ihre zeitnahe berufliche Tätigkeit über die erforderlichen Fachkenntnisse zur Prüfung der Arbeitsmittel verfügt. Sie unterliegt bei ihrer Prüftätigkeit keinen fachlichen Weisungen und darf wegen dieser Tätigkeit nicht benachteiligt werden.

[...]

**§ 3 „Gefährdungsbeurteilung" der Betriebssicherheitsverordnung**

(1) Der Arbeitgeber hat bei der Gefährdungsbeurteilung nach § 5 des Arbeitsschutzgesetzes unter Berücksichtigung der Anhänge 1 bis 5, des § 6 der Gefahrstoffverordnung und der allgemeinen Grundsätze des § 4 des Arbeitsschutzgesetzes die notwendigen Maßnahmen für die sichere Bereitstellung und Benutzung der Arbeitsmittel zu ermitteln. Dabei hat er insbesondere die Gefährdungen zu berücksichtigen, die mit der Benutzung des Arbeitsmittels selbst verbunden sind und die am Arbeitsplatz durch Wechselwirkungen der Arbeitsmittel untereinander oder mit Arbeitsstoffen oder der Arbeitsumgebung hervorgerufen werden.

(2) Kann nach den Bestimmungen der §§ 6 und 11 der Gefahrstoffverordnung die Bildung gefährlicher explosionsfähiger Atmosphären nicht sicher verhindert werden, hat der Arbeitgeber zu beurteilen

1. die Wahrscheinlichkeit und die Dauer des Auftretens gefährlicher explosionsfähiger Atmosphären,
2. die Wahrscheinlichkeit des Vorhandenseins, der Aktivierung und des Wirksamwerdens von Zündquellen einschließlich elektrostatischer Entladungen und
3. das Ausmaß der zu erwartenden Auswirkungen von Explosionen.

(3) Für Arbeitsmittel sind insbesondere Art, Umfang und Fristen erforderlicher Prüfungen zu ermitteln. Ferner hat der Arbeitgeber die notwendigen Voraussetzungen zu ermitteln und festzulegen, welche die Personen erfüllen müssen, die von ihm mit der Prüfung oder Erprobung von Arbeitsmitteln zu beauftragen sind.

ENSMANNCONSULTING

MEBEDO
CONSULTING ENTWICKLUNG TECHNOLOGIE

## Anlage 2

## Checkliste zur Überprüfung der Qualifikation einer befähigten Person für das Prüfen elektrischer Arbeitsmittel nach TRBS 1203

Diese Anlage ist Bestandteil der Bestellung zur „Befähigten Person für elektrische Prüfungen". Die bestellende und qualifikationsabprüfende Person ist eine verantwortliche Elektrofachkraft. Die Checkliste ist als unterstützendes Hilfsmittel zu verstehen. Sie erhebt bezüglich der vorformulierten Fragen keinen Anspruch auf Vollständigkeit und ist im konkreten Einzelfall von der überprüfenden Person zu ergänzen oder zu verkürzen".

### 1 Mitarbeiterdaten

Name: Vorname:

Abteilung: Personalnummer:

### 2 Fachliche Qualifikation der zu bestellenden Person
(Nachweis durch Einsichtnahme ins Dokument)

| Fragen | | Ja | Nein |
|---|---|---|---|
| 2.1 | Geselle / Facharbeiter; Berufsbezeichnung: | ☐ | ☐ |
| 2.2 | Elektrofachkraft für festgelegte Tätigkeiten für: | ☐ | ☐ |
| 2.3 | Eine andere für die vorgesehenen Prüfaufgaben vergleichbare elektrotechnische Qualifikation, und zwar: | ☐ | ☐ |
| 2.4 | Techniker; Berufsbezeichnung: | ☐ | ☐ |
| 2.5 | Meister; Berufsbezeichnung: | ☐ | ☐ |
| 2.6 | Ingenieur; Berufsbezeichnung: | ☐ | ☐ |

Seite 1 von 4

ENSMANNCONSULTING

MEBEDO CONSULTING ENTWICKLUNG TECHNOLOGIE

2.7 Praxiserfahrungen auf folgenden Gebieten der Elektrotechnik (Bitte frei formulierten Text einfügen, der Art und Dauer der Tätigkeiten, etc. beschreibt):

**3 Persönliche Qualifikation der zu bestellenden Person**
(Bitte frei formulierten Text einfügen)

3.1 Verfügt die zu bestellende Person - neben den fachlichen Voraussetzungen – über die notwendigen persönlichen Voraussetzungen, wie beispielsweise Zuverlässigkeit und Pünktlichkeit?

3.2 Verfügt die zu bestellende Person - neben den fachlichen Voraussetzungen – über die erforderliche Reife und das notwendige Verantwortungsbewusstsein, um die auszuführenden Aufgaben sicher zu erfüllen?

**Wichtig: Eine elektrotechnisch unterwiesene Person (EuP) gilt nicht als befähigte Person (bP). Die EuP arbeitet immer nur unter Leitung und Aufsicht einer bP in einem Prüfteam. Nur die befähigte Person darf die Bewertung sowie Dokumentation der Prüfergebnisse (einschließlich der Messwerte und der zur Anwendung gelangten Messverfahren) durchführen.**

Seite 2 von 4

## 4 Sachkenntnis auf dem Gebiet der Prüfung elektrischer Arbeitsmittel

| Fragen | | Ja | Nein |
|---|---|---|---|
| 4.1 | Kann der Mitarbeiter die Gefahren und Risiken der übertragenen Arbeit abschätzen? Sind Kenntnisse über die Gefährdungen durch Elektrizität, ausführliche Kenntnisse über die Gefährdungen beim Prüfen, ihre Ursachen und das zu ihrer Abwehr nötige Verhalten vorhanden? | ☐ | ☐ |
| 4.2 | Sind Kenntnisse der relevanten Vorschriften und Bestimmungen vorhanden?<br>- Betriebssicherheitsverordnung<br>- TRBS 1201, 1203<br>- DIN VDE 0100-410<br>- DIN VDE 0701-0702<br>- BGV A3<br>- BGI 600 | ☐ ☐ ☐ ☐ ☐ ☐ ☐ ☐ ☐ | ☐ ☐ ☐ ☐ ☐ ☐ ☐ ☐ ☐ |
| 4.3 | Kenntnisse über Schutzmaßnahmen z.B. Schutzklasse, Schutzart vorhanden? | ☐ | ☐ |
| 4.4 | Sind Kenntnisse über den Aufbau elektrischer Geräte sowie ihre Funktion und die Wirksamkeit der Schutzmaßnahmen an diesen Geräten vorhanden? | ☐ | ☐ |
| 4.5 | Kann er elektrische Betriebsmittel für besondere Umgebungsbedingungen aussuchen? Geforderte Schutzart, welche Leitungstypen sind mindestens gefordert… | ☐ | ☐ |
| 4.6 | Ist das Erkennen von Unregelmäßigkeiten, Spuren von Fremdeingriffen, falscher Anwendung oder Überlastung an den zu prüfenden Geräten gewährleistet? | ☐ | ☐ |
| 4.7 | Kann der Mitarbeiter eine richtige Entscheidung über die anzuwendenden Prüfgeräte und Prüfverfahren treffen? | ☐ | ☐ |
| 4.8 | Sind die erforderlichen Kenntnisse über Funktionsablauf und Prüfverfahren der im Einsatz befindlichen Prüfgeräte vorhanden? | ☐ | ☐ |
| 4.9 | Ist der Mitarbeiter in der Lage eine Beurteilung der angezeigten Messwerte vorzunehmen? | ☐ | ☐ |
| 4.10 | Sind Kenntnisse über erforderliche Abweichungen vom üblichen Prüfablauf bzw. der üblichen Bewertung bei bestimmten Geräten vorhanden? | ☐ | ☐ |
| 4.11 | Sind Kenntnisse über die erforderliche Dokumentation von Abweichungen der üblichen Prüfabläufe z.B. das Auslassen einer Prüfung ($R_{SL}$) vorhanden? | ☐ | ☐ |
| 4.12 | Kennt der Mitarbeiter die erforderliche Arbeits- bzw. Prüfanweisung? | ☐ | ☐ |
| 4.13 | Ist die sichere Handhabung der eingesetzten Prüfsoftware gewährleistet? | ☐ | ☐ |

Seite 3 von 4

ENSMANNCONSULTING

MEBEDO
CONSULTING ENTWICKLUNG TECHNOLOGIE

## 5 Bestellung zur befähigten Person (bP) nach TRBS 1203

Bestellung zur befähigten Person erfolgte erstmals am durch

Welche Zertifikate dienen der Nachweisführung für die Aus- und Fortbildung zur befähigten Person (bP) / Elektrofachkraft?

Falls die Bestellung bereits erfolgt ist:

Wurde das Bestellformular in der Personalakte hinterlegt? ☐ ja ☐ nein
dem Mitarbeiter ausgehändigt? ☐ ja ☐ nein

Bei Überprüfung einer bestehenden Bestellungen wird diese Checkliste anschließend Bestandteil der Bestellung.

Mit welchen Fort- Weiterbildungsmaßnahmen wird der Bildungsstand aktuell gehalten? Und wie lange ist der Besuch der letzten Veranstaltung her (Seminar, Fachtagung, Erfahrungsaustausch)?

In welchem Zeitraster wurde bzw. wird eine Fort- oder Weiterbildung zum Erhalt und zur Aktualisierung der Fachkenntnisse absolviert?

Sonstige Bemerkungen:

Ort, Datum

| Unterschrift des disziplinarischen Vorgesetzten | Unterschrift des fachlichen Vorgesetzten | Unterschrift der zu bestellenden Person |
|---|---|---|

Seite 4 von 4

## 6.2.3 Verantwortliche Elektrofachkraft

ENSMANNCONSULTING

MEBEDO
CONSULTING ENTWICKLUNG TECHNOLOGIE

**Bestellung zur „regionalverantwortlichen Elektrofachkraft" für den Bereich Betriebstechnik gemäß DIN VDE 1000-10**

Hiermit wird Herr Hans Mustermann, geboren am 8.9.1968 durch die Muster AG zur regionalverantwortlichen Elektrofachkraft bestellt. Die Funktion der verantwortlichen Elektrofachkraft schließt die Funktion des elektrotechnischen Anlagenbetreibers nach DIN VDE 0105-100:2009-10 mit ein. Die Aufgaben und die zugeordneten Betriebsbereiche sind in der zur Bestellung gehörenden **Anlage 1** beschrieben. Betreiberin der Anlagen ist die Muster AG.

Für den Bestellungsbereich der Betriebstechnik gemäß Anlage 1 ist die verantwortliche Elektrofachkraft für die Ausübung ihrer Aufgabe gegenüber nachgeordneten Verantwortlichen Elektrofachkräften sowie gegenüber disziplinarisch übergeordneten Personen weisungsfrei. Die einzige Person, die ihr fachliche Weisungen erteilen darf, ist die übergeordnete Gesamtverantwortliche Elektrofachkraft. Der Unternehmer stattet die verantwortliche Elektrofachkraft dementsprechend mit den erforderlichen Kompetenzen aus und stellt ihr die erforderlichen Mittel[1], die für die Ausübung der übertragenen Aufgabe benötigt werden, zur Verfügung

Die Grundlagen der Bestellung sind insbesondere: DIN VDE 1000-10 (Anforderungen an die im Bereich der Elektrotechnik tätigen Personen), DIN VDE 0105-100 (Betrieb von elektrischen Anlagen – Teil 100: Allgemeine Festlegungen), § 9 OWiG, § 13 ArbSchG, § 13 BGV A1 und § 3 BGV A3. Die **Anlage 2** gibt die relevanten Paragrafen und Passagen im Wortlaut wieder.

[1] Zu den erforderlichen Mittel zählen insbesondere Arbeitsmittel, Arbeitszeit sowie finanzielle Mittel.

Seite 1 von 2

ENSMANNCONSULTING

MEBEDO
CONSULTING ENTWICKLUNG TECHNOLOGIE

Die persönlichen und fachlichen Voraussetzungen für die Tätigkeit der verantwortlichen Elektrofachkraft gemäß DIN VDE 1000-10 sind erfüllt und in **Anlage 3** dokumentiert. Eine zeitnahe berufliche Tätigkeit im Bereich der Elektrotechnik und die Kenntnisse der aktuellen Normung sind gewährleistet und werden durch regelmäßige Praxisbezüge und Weiterbildungsmaßnahmen vertieft und ausgebaut.

Eine Kopie dieser Bestellung ist der verantwortlichen Elektrofachkraft auszuhändigen und eine weitere Kopie in den Personalakten zu hinterlegen. Herr Mustermann bestätigt mit seiner Unterschrift, dass er die Inhalte verstanden hat und der Bestellung zustimmt.

Musterstadt, 4. Januar 2011

| | |
|---|---|
| *Karl Kapitalist* | *Hans Mustermann* |
| Unternehmer bzw. dessen Stellvertreter | Regionalverantwortliche Elektrofachkraft |

*Peter Prüfmann*

Gesamtverantwortliche Elektrofachkraft

ENSMANNCONSULTING

MEBEDO
CONSULTING ENTWICKLUNG TECHNOLOGIE

## Anlage 1 (Aufgabenspektrum)

zur Bestellung einer verantwortlichen Elektrofachkraft
gemäß DIN VDE 1000-10

Diese Anlage, die Bestandteil der Bestellung von Herrn Hans Mustermann (geboren am 9.9.1968) ist, führt das besondere Aufgabenspektrum der verantwortlichen Elektrofachkraft gemäß DIN VDE 1000-10 auf.

**Personelle Aspekte**

Die verantwortliche Elektrofachkraft ist für die Auswahl und Kontrolle des im elektrotechnischen Betriebsteil tätigen Personals verantwortlich. Als beispielhafte Aufgaben in diesem Bereich seien genannt:

- Benennung der oder des Anlagenverantwortlichen entsprechend VDE 0105-100:2009-10 Abs. 3.2.2.102
- Beurteilung der Qualifikation von Personen entsprechend VDE 1000-10 Abs. 5.4, die als „Elektrotechnisch unterwiesene Person (EuP)" oder als „Elektrofachkraft für festgelegte Tätigkeiten" eingesetzt werden sollen.

**Sachliche und fachliche Aspekte**

Neben der Sicherstellung der Einhaltung der allgemeinen Arbeitsschutzmaßnahmen muss die verantwortliche Elektrofachkraft dafür sorgen, dass die Anforderungen aus dem elektrotechnischen Regelwerk und der mit geltenden Normen und Bestimmungen zwingend angewendet werden für das:

a) Planen, Projektieren, Konstruieren von elektrischen Anlagen
b) Enge Zusammenarbeit mit der gesamtverantwortlichen Elektrofachkraft und dem Bereich Einkauf bei der Beschaffung für den elektrotechnischen Bereich

Seite 1 von 3

c) Einsetzen von Arbeitskräften
(Organisieren der Arbeiten, Festlegen der Arbeitsverfahren, Auswählen der geeigneten Arbeits- und Aufsichtskräfte, Bekannt geben und Erläutern der einschlägigen Sicherheitsfestlegungen, Hinweisen auf besondere Gefahren, Unterweisen über anzuwendende Schutzmaßnahmen, Festlegen der zu verwendenden Körperschutzmittel und Schutzvorrichtungen und Durchführen notwendiger Schulungsmaßnahmen)
d) Einsetzen und überwachen von Fremdfirmen im unten genannten Bestellungsbereich
e) Errichten elektrischer Anlagen
f) Prüfen elektrischer Anlagen und Betriebsmittel
g) Betreiben elektrischer Anlagen
(Inbetriebsetzen, Betätigen (Bedienen), Arbeiten und Instandhalten)
h) Ändern elektrischer Anlagen

**Die oben genannten Aufgaben hat die bestellte verantwortliche Elektrofachkraft an folgenden Standorten wahrzunehmen:**
Niederlassung Köln, Sachgebiet Betriebstechnik innerhalb der Grundstücksgrenzen Prüfstraße 22 in 07552 Essen (Produktionszentrum Essen) und Musterstraße 1 in 08141 Dortmund (Produktionszentrum Dortmund).

**Zum Bestellungsbereich gehören ausdrücklich nicht**: Betriebsstätten außerhalb der vorgenannten Grundstücke; Installationen der Hausinfrastruktur auch auf den vorgenannten Grundstücken; mit dem Gebäude verbundene Beleuchtungsinstallationen einschließlich Bedienelemente, Steckdosen in Büro-, Betriebs- und Lagerräumen; fest installierte Warmwasserbereiter und Etagenküchen; Anlagen der technischen Gebäudeausstattung (wie Hubbühnen, Ladebrücken, kraftbetätigte

Türen und Tore); Aufzugsanlagen; sämtliche Einrichtungen, die sich in den Betriebs- und Gasträumen der Kantinen befinden.

Musterstadt, 4. Januar 2011

*Karl Kapitalist*

Unternehmer bzw. dessen Stellvertreter

*Hans Mustermann*

Verantwortliche Elektrofachkraft

*Peter Prüfmann*

Gesamtverantwortliche Elektrofachkraft

ENSMANNCONSULTING

MEBEDO
CONSULTING ENTWICKLUNG TECHNOLOGIE

## Anlage 2 (Auszüge Gesetzestexte)

zur Bestellung einer verantwortlichen Elektrofachkraft
gemäß DIN VDE 1000-10

Diese Anlage, die Bestandteil der Bestellung von Herrn Hans Mustermann (geboren am 8.9.1968) ist, führt auszugsweise die wichtigsten Gesetze und Vorschriftenpassagen im Zusammenhang mit der Bestellung von verantwortlichen Elektrofachkräften.

**§ 9 des Ordnungswidrigkeitengesetzes (OwiG):**

(1) Handelt jemand

1. als vertretungsberechtigtes Organ einer juristischen Person oder als Mitglied eines solchen Organs,
2. als vertretungsberechtigter Gesellschafter einer rechtsfähigen Personengesellschaft oder
3. als gesetzlicher Vertreter eines anderen, so ist ein Gesetz, nach dem besondere persönliche Eigenschaften, Verhältnisse oder Umstände (besondere persönliche Merkmale) die Möglichkeit der Ahndung begründen, auch auf den Vertreter anzuwenden, wenn diese Merkmale zwar nicht bei ihm, aber bei dem Vertretenen vorliegen.

(2) Ist jemand von dem Inhaber eines Betriebes oder einem sonst dazu Befugten

1. beauftragt, den Betrieb ganz oder zum Teil zu leiten, oder
2. ausdrücklich beauftragt, in eigener Verantwortung Aufgaben wahrzunehmen, die dem Inhaber des Betriebes obliegen, und handelt er aufgrund dieses Auftrags, so ist ein Gesetz, nach dem besondere persönliche Merkmale die Möglichkeit der Ahndung begründen, auch auf den Beauftragten anzuwenden, wenn diese Merkmale zwar nicht bei ihm, aber bei dem Inhaber des Betriebes vorliegen. Dem Betrieb im Sinne des Satzes 1 steht das Unternehmen gleich. Handelt jemand aufgrund eines ent-

Seite 1 von 3

sprechenden Auftrages für eine Stelle, die Aufgaben der öffentlichen Verwaltung wahrnimmt, so ist Satz 1 sinngemäß anzuwenden.

(3) Die Absätze 1 und 2 sind auch dann anzuwenden, wenn die Rechtshandlung, welche die Vertretungsbefugnis oder das Auftragsverhältnis begründen sollte, unwirksam ist.

**§ 13 Arbeitsschutzgesetz (ArbSchG) „Verantwortliche Personen":**

(1) Verantwortlich für die Erfüllung der sich aus diesem Abschnitt ergebenden Pflichten sind neben dem Arbeitgeber

1. sein gesetzlicher Vertreter,
2. das vertretungsberechtigte Organ einer juristischen Person,
3. der vertretungsberechtigte Gesellschafter einer Personenhandelsgesellschaft,
4. Personen, die mit der Leitung eines Unternehmens oder eines Betriebes beauftragt sind, im Rahmen der ihnen übertragenen Aufgaben und Befugnisse,
5. sonstige nach Absatz 2 oder nach einer aufgrund dieses Gesetzes erlassenen Rechtsverordnung oder nach einer Unfallverhütungsvorschrift beauftragte Personen im Rahmen ihrer Aufgaben und Befugnisse.

(2) Der Arbeitgeber kann zuverlässige und fachkundige Personen schriftlich damit beauftragen, ihm obliegende Aufgaben nach diesem Gesetz in eigener Verantwortung wahrzunehmen.

**§ 13 der Unfallverhütungsvorschrift „Grundsätze der Prävention" (BGV A1):**

Der Unternehmer kann zuverlässige und fachkundige Personen schriftlich damit beauftragen, ihm nach Unfallverhütungsvorschriften obliegende Aufgaben in eigener Verantwortung wahrzunehmen.

Die Beauftragung muss den Verantwortungsbereich und Befugnisse festlegen und ist vom Beauftragten zu unterzeichnen. Eine Ausfertigung der Beauftragung ist ihm auszuhändigen.

Basis hierfür ist § 15 Abs. 1 Nr. 1 Siebtes Buch Sozialgesetzbuch (SGB VII):
(1) Die Unfallversicherungsträger erlassen als autonomes Recht Unfallverhütungsvorschriften über

1. Einrichtungen, Anordnungen und Maßnahmen, welche die Unternehmer zur Verhütung von Arbeitsunfällen, Berufskrankheiten und arbeitsbedingten Gesundheitsgefahren zu treffen haben, sowie die Form der Übertragung dieser Aufgaben auf andere Personen,
2. […].

**§ 3 der Unfallverhütungsvorschrift „Elektrische Anlagen und Betriebsmittel" (BGV A3)** (entspricht der GUV-VA3 der Gesetzlichen Unfallkassen (in der Fassung vom Januar 1997; entspricht nach der Transferliste des HVBG (BGVR 04/1999) der BGV A 2)

(1) Der Unternehmer hat dafür zu sorgen, dass elektrische Anlagen und Betriebsmittel nur von einer Elektrofachkraft oder unter Leitung und Aufsicht einer Elektrofachkraft den elektrotechnischen Regeln entsprechend errichtet, geändert und instand gehalten werden. Der Unternehmer hat ferner dafür zu sorgen, dass die elektrischen Anlagen und Betriebsmittel den elektrotechnischen Regeln entsprechend betrieben werden.

(2) Ist bei einer elektrischen Anlage oder einem elektrischen Betriebsmittel ein Mangel festgestellt worden, d. h. entsprechen sie nicht oder nicht mehr den elektrotechnischen Regeln, so hat der Unternehmer dafür zu sorgen, dass der Mangel unverzüglich behoben wird und, falls bis dahin eine dringende Gefahr besteht, dafür zu sorgen, dass die elektrische Anlage oder das elektrische Betriebsmittel im mangelhaften Zustand nicht verwendet werden.

ENSMANNCONSULTING

MEBEDO CONSULTING ENTWICKLUNG TECHNOLOGIE

## Anlage 3 (Checkliste Überprüfung der Qualifikation)

zur Bestellung einer verantwortlichen Elektrofachkraft
gemäß DIN VDE 1000-10

Diese Checkliste ist als Anlage 3 Bestandteil des Bestellformulars „Bestellung zur verantwortlichen Elektrofachkraft“ und soll im Rahmen eines Fachgesprächs die Eignung zur Tätigkeit der verantwortlichen Elektrofachkraft nachweisen. Die bestellende und prüfende Person muss bereits (übergeordnete) verantwortliche Elektrofachkraft oder ein fachkundiger externer Berater sein. Die Checkliste ist als unterstützendes Hilfsmittel zu verstehen. Sie erhebt bezüglich der vorformulierten Fragen keinen Anspruch auf Vollständigkeit und ist im konkreten Einzelfall von der überprüfenden Person zu ergänzen oder zu verkürzen.

### 1 Daten der Gesprächsteilnehmer

**Bestellende Person (Interviewer):**

| | | | |
|---|---|---|---|
| Name: | Prüfmann | Vorname: | Peter |
| Abteilung: | Konzernstab Elektrotechnik | Personalnummer: | 700 398 |
| Eintrittsdatum: | 1990 | Derzeitige Funktion: | Gesamtverantwortliche Elektrofachkraft |

**Zum bestellende Person (Interviewter):**

| | | | |
|---|---|---|---|
| Name: | Mustermann | Vorname: | Hans |
| Abteilung: | Instandhaltung | Personalnummer: | 606 345 |
| Eintrittsdatum: | 1985 | Derzeitige Funktion: | Leiter Instandhaltung (Bereich G-IH) |

**Checkliste zur Überprüfung der Qualifikation einer verantwortlichen Elektrofachkraft nach DIN VDE 1000-10 (2009-01)**

Anlage 3

MEBEDO
CONSULTING ENTWICKLUNG TECHNOLOGIE

ENSMANNCONSULTING

| | | |
|---|---|---|
| **2 Berufliche elektrotechnische Qualifikation der zu bestellenden Person** (DIN VDE 1000-10 Abschnitt 5.3) | | |
| Der Nachweis erfolgte durch Einsichtnahme ins Dokument | Ja | Nein |
| 2.1 Ingenieur, Bachelor, Master; Fachrichtung: | | X |
| 2.2 Meister; Berufsbezeichnung: *Handwerksmeister Handwerkskammer zu Köln, 1988* | X | |
| 2.3 Techniker; Berufsbezeichnung: | | X |
| 2.4 Geselle / Facharbeiter; Berufsbezeichnung: *Energieanlagenelektroniker vor der IHK Frankfurt, 1983* | X | |
| 2.5 Liegt eine andere für die vorgesehenen Aufgaben vergleichbare und ausreichende elektrotechnische Qualifikation vor? Wenn ja, bitte sehr genau erläutern: | | X |

2.6 Abgeschlossene inner- und außerbetriebliche Weiterbildungsmaßnahmen im für die verantwortliche Elektrofachkraft relevanten Bereich (Mitarbeiterführung, Vorschriftenwerke, allgemeine elektrotechnische Fortbildungen, etc.):

- *Seminar „Führungsverantwortung Elektrotechnik" (Ensmann Consulting Köln, Köln, Juni 2009)*
- *Tagung „Expertennetzwerk für Verantwortliche im Elektrobereich" (Haus der Technik, Essen, März 2008)*
- *Seminar „Ablösung der BGV A3 durch die TRBS" (Technische Akademie Wuppertal, November 2008)*
- *Innerbetriebliches Führungskräfte-Training „Fit im Führen" (Inhouse-Seminar der zentralen Personalabteilung, Juni 2006)*
- *Seminar „Verantwortliche Technische Führungskraft" (Mebedo GmbH, Koblenz, Oktober 2005)*

Seite 2 von 9

**Checkliste zur Überprüfung der Qualifikation einer verantwortlichen Elektrofachkraft nach DIN VDE 1000-10 (2009-01)**

Anlage 3

MEBEDO
CONSULTING ENTWICKLUNG TECHNOLOGIE

ENSMANNCONSULTING

2.7 Führungs- und Praxiserfahrungen auf folgenden Teil-Gebieten der Elektrotechnik:

| **Teilgebiet** | **Funktion bzw. Tätigkeit** | **Ausübungszeitraum*** |
|---|---|---|
| | | |
| Elektrische Steuerungen und speicherprogrammierbare Steuerungen | Allgemeine Instandhaltung und Fehlersuche | 2004 bis heute |
| Elektrische Energieanlagen | Allgemeine Instandhaltung und Fehlersuche | 2004 bis heute |
| Arbeiten in explosionsgefährdeten Bereichen | Allgemeine Instandhaltung und Fehlersuche | 1998 bis 2003 |
| Planung elektrischer Schaltanlagen | Technischer Anlagenplaner | 1990 bis 1997 |
| ... | ... | ... |

* Zum Nachweis, dass die relevanten Tätigkeiten *zeitnah* durchgeführt wurden, bitte im Feld „Ausübungszeitraum“ bitte konkrete Jahreszahlen angeben.

**Checkliste zur Überprüfung der Qualifikation einer verantwortlichen Elektrofachkraft nach DIN VDE 1000-10 (2009-01)**

Anlage 3

MEBEDO CONSULTING ENTWICKLUNG TECHNOLOGIE

ENSMANNCONSULTING

| | |
|---|---|
| **3** | **Persönliche Qualifikation der zu bestellenden Person und hierachische Stellung im Unternehmen** (Bitte frei formulierten Text einfügen) |
| 3.1 | Verfügt die zu bestellende Person – neben den fachlichen Voraussetzungen – über die notwendigen persönlichen Voraussetzungen, wie beispielsweise Reife, Verantwortungsbwusstsein, Zuverlässigkeit, Durchsetzungsvermögen oder Eigeninitiative um die auszuführenden Aufgaben sicher erfüllen zu können?<br>*Das Verhalten von Herrn Mustermann bezüglich der Punkte Zuverlässigkeit und Eigeninitiative gab in den letzten Jahren kein Anlass zur Beanstandung. Auch der gegenseitige Informationsaustausch erfolgt rechtzeitig und ist gut. Zudem zeichnet sich die Arbeitsweise von Herrn Mustermann durch ein hohes Maß an Eigeninitiative aus. Er hinterfragt Sachverhalte kritisch und ist in der Lage ausgewogen zu beurteilen.*<br>*Herr Mustermann wird sowohl von seinen Vorgestzten als auch von seinen Kollegen als umsichtiger und sorgfältiger Mitarbeiter geschätzt. Herr Mustermann engagiert sich zudem seit vielen Jahren aktiv und mit vorbildlichem Einsatz im Bereich der Lehrlingsausbildung.* |
| 3.2 | Traut sich der zu bestellende Mitarbeiter die Aufgabe selbst zu? Findet er sich auf dieser Position selbst richtig eingesetzt?<br>*Im Rahmen dieses Gesprächs führte Herr Mustermann aus, das er sich sowohl aus fachlicher Sicht, wie auch aus persönlicher Sicht die Übernahme der neuen Aufgabe zutraut.* |
| 3.3 | Ist die ordnungsgemäße Ausübung der zu übernehmenden Tätigkeit aus der derzeitigen hierarchischen Position im Unternehmen heraus möglich?<br>*Ja, Herr Mustermann ist als Leiter der Instandhaltung disziplinarisch nur noch dem Betriebsleiter unterstellt. Falls hier im Zusammenhang mit der neuen Tätigkeit Zielkonflikte mit dem disziplinarischen Vorgesetzten entstehen, wird Herr Mustermann die gesamtverantwortliche Elektrofachkraft unverzüglich informieren.* |

**Checkliste zur Überprüfung der Qualifikation einer verantwortlichen Elektrofachkraft nach DIN VDE 1000-10 (2009-01)**

Anlage 3

MEBEDO CONSULTING ENTWICKLUNG TECHNOLOGIE

ENSMANNCONSULTING

| **4** | **Inhaltliche fachliche Qualifikation der zu bestellenden Person:** (Normen- und Sachkenntnis auf dem Gebiet der Elektrotechnik) | | | |
|---|---|---|---|---|
| | | **Erfüllungsgrad** | | |
| 4.1 Sind Kenntnisse (mindestens Titel und Grobinhalt) der relevanten Gesetze, Vorschriften und Bestimmungen vorhanden? | | **erfüllt** | **teils erfüllt** | **nicht erfüllt** |
| ***Staatliche Vorschriften*** | | | | |
| **BGB** | Bürgerliches Gesetzbuch | | X | |
| **OwiG** | Ordnungswidrigkeitengesetz | | X | |
| **StGB** | Strafgesetzbuch | | X | |
| **ArbSchG** | Arbeitsschutzgesetz | X | | |
| **BetrSichV** | Betriebssicherheitsverordnung | X | | |
| **TRBS 1111** | Gefährdungsbeurteilungen | | X | |
| **TRBS 1112** | Instandhaltung | | | X |
| **TRBS 1201** | Prüfung von Arbeitsmitteln und Anlagen | | X | |
| **TRBS 1201 Teil 1** | Prüfung von Arbeitsmitteln und Anlagenin Ex-Bereichen | | X | |
| **TRBS 1203** | Befähigte Person (fur Prufungen zum Schutz vor elektrische Gefährdungen) | | X | |
| ... | | | | |
| ***VDE-Bestimmungen*** | | | | |
| **DIN VDE 1000-10** | In der Elektrotechnik tätige Personen | X | | |
| **DIN VDE 0100-410** | Schutz gegen elektrischen Schlag | X | | |
| **DIN VDE 0100-600** | Errichtung Niederspannungsanlagen - Prüfungen | X | | |
| **DIN VDE 0105-100** | Betrieb elektrischer Anlagen | X | | |
| **DIN VDE 0113-1** | Maschinenrichtlinie | X | | |

**Checkliste zur Überprüfung der Qualifikation einer verantwortlichen Elektrofachkraft nach DIN VDE 1000-10 (2009-01)**

Anlage 3

MEBEDO CONSULTING ENTWICKLUNG TECHNOLOGIE

ENSMANNCONSULTING

| **4 Inhaltliche fachliche Qualifikation der zu bestellenden Person:** (Normen- und Sachkenntnis auf dem Gebiet der Elektrotechnik) | | Erfüllungsgrad | | |
|---|---|---|---|---|
| 4.1 Sind Kenntnisse (mindestens Titel und Grobinhalt) der relevanten Gesetze, Vorschriften und Bestimmungen vorhanden? | | **erfüllt** | **teils erfüllt** | **nicht erfüllt** |
| **DIN VDE 0165 allgemein** | Explosionfähige Atmonsphäre – Prüfung und Instandhaltung elektrischer Anlagen | X | | |
| **DIN VDE 0185 allgemein** | Blitzschutz von baulichen Anlagen | | X | |
| **VDE 0544-1 / -4** | Schweißstromquellen und deren Prüfung | | | X |
| **VDE 0660-514** | Schutz gegen unabsichtliches direktes Berühren gefährlicher aktiver Teile | X | | |
| **DIN VDE 0701-0702** | Wiederholungsprüfung elektrischer Geräte | | | X |
| **DIN VDE 0100-540** | Erdungsanlagen, Schutzleiter und Schutzpotentialausgleichsleiter | X | | |
| ... | ... | | | |
| ***Berufsgenossenschaftliche Vorschriften*** | | | | |
| **BGV A1** | Grundsätze der Prävention | | X | |
| **BGV A3** | Elektrische Anlagen und Betriebsmittel | X | | |
| **BGG 944** | Ausbildungskriterien Elektrofachkraft für festgelegte Tätigkeiten | | X | |
| **BGI 508** | Übertragung von Unternehmerpflichten | | | X |
| **BGI 568** | Leitfaden für den Unternehmer als Organisationshilfe und zur Unterweisung von Neulingen | | X | |
| **BGI 594** | Einsatz von elektrischen Betriebsmitteln bei erhöhter elektrischer Gefährdung | | X | |

**Checkliste zur Überprüfung der Qualifikation einer verantwortlichen Elektrofachkraft nach DIN VDE 1000-10 (2009-01)**

Anlage 3

MEBEDO CONSULTING ENTWICKLUNG TECHNOLOGIE

ENSMANNCONSULTING

**4 Inhaltliche fachliche Qualifikation der zu bestellenden Person:**
(Normen- und Sachkenntnis auf dem Gebiet der Elektrotechnik)

| | | Erfüllungsgrad | | |
|---|---|---|---|---|
| 4.1 Sind Kenntnisse (mindestens Titel und Grobinhalt) der relevanten Gesetze, Vorschriften und Bestimmungen vorhanden? | | **erfüllt** | **teils erfüllt** | **nicht erfüllt** |
| **BGI 600** | Auswahl und Betrieb ortsveränderlicher elektrischer Betriebsmittel nach Einsatzbereichen | | X | |
| **BGI 608** | Auswahl und Betrieb elektrischer Anlagen und Betriebsmittel auf Bau- und Montagestellen | | X | |
| **BGI 867** | Auswahl und Betrieb von Ersatzstromerzeugern auf Bau- und Montagestellen | | X | |
| **...** | ... | | | |
| ***Richtlinien des Gesamtverbandes der Deutschen Versicherungswirtschaft e.V. (GDV)*** | | | | |
| **VdS 2025** | Elektrische Leitungsanlagen | | | X |
| **VdS 2033** | Feuergefährdete Betriebsstätten und diesen gleichzustellende Risiken | | | X |
| **VdS 2045 / AFB 87 (§ 7)** | Allgemeine Bedingungen für die Feuerversicherung Klausel 3602 / 3603 | | X | |
| **...** | ... | | | |
| ***Sonstige betriebsinterne Vorgaben*** | | | | |
| **...** | ... | | | |

**Checkliste zur Überprüfung der Qualifikation einer verantwortlichen Elektrofachkraft nach DIN VDE 1000-10 (2009-01)**

Anlage 3

MEBEDO
CONSULTING ENTWICKLUNG TECHNOLOGIE

ENSMANNCONSULTING

| Detailfragen: Erfüllungsgrad | erfüllt | teils erfüllt | nicht erfüllt |
|---|---|---|---|
| 4.2 Berührungsschutz: Sind Festlegungen zu Handrücken- und Fingersicherheit vorhanden? | X | | |
| 4.3 Sind Kenntnisse über die besondere Anforderungen an die elektrische Einrichtung von Ex-Bereichen vorhanden? | X | | |
| 4.4 Sind Kenntnisse über die Maschinenrichtlinie vorhanden? | | X | |
| 4.5 CE-Kennzeichnung: Erforderliche Kenntnisse vorhanden? | | X | |
| 4.6 Sicherheitstechnische Einrichtungen (Not-Aus-Anlagen) | | | X |
| 4.7 Sind Kenntnisse zur Arbeitstmethode des „Arbeitens im freigeschalteten Zustand“ (Fünf Sicherheitsregeln) vorhanden? | X | | |
| 4.8 Sind die Abstandstabellen der Arbeitsmethode „Arbeiten in der Nähe spannungsführender Teile“ bekannt? | | X | |
| 4.9 Ist bekannt, unter welchen Umständen die Arbeitsmethode „Arbeiten unter Spannung“ zum Einsatz kommt und kommen darf? (Unterscheidung nach DIN VDE 0105-100 Abschnitt 6.3) | | X | |
| 4.10 Sind Kenntnisse zu den Funktionen Arbeits- und Anlagenverantwortung vorhanden? | X | | |
| 4.11 Sind Kenntnisse der erforderlichen Organisationsstruktur im Bereich der Elektrotechnik vorhanden? | X | | |
| 4.12 Für welche Arbeiten sollte ein Freischaltschein nach DIN VDE 0105-100 zur Anwendung gelangen? | X | | |
| 4.13 Sind Kenntnisse zur "ergänzenden Sicherheitsüberwachung" von Fremdfirmen vorhanden? | | | X |
| 4.14 Ist der Begriff der „Verkehrssicherungspflicht“ inklusive der notwendigen betriebsinternen Umsetzung bekannt? | | X | |
| 4.15 ... | | | |

**Checkliste zur Überprüfung der Qualifikation einer verantwortlichen Elektrofachkraft nach DIN VDE 1000-10 (2009-01)**

Anlage 3

MEBEDO CONSULTING ENTWICKLUNG TECHNOLOGIE

ENSMANNCONSULTING

| | |
|---|---|
| **5** | **Weiterbildungsbedarfsermittlung und -intervalle** |
| | Mit welchen Fort- und Weiterbildungsmaßnahmen (Seminare, Fachtagungen, Erfahrungsaustausche) wird der Bildungsstand regelmäßig aktuell gehalten?<br>*Es ist geplant, dass Herr Mustermann auch dieses Jahr im März wieder an der Tagung "Expertennetzwerk für Verantwortliche im Elektrobereich" im Haus der Technik in Essen teilnimmt. Weitere Maßnahmen werden unterjährig gemeinsam abgestimmt.* |
| | In welchem Zeitraster wurde bzw. wird eine Fort- oder Weiterbildung zum Erhalt und zur Aktualisierung der Fachkenntnisse absolviert?<br>*In der Regel mindestens jährlich.* |
| **6** | **Bestellung zur verantwortlichen Elektrofachkraft** |
| | Festlegungen und Auflagen:<br>*Ein Jahr nach Übernahme der Tätigkeit (gemäß unten vermerktem Datum) wird ein Feedback-Gespräch zwischen den beiden unterzeichnenden Personen geführt.* |
| | Sonstige Bemerkungen:<br>*Ergänzend zu den regelmäßigen Weiterbildungsmaßnahmen muss Herr Mustermann kurzfristig eine Qualifizierungsmaßnahme zum Thema "Prüfung elektrischer Arbeitsmittel" (DIN VDE 0701-0702) sowie zum Einsatz von Fremdfirmen erfolgen.* |

Köln, 23.01.2011

Ort, Datum

| *Karl Kapitalist* | *Peter Prüfmann* | *Hans Mustermann* |
|---|---|---|
| Unterschrift des disziplinarischen Vorgesetzten | Unterschrift des fachlichen Vorgesetzten | Unterschrift der zu bestellenden Person |

# 6.3 Muster-Arbeitsanweisungen

## 6.3.1 Prüfen ortsveränderlicher elektrischer Arbeitsmittel

ENSMANNCONSULTING

**ARBEITSANWEISUNG**

MEBEDO CONSULTING ENTWICKLUNG TECHNOLOGIE

**Geltungsbereich**

**Elektrische Prüfplätze**

**1. Anwendungsbereich**

Wiederholungsprüfung von elektrischen Arbeitsmitteln

**2. Gefährdungen für Menschen und elektrische Anlagen**

1. Elektrische Körperdurchströmung
2. Kurzschlusslichtbogen
3. Brandgefahr

**3. Schutzmaßnahmen und Verhaltensregeln**

1. Zugrunde gelegt wird die DIN VDE 0701-0702.
2. Bei der Prüfung muss auch die VDE 0104 (Errichten und Betreiben elektrischer Prüfanlagen) beachtet werden.
3. Die Prüfung darf nur durch eine befähigte Person durchgeführt werden (siehe BetrSichV und TRBS 1203).
4. Die Überprüfung ist in gewissen Intervallen vorgeschrieben (BetrSichV, TRBS 1201 und BGV A3 bzw. GUV-V A3).
5. Vor der Prüfung, das Messgerät inkl. Prüfequipment auf Beschädigung überprüfen
6. Adapter mit integriertem PRCD-S verwenden. Messgerät nur über diesen Adapter betreiben.

**4. Verhalten bei Unregelmäßigkeiten**

1. Bei Auftreten von Gefahren vor oder während der Arbeit ist der Vorgesetzte und/oder der Arbeitsverantwortliche zu informieren.
2. Der Arbeitsverantwortliche ist berechtigt und verpflichtet, die Arbeiten zu stoppen oder abzubrechen.
3. Bei Arbeitsunterbrechung ist der Arbeitsplatz abzusichern.

**5. Verhalten bei Unfällen**

- Verletzten bergen. Bei Stromunfällen Anlage abschalten.
- Unfallstelle sichern, Notarzt verständigen, Erste Hilfe
- Notruf: 112
- Erste Hilfe
- Telefonische Unfallmeldung an: Bereich Arbeitsmedizinischer Dienst

**6. Kontrollen der befähigten Person**

Vor Aufnahme der Arbeit sind der Arbeitsplatz, der Anlagenzustand und alle zur Anwendung kommenden Ausrüstungen auf ordnungsgemäßen Zustand zu kontrollieren.
Beschädigte Ausrüstungen sind auszusondern, Messgeräte auf Eignung zu prüfen.

**Die Abläufe im Diagramm des Angangs 1 müssen Beachtung finden!**

 Datum: 17.02.2011 Nr./Seite: 1/2

## 7. Arbeitsablauf und Sicherheitsmaßnahmen

Vorgehensweise bei der Wiederholungsprüfung von Elektrogeräten:

- Sichtprüfung
  Alle sichtbaren Teile, z. B. Gehäuse, Abdeckungen, Leistungsschild, einschließlich isolieren und Isolierteile, sind auf ordnungsgemäße Beschaffenheit zu kontrollieren
- Prüfen der Anschlussleitungen
  Die Anschlussleitung mit Zugentlastungen, Knickschutztüllen und Kabeleinführungen sind auf äußere Mängel durch Besichtigung zu kontrollieren, Anschlussleitung geeignet?

Feststellung der zur Anwendung gelangten Schutzmaßnahme
Festlegung der erforderlichen Prüfschritte

Prüfung ob das Arbeitsmittel für den Einsatzbereich geeignet ist

Schutzleiterprüfung:
Der Schutzleiterverlauf, der Schutzleiteranschluss und die Schutzleiterverbindungen sind durch Besichtigung, Handproben (Hin- und Herbiegen der Leitung) und durch Mess- oder Prüfgeräte zu prüfen. Ferner ist zu prüfen, ob eine Schutzleiterunterbrechung vorliegt oder gefährliche Berührungsspannungen anstehen. Der Durchgangswiderstand des Schutzleiters darf über seine gesamte Länge nicht mehr als 1 Ω betragen, bei handgeführten Elektrowerkzeugen < 0,3 Ω bis zu einer Leitungslänge von 5 m (siehe Ablaufdiagramm) über 16 A siehe Tabelle. Dabei wird mit einem niederohmigen Widerstandsmesser zwischen dem Gerätegehäuse und dem Schutzkontakt des Netzsteckers gemessen.

Prüfung des Isolationswiderstands
**Achtung:** diese Prüfung ist nicht bei allen elektrischen Betriebsmitteln anzuwenden (siehe Anhang 1 Ablaufdiagramm)
Die Prüfung der Isolation erfolgt durch Messung des Isolationswiderstands mithilfe eines Isolationsmessgeräts.
Gemessen wird der Widerstandswert zwischen betriebsmäßig unter Spannung stehenden Teilen und dem metallischen Gehäuse. Dabei sind Mindest-Isolationswiderstände je nach Schutzklasse einzuhalten.

Messung des Schutzleiterstroms
nach dem Differenzstrommessverfahren/Grenzwerte siehe Anhang 1

Messung des Berührungsstroms
nach dem direktem Messverfahren/Grenzwert siehe Anhang 1

Messung des Ersatzableitstroms
Nur unter bestimmten Voraussetzungen anzuwenden/siehe Anhang 1

Prüfungen weiterer Schutzeinrichtungen
z. B. RCD/FI etc./siehe Anhang 1

Prüfung eventuell vorhandener Schutzkleinspannungen etc. siehe Anhang 1

Dokumentation der Prüfergebnisse

Herstellen des funktionsgerechten und ordnungsgemäßen Zustandes.

**Achtung:** **Defekte Geräte sind der weiteren Verwendung zu entziehen und als defekt kenntlich zu machen!**

**Wenn eine Prüfung nicht durchgeführt werden kann, ist eine Begründung in der Dokumentation aufzuführen!**

## 8. Abschluss der Arbeiten

- Herstellen des ordnungsgemäßen und sicheren Anlagenzustands.
- Abräumen der Arbeitsstelle.
- Kontrolle und Reinigung der Ausrüstungen und Hilfsmittel.

## Anhang 1 – Allgemeiner Ablauf der Prüfung

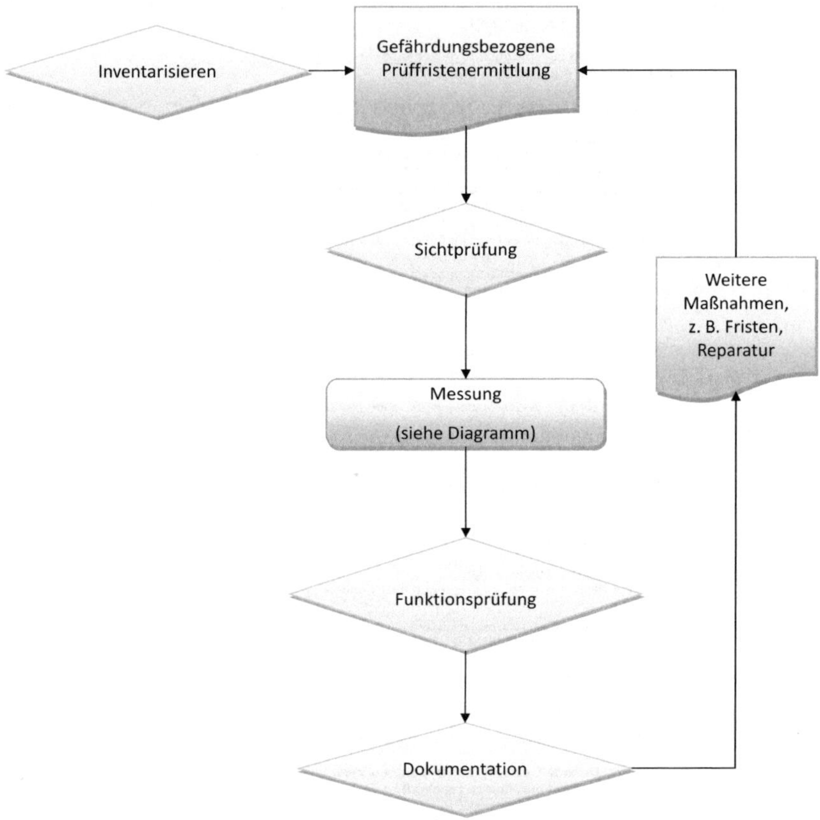

## Diagramm

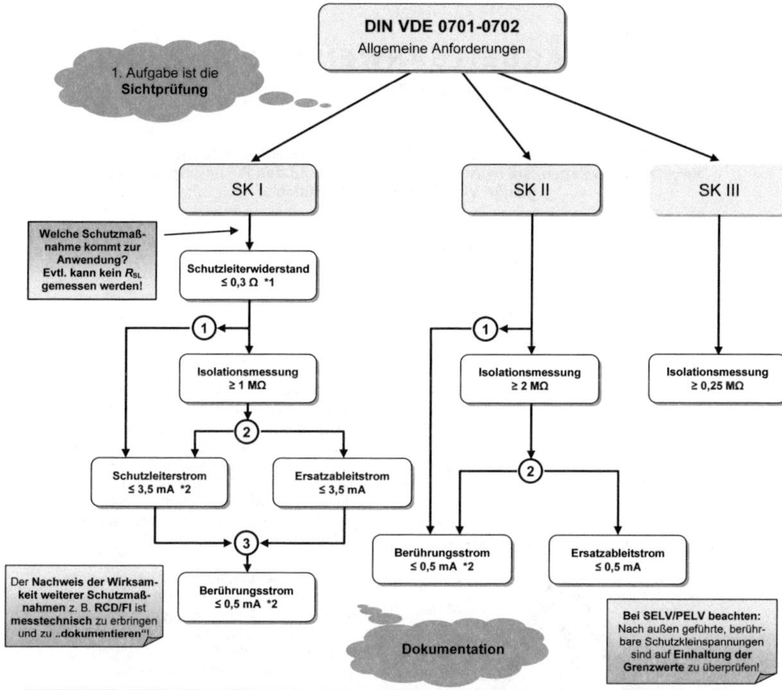


**Wichtig:** Bei SELV/PELV ist zu beachten, dass berührbare äußere Anschlussstellen von im Gerät erzeugten Schutzkleinspannungen auf Einhaltung der Grenzwerte für die Schutzmaßnahme Schutzkleinspannung zu überprüfen sind.

*1 bei Anschlussleitung bis max. 5m, zzgl. 0,1 Ω je weitere 7,5 m aber max. 1 Ω.

**Neu:** Bei Geräten mit einem Nennstrom > 16 A muss der Grenzwert anhand der Leiterlänge des Leiterquerschnittes und Material des Leiters berechnet werden!

*2 die Messung kann nach dem direkten bzw. dem Differenzstrommessverfahren erfolgen.

**Achtung: Diese Messungen müssen in beiden Steckerpositionen durchgeführt werden.**

(1) Wenn technisch nicht möglich und nicht bei IT Geräten bzw. wenn durch die Messung eine Beschädigung des Gerätes erfolgen kann, oder wenn nicht sichergestellt werden kann, dass alle durch Netzspannung beanspruchten Teile durch die Isolationsmessung erfasst werden (z. B. elektr. Startrelais, Netztrenneinrichtung mit Unterspannungsauslösung). Die Begründung für das weglassen von $R_{Iso}$ ist in der Dokumentation anzuführen.

(2) Die Ersatzableitstrom-Messmethode ist nur bedingt anwendbar. Besonderheiten müssen Beachtung finden.

(3) Diese Messung ist nur an berührbaren leitfähigen Teilen durchzuführen, die nicht mit dem Schutzleiter verbunden sind.

**Neu:** Der Nachweis der Wirksamkeit weiterer Schutzeinrichtungen z. B. RCD/FI ist messtechnisch zu erbringen und zu „dokumentieren“

## 6.3.2 Fehlender Berührungsschutz nach DIN EN 50274 (VDE 0660-514)

ENSMANNCONSULTING

**ARBEITSANWEISUNG**

Geltungsbereich: Elektrotechnik allgemein

MEBEDO

**Arbeitsanweisung für gelegentliche Handhabungen und Arbeiten an elektrischen Anlagen, die nicht die Anforderungen an den Berührungsschutz gemäß VDE 0660 Teil 514 erfüllen**

**1. Anwendungsbereich**

ENSMANNCONSULTING

MEBEDO

*Teilweiser Berührungsschutz gemäß DIN VDE 0660-514*

Dieser Schaltschrank erfüllt nicht an allen Bedienelementen die Forderung der DIN VDE 0660-514 (alt: VDE 0106-100) bezüglich des teilweisen Berührungsschutzes. Daher ist das gelegentliche Handhaben von Bedienelementen und Stellgliedern ohne persönliche Schutzausrüstung in diesem Schaltschrank sowohl für elektrotechnisch unterwiesene Personen wie auch für Elektrofachkräfte untersagt.

Achtung:
Lebensgefahr durch elektrische Gefährdungen

**Die entsprechende Arbeitsanweisung D-01 ist zu beachten. Bei Fragen oder Unklarheiten vor dem Öffnen des Schaltschranks die verantwortliche Elektrofachkraft Herrn Peter Prüfmann kontaktieren (Telefon intern -3427).**

Gelegentliche Handhabungen und Arbeiten an elektrischen Maschinen, Anlagen und Betriebsmitteln an denen der Berührungsschutz nicht mehr dem Stand der Technik (also der VDE 0660 Teil 514 bzw. EN 50274) entspricht. Diese Einrichtungen sind - sofern sie identifiziert wurden - wie nebenstehend aufgeführt gekennzeichnet.

Falls in elektrischen Anlagen weitere Stellen auffallen, die möglicherweise nicht die Anforderungen an den teilweisen Berührungsschutz erfüllen, so ist umgehend der fachliche Vorgesetzte oder die verantwortliche Elektrofachkraft zu informieren, damit sowohl Interimsmaßnahmen als auch die Nachrüstung des Berührungsschutzes in die Wege geleitet werden können.

**2. Gefährdungen für Menschen und elektrische Anlagen**

1. Elektrische Körperdurchströmung
2. Lichtbogenbildung
3. Brandgefahr

Nummer: D-01 Freigabe: Euler/Ensmann Erstellt: 21.01.2011 Version: 1.0

Seite 1 von 2

ENSMANNCONSULTING

# ARBEITSANWEISUNG

Geltungsbereich: Elektrotechnik allgemein

MEBEDO

**Arbeitsanweisung für gelegentliche Handhabungen und Arbeiten an elektrischen Anlagen, die nicht die Anforderungen an den Berührungsschutz gemäß VDE 0660 Teil 514 erfüllen**

## 3. Arbeitsverfahren, -ablauf, Schutzmaßnahmen und Verhaltensregeln

1. Zugrunde gelegt wird die BGV A3, VDE 0105 Teil 100 und VDE 0660 Teil 514
2. Anlage beurteilen, Gefahrenbereich festlegen und abgrenzen.
3. Entweder: Arbeiten nach den fünf Sicherheitsregeln im freigeschalteten Zustand
4. oder Arbeiten unter Spannung (AuS): Isolierende Schutzmittel, wie Matten, Schutzhandschuhe, isoliertes Werkzeug und Gesichtsschutz verwenden. Es gelten dann zusätzlich die separaten Arbeitsanweisungen für das AuS. Im Zweifelsfall ist vor Beginn der Arbeiten mit der verantwortlichen Elektrofachkraft Rücksprache zu halten.

## 4. Verhalten bei Unregelmäßigkeiten

1. Bei Auftreten von Gefahren vor oder während der Arbeit ist der Vorgesetzte und/oder der Arbeitsverantwortliche zu informieren. Telefon: 8256 oder 2360
2. Der Arbeitsverantwortliche ist berechtigt und verpflichtet, die Arbeiten zu stoppen oder abzubrechen.
3. Bei Arbeitsunterbrechung ist der Arbeitsplatz abzusichern.

## 5. Verhalten bei Unfällen

Verletzten bergen und bei Stromunfällen Anlage abschalten.
Unfallstelle sichern, Notarzt verständigen, Erste Hilfe leisten.
Notruf unter der Rufnummer 2444 absetzen.

## 6. Kontrollen des Arbeitsverantwortlichen

Vor Aufnahme der Arbeit sind der Arbeitsplatz, der Anlagenzustand und alle Ausrüstungen auf ordnungsgemäßen Zustand zu kontrollieren.
Arbeiten mehr als eine Person am Arbeitsplatz, erteilt der Arbeitsverantwortliche nach Unterweisung die Freigabe an der Arbeitsstelle.

## 8. Abschluss der Arbeiten

Herstellen des ordnungsgemäßen und sicheren Anlagenzustands.
Räumen der Arbeitsstelle.

Nummer: D-01 Freigabe: Euler/Ensmann Erstellt: 21.01.2011 Version: 1.0

Seite 2 von 2

ENSMANNCONSULTING

MEBEDO
CONSULTING ENTWICKLUNG TECHNOLOGIE

***Teilweiser Berührungsschutz gemäß DIN VDE 0660-514***

Dieser Schaltschrank erfüllt nicht an allen Bedienelementen die Forderung der DIN VDE 0660-514 (alt: VDE 0106-100) bezüglich des teilweisen Berührungsschutzes. Daher ist das gelegentliche Handhaben von Bedienelementen und Stellgliedern ohne persönliche Schutzausrüstung in diesem Schaltschrank sowohl für elektrotechnisch unterwiesene Personen wie auch für Elektrofachkräfte untersagt.

**Achtung:**
**Lebensgefahr durch elektrische Gefährdungen**

**Die entsprechende Arbeitsanweisung D-01 ist zu beachten. Bei Fragen oder Unklarheiten vor dem Öffnen des Schaltschranks die verantwortliche Elektrofachkraft Herrn Peter Prüfmann kontaktieren (Telefon intern –3427).**

## 6.3.3 Einsatz einer portablen Fehlerstromschutzeinrichtung (PRCD-S)

ENSMANNCONSULTING **ARBEITSANWEISUNG** MEBEDO CONSULTING ENTWICKLUNG TECHNOLOGIE

**Organisation der Elektrosicherheit im Betrieb**

**Geltungsbereich: Errichten einer Bau- oder Montagestelle**

**1. Anwendungsbereich**

**Verwendung eines PRCD-S bei Arbeiten mit ortsveränderlichen elektrischen Arbeitsmitteln**
(PRCD = Portable Residual Current Device; S = Safety)

**2. Gefährdungen für Menschen und elektrische Anlagen**

1. Elektrische Körperdurchströmung
2. Kurzschlusslichtbogen
3. Brandgefahr

**3. Schutzmaßnahmen und Verhaltensregeln**

1. Der Arbeitsanweisung liegen die Schutzmaßnahmen der DIN VDE 0100-410 und der BGI 608 zu Grunde.
2. Bei Arbeiten mit ortsveränderlichen elektrischen Arbeitsmitteln (z. B. Winkelschleifer, Bohrmaschine, ...) ist immer ein PRCD-S vorzuschalten.
3. Durch das Vorschalten eines PRCD-S ist auch der Wiederanlaufschutz gemäß BetrSichV Anhang I gewährleistet.
4. Die ortsveränderliche Fehlerstrom-Schutzeinrichtung (PRCD-S) ist einer regelmäßigen wiederkehrenden Prüfung durch eine befähigte Person nach TRBS 1203 zu unterziehen.

**4. Verhalten bei Unregelmäßigkeiten**

1. Sollte sich der PRCD-S an einer Steckdose nicht einschalten lassen, ist unverzüglich der Vorgesetzte zu informieren. **Achtung! Auf keinen Fall das elektrische Arbeitsmittel ohne den PRCD-S betreiben, hier droht Lebensgefahr.** Die betreffende Steckdose muss von einer Elektrofachkraft instandgesetzt und danach von einer befähigten Person nach TRBS 1203 geprüft werden.
2. Bei Arbeitsunterbrechung ist der Arbeitsplatz abzusichern

**5. Verhalten bei Unfällen**

- Verletzten bergen! Bei Stromunfällen Anlage abschalten!
- Unfallstelle sichern, Notarzt verständigen, Erste Hilfe
- Notruf: 112 oder
- Erste Hilfe: 112 oder ................................................
- Telefonische Unfallmeldung an: ...........................

 Datum: 02.10.2011 Nr./Seite: 1/1

## 6.4 Muster für die Freigabe- oder Übergabe einer Anlage

| ENSMANNCONSULTING | **Freischaltschein** (gemäß DIN VDE 0105-100) | MEBEDO CONSULTING ENTWICKLUNG TECHNOLOGIE |
|---|---|---|

Arbeitsverantwortlicher: ______________ (Blockschrift) Anlagenverantwortlicher: ______________ (Blockschrift)

Arbeitsort: ______________ Station: ______________

Auszuführende Arbeiten: ______________

Freischaltbereich: ______________

Schaltfeld: ______________

Freischaltung durch: ______________
Schaltberechtigter in Blockschrift

- ☐ Freischalten — ______________ Unterschrift der ausführenden Person
- ☐ Gegen Wiedereinschalten sichern — ______________ Unterschrift der ausführenden Person
- ☐ Spannungsfreiheit feststellen — ______________ Unterschrift der ausführenden Person
- ☐ Erden und kurzschließen — ______________ Unterschrift der ausführenden Person
- ☐ Benachbarte, unter Spannung stehende Teile abdecken, abschranken — ______________ Unterschrift der ausführenden Person

### Freigabe der Arbeiten

- Der Anlagenverantwortliche hat die Sicherheitsmaßnahmen wie oben beschrieben durchgeführt oder überprüft.
- Der Arbeitsverantwortliche ist in den Arbeitsbereich eingewiesen.
- Der Anlagenverantwortliche erteilt dem Arbeitsverantwortlichen die Arbeitserlaubnis für den beschriebenen Arbeitsbereich.
- Alle oben nicht genannten Anlagenteile sind als unter Spannung stehend anzusehen.

| ______________ | ______________ | ______________ |
|---|---|---|
| Datum/Uhrzeit | Anlagenverantwortlicher | Arbeitsverantwortlicher |

### Einschaltbereitschaft

- Der Arbeitsverantwortliche erklärt die Arbeiten für beendet und meldet die Arbeitsstelle frei von unter seiner Aufsicht stehenden Personen sowie Werkzeugen und Geräten an den Anlagenverantwortlichen zurück.
- Arbeitsstelle ist ab sofort als unter Spannung stehend zu betrachten.

- Meldung der Einschaltbereitschaft an: ______________
Name in Blockschrift

| ______________ | ______________ | ______________ |
|---|---|---|
| Datum/Uhrzeit | Arbeitsverantwortlicher | Anlagenverantwortlicher |

## 6.5 Muster-Rundschreiben

### 6.5.1 Rundschreiben zur Verbesserung der elektrischen Sicherheit

ENSMANNCONSULTING

MEBEDO
CONSULTING ENTWICKLUNG TECHNOLOGIE

**Rundschreiben**
**Standort Köln**

***Betreff: Verwendung von elektrischen Anlagen und Arbeitsmitteln im Unternehmen***

Gemäß unserer internen Arbeitsschutz-Grundsätze und aufgrund gesetzlicher Vorgaben aus dem Arbeitsschutzgesetz (ArbSchG) und der Betriebssicherheitsverordnung (BetrSichV) sowie den Vorschriften der Unfallversicherer (BGV A3) sind wir als Arbeitgeber verpflichtet den Beschäftigten nur sichere Arbeitsmittel zur Verfügung zu stellen. Dazu gehören auch ortsfeste elektrischen Anlagen von Gebäuden, Maschinen und sämtliche ortsveränderlichen elektrischen Arbeitsmittel. Dazu einige wichtige Hinweise:

1. An bereits geprüften elektrischen Arbeitsmitteln ist der nächste Prüfungstermin anhand der aufgeklebten Prüfplakette zu erkennen.
2. Alle Mitarbeiter und Vorgesetzte haben die Pflicht darauf zu achten, dass nur elektrische Arbeitsmittel mit gültiger Prüfplakette zum Einsatz kommen.
3. Jeder Mitarbeiter hat sich vor dem Benutzen von elektrischen Maschinen, Anlagen und Betriebsmittel von ihrem ordnungsgemäßen Zustand durch eine Sichtkontrolle zu überzeugen: vor jedem Gebrauch sind die Arbeitsmittel auf augenfällige Mängel zu prüfen (z.B. ein Defekt an der Zuleitung oder am Stecker oder Spuren von Überlastung). Bei festgestellten Mängeln und Gefährdungen ist das Arbeitsmittel nicht zu benutzen und unverzüglich der Vorgesetzte zu informieren.
4. Private elektrische Geräte sind vor der Verwendung im Unternehmen unbedingt in der Abteilung Betriebstechnik vorzuzeigen. Sie werden dort vor der ersten Benutzung inventarisiert, geprüft und anschließend dem Mitarbeiter wieder zur Verfügung gestellt.

Wir danken Ihnen für Ihre Unterstützung. Bei Fragen steht Ihnen die verantwortliche Elektrofachkraft, Herr Peter Prüfmann (Telefon -3427), gerne zur Verfügung.

| *Köln, 21.01.2011* | *Peter Prüfmann* | *Karl Kapitalist* |
|---|---|---|
| Ort, Datum | Verantwortliche Elektrofachkraft Peter Prüfmann | Unternehmer Karl Kapitalist |

Seite 1 von 1

## 6.5.2 Ankündigung der anstehenden Wiederholungsprüfung

ENSMANNCONSULTING

MEBEDO
CONSULTING ENTWICKLUNG TECHNOLOGIE

**Rundschreiben**
**Standort Köln**

***Betreff: Regelmäßige Überprüfung von elektrischen Anlagen und Arbeitsmitteln im Unternehmen***

Gemäß unserer internen Arbeitsschutz-Grundsätze und aufgrund gesetzlicher Vorgaben aus dem Arbeitsschutzgesetz (ArbSchG) und der Betriebssicherheitsverordnung (BetrSichV) sowie den Vorschriften der Unfallversicherer (BGV A3) sind wir als Arbeitgeber verpflichtet ortsfeste elektrischen Anlagen von Gebäuden, Maschinen und sämtliche ortsveränderlichen elektrischen Arbeitsmittel in bestimmten Zeitabständen zu überprüfen. Dazu einige wichtige Hinweise:

1. In Kürze steht die Wiederholungsprüfung der ortsveränderlichen elektrischen Arbeitsmittel und der elektrischen Anlagen in Ihrem Betriebsbereich an.
2. Dem Prüfpersonal muss im Rahmen der Durchführung der Wiederholungsprüfungen der uneingeschränkte Zugang zu allen Anlagen und Arbeitsmittel ermöglicht werden.
3. Auch private elektrische Arbeitsmittel, die im Betrieb verwendet werden unterliegen der Prüfpflicht und sind deshalb ebenfalls zur Prüfung vorzulegen.
4. Arbeitsmittel, die dem Prüfpersonal am vereinbarten Prüftermin nicht zur Prüfung vorgelegt werden, obliegen bezüglich der Nachholung der Überprüfung dem Verantwortungsbereich des jeweiligen Bereichsvorgesetzten.

Bitte melden Sie sich bis zum 30.01.2011 bei der verantwortlichen Elektrofachkraft, Herr Peter Prüfmann (Telefon -3427), zur individuellen Terminvereinbarung für die Durchführung der anstehenden Prüfungen in Ihrem Bereich.

| Köln, 21.01.2011 | Peter Prüfmann | Karl Kapitalist |
|---|---|---|
| Ort, Datum | Verantwortliche Elektrofachkraft Peter Prüfmann | Unternehmer Karl Kapitalist |

Seite 1 von 1

# 6.6 Einsatz von Fremdfirmen

## 6.6.1 Checkliste zum Fremdfirmeneinsatz

| ENSMANNCONSULTING | **Checkliste für Arbeiten durch Fremdfirmen im Bereich der Elektrotechnik** | MEBEDO CONSULTING ENTWICKLUNG TECHNOLOGIE |
|---|---|---|
| Interne Nummer: B-12 | | Seite 1 von 2 |

Alle namentlich auf dieser Checkliste erwähnten Personen erhalten nach dem Ausfüllen eine Durchschrift

| **Allgemeine Angaben** | | | | |
|---|---|---|---|---|
| Name und Anschrift des Auftragnehmers (ausführendes Fremdunternehmen): | | | | |
| Name und Anschrift des Auftraggebers: | | | | |
| Art der Tätigkeit, genauer Ort und Zeitraum: | | | | |
| Notfalltelefonnummern: | Telefonnummer Auftragnehmer | | Telefonnummer Auftraggeber: | |

| **Zu prüfende Punkte** | **erforderlich** | | **Bemerkungen** |
|---|---|---|---|
| | **ja** | **nein** | |
| 1. Verantwortlicher des Fremdunternehmens (Arbeitsverantwortlicher)? | Name: | | |
| 2. Verantwortlicher des Auftraggebers (Anlagenverantwortlicher)? | Name: | | |
| 3. Verantwortliche Elektrofachkraft beim Auftragnehmer? *Weisungsfreistellung muss erfolgt sein* | ☐ | ☐ | *Qualifikationsnachweise müssen vorhanden sein* |
| 4. Kommen Elektrofachkräfte und / oder befähigte Personen zum Einsatz? | ☐ | ☐ | *Qualifikationsnachweise müssen vorhanden sein* |
| 5. Kommen elektrotechnisch unterwiesene Personen zum Einsatz? | ☐ | ☐ | *Qualifikationsnachweise müssen vorhanden sein* |
| 6. Kommen ____________ zum Einsatz? | ☐ | ☐ | *Qualifikationsnachweise müssen vorhanden sein* |
| 7. Kommen ____________ zum Einsatz? | ☐ | ☐ | *Qualifikationsnachweise müssen vorhanden sein* |
| 8. Ist der Arbeitsverantwortliche vom Anlagenverantwortlichen eingewiesen worden? | ☐ | ☐ | *Unterlagen darüber müssen abrufbar sein* |
| 9. Sind alle zum Einsatz kommenden Mitarbeiter belehrt worden? | ☐ | ☐ | *Unterlagen darüber müssen abrufbar sein* |
| 10. Entsprechen die mitgebrachten Arbeitsmittel den Forderungen aus der BetrSichV und anderen geltenden Vorschriften? | ☐ | ☐ | Stichprobenmäßige Kontrolle durchführen und dokumentieren. Schriftliche Bestätigung durch den Verantwortlichen einholen |

| | | | | |
|---|---|---|---|---|
| Ausgabe,Revision/ Datum: | 12.09.2010 | | | |
| Erstellt/geändert: | René Rethfeldt / Ralf Ensmann | | | |
| Genehmigt: | Stefan Euler | | | |

Seite 1 von 2

| ENSMANNCONSULTING | Checkliste für Arbeiten durch Fremdfirmen im Bereich der Elektrotechnik | MEBEDO CONSULTING ENTWICKLUNG TECHNOLOGIE |
|---|---|---|
| Interne Nummer: B-12 | | Seite 2 von 2 |

Alle namentlich auf dieser Checkliste erwähnten Personen erhalten nach dem Ausfüllen eine Durchschrift

| Zu prüfende Punkte | erforderlich | | Bemerkungen |
|---|---|---|---|
| | ja | nein | |
| Sind die Arbeitsmittel geprüft und mit einer aktuellen Prüfplakette versehen? Sind die geforderten Kategorien nach Einsatzort (BGI 600/BGI 608) eingehalten? | | | ___ |
| 11. Arbeiten mehrere Firmen zur gleichen Zeit auf der Baustelle? Wer stellt den Sicherheits- und Gesundheitskoordinator (SiGeKo)? | ☐ | ☐ | Name und Firma: |
| 12. Gefährdungsbeurteilung für die Arbeitsprozesse des Auftraggebers vorhanden? | ☐ | ☐ | Ansprechpartner: *Nachweise müssen verfügbar sein.* |
| 13. Gefährdungsbeurteilung für die Arbeitsprozesse des Auftragnehmers vorhanden? | | | Ansprechpartner: *Nachweise müssen verfügbar sein.* |
| 14. Wer fügt erforderlichenfalls die beiden vorgenannten Gefährdungsbeurteilungen des AG und des AN zu einer Gesamtbetrachtung zusammen? | | | Verantwortlicher: *Nachweise müssen verfügbar sein.* |
| 15. Ist eine Information der Mitarbeiter über innerbetriebliche Änderungen erfolgt? | ☐ | ☐ | Verantwortlicher: Nachweise müssen verfügbar sein. |
| 16. Das Arbeiten unter Spannung (AuS) bedarf einer klar und deutlichen Regelung siehe VDE 0105-100, BGV A3 und BGR A3. Die durchzuführenden Arbeiten unter Spannung werden schriftlich geregelt. | ☐ | ☐ | Verantwortlicher: Nachweise müssen verfügbar sein. |
| 17. Sind die Abgrenzungen von Verantwortung und Befugnissen im Vertrag festgehalten? | ☐ | ☐ | Unterlagen darüber müssen abrufbar sein. |
| 18. Muss Arbeitsmaterial, persönliche Schutzausrüstung oder Werkzeug für die Fremdfirma bereitgestellt werden? | ☐ | ☐ | Verantwortlicher: Nachweise müssen verfügbar sein. |

| Ort, Datum | Verantwortliche Person des Auftragnehmers | Verantwortliche Person des Auftraggebers |
|---|---|---|

| | | | | |
|---|---|---|---|---|
| Ausgabe,Revision/ Datum: | 12.09.2010 | | | |
| Erstellt/geändert: | René Rethfeldt / Ralf Ensmann | | | |
| Genehmigt: | Stefan Euler | | | |

### 6.6.2 Dokumentation der Kontrolle von Fremdfirmen

| | | |
|---|---|---|
| ENSMANNCONSULTING | **Kontrolle von Fremdpersonal für Arbeiten im Bereich der Elektrotechnik** | MEBEDO CONSULTING ENTWICKLUNG TECHNOLOGIE |

| | |
|---|---|
| **Ort der Tätigkeit (genaue Beschreibung)** | Ort beschreiben |
| **Beschreibung der Anlage / elektrotechnischen Einrichtung** | Anlage beschreiben |
| **Auszuführende Arbeiten/ Tätigkeitsbereich:** | Arbeiten beschreiben |

| **Kontrolliertes Fremdpersonal** | **Kontrollierende Person** | | | |
|---|---|---|---|---|
| **Firma/ Arbeitsverantwortlicher** | **Datum** | **Uhrzeit** | **Bemerkungen** | **Unterschrift** |
| | | | | |
| | | | | |
| | | | | |
| | | | | |
| | | | | |
| | | | | |

| | | | | | | |
|---|---|---|---|---|---|---|
| Ausgabe,Revision/ Datum: | 12.09.2010 | | | | | |
| Erstellt/geändert: | Rethfeldt/Ensmann | | | | | |
| Genehmigt: | Euler | | | | | |

Seite 1 von 1

## 6.7 Muster-Qualifikationsdatenbank

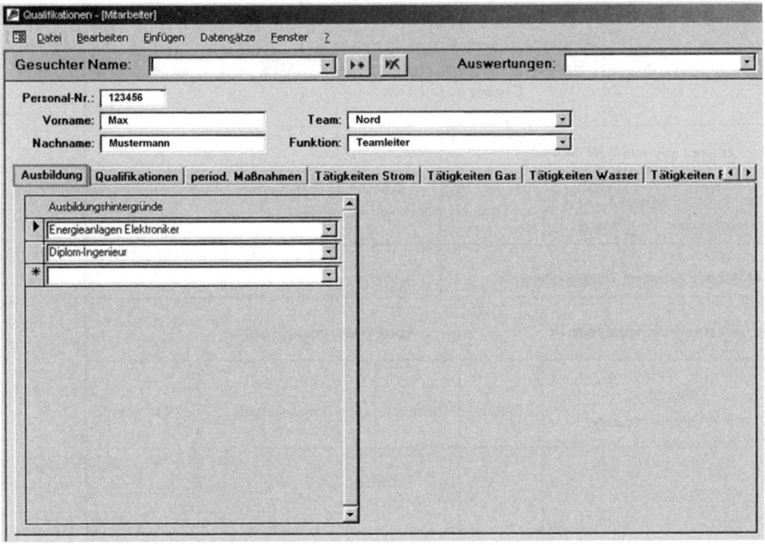


**Bild 82** Qualifikationsdatenbank zum Punkt „Ausbildung" (Quelle: RheinEnergie AG)

In dieser Maske werden die Ausbildungsabschlüsse der abgefragten Person dargestellt. Der Kopf der Maske bleibt beim Wechsel der über die einzelnen Karteikarten anklickbaren Reiter immer erhalten.

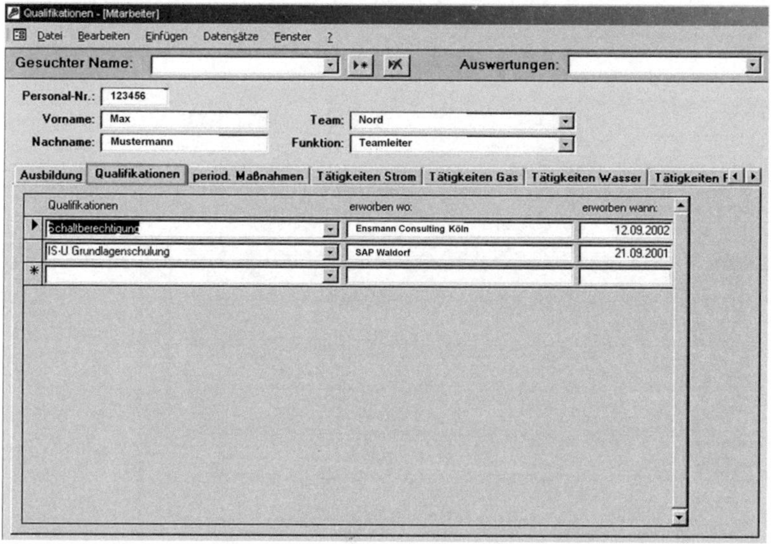


**Bild 83** Qualifikationsdatenbank zum Punkt „Qualifikation" (Quelle: RheinEnergie AG)

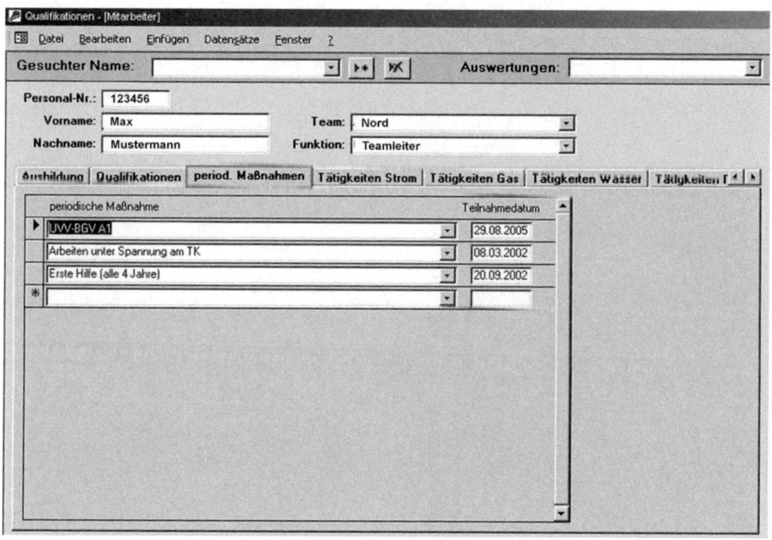


**Bild 84** Qualifikationsdatenbank zum Punkt „Maßnahmen" (Quelle: RheinEnergie AG)

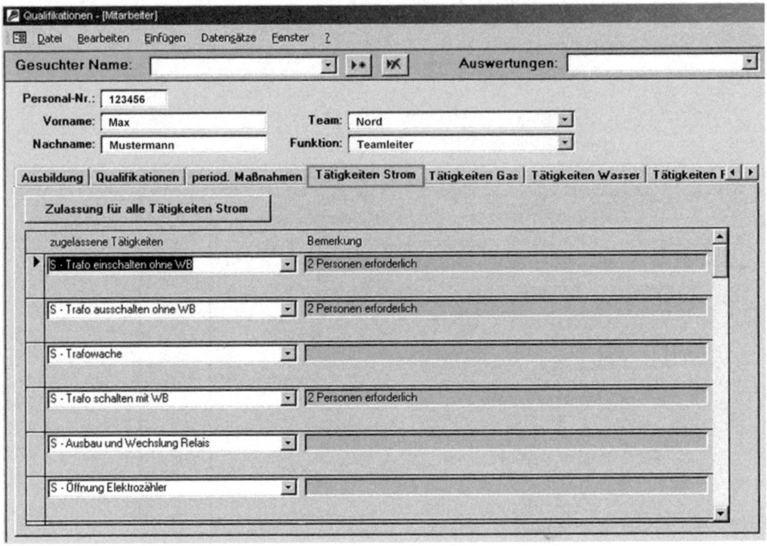


**Bild 85** Qualifikationsdatenbank zum Punkt „Tätigkeiten Strom“ (Quelle: RheinEnergie AG)

# 6.8 Praxispass zur Einarbeitung von Elektrofachkräften

## 6.8.1 Einarbeitung in Tätigkeiten

ENSMANNCONSULTING

**Praxispass zur Einarbeitung neuer Mitarbeiter im Elektrobereich (Tätigkeiten)**

MEBEDO

Durch den **Einarbeitenden** Peter Prüfmann wird in der Kontrollspalte bestätigt, dass die **einzuarbeitende Elektrofachkraft** Hans Mustermann nachfolgend aufgeführte Tätigkeiten an den aufgeführten Terminen selbständig und erfolgreich unter Aufsicht der bereits ausführungsberechtigten Fachkraft (Datum und Unterschrift) durchgeführt hat. Die Freigabe einer einzelnen Tätigkeit durch den fachlichen Vorgesetzten erfolgt erst, wenn die Anzahl der Mindest-Ausführungen (weiß hinterlegte Felder) der entsprechenden Tätigkeit durchgeführt worden sind. Der Einarbeitende und der einzuarbeitende Mitarbeiter unterschreiben in gegenseitigem Einvernehmen die Kontrollspalte und dokumentieren so, dass der Mitarbeiter für die freigegebene Tätigkeit ausgebildet ist und sich die alleinige Durchführung der Tätigkeit unter Einhaltung aller technischen und sicherheitsrelevanten Bestimmungen zutraut.

| Laufende Nummer | Durchgeführte Tätigkeit | Datum / Unterschrift | Datum / Unterschrift | Datum / Unterschrift | Datum / Unterschrift | Datum / Unterschrift | Datum / Unterschrift | Datum / Unterschrift | Datum / Unterschrift | Datum / Unterschrift | Datum / Unterschrift | Kontrollspalte Datum / Unterschrift Einarbeitender und Einzuarbeitender |
|---|---|---|---|---|---|---|---|---|---|---|---|---|
| 1 | **Stromzählersperrung am dreipoligen Ausschalter** | 15.01. / P.P. | 08.02. / P.P. | 11.02. / P.P. | 17.04. / P.P. | 15.08. / P.P. | | | | | | 16.08.09/ Prüfmann<br>17.08.09 / Mustermann |
| 2 | **Stromzählersperrung an der Zählervorsicherung** | 14.02. / P.P. | 15.03. / P.P. | 27.06. / P.P. | 01.07. / P.P. | 10.07. / P.P. | | | | | | 11.07.09/ Prüfmann<br>11.07.09 / Mustermann |
| 3 | **Stromzählersperrung an der Zählerverdrahtung** | 13.01. / P.P. | 30.01. / P.P. | 17.05. / P.P. | 19.05. / P.P. | 14.06. / P.P. | 15.06. / P.P. | 02.10. / P.P. | | | | 03.10.09/ Prüfmann<br>04.10.09 / Mustermann |
| 4 | **Stromversorgungsunterbrechung am Etagenabzweigkasten** | 20.03. / P.P. | 12.04. / P.P. | 15.04. / P.P. | 02.05. / P.P. | 13.05. / P.P. | 24.07. / P.P. | 25.07. / P.P. | 11.08. / P.P. | | | 11.08.09/ Prüfmann<br>12.08.09 / Mustermann |
| 5 | **Selbstöffner wieder sperren** | 02.04. / P.P. | 19.03. / P.P. | 15.04. / P.P. | 28.06. / P.P. | 16.09. / P.P. | 22.09. / P.P. | 11.10./ P.P. | 17.11. / P.P. | 21.11. / P.P. | 08.12. / P.P. | 08.12.09/ Prüfmann<br>08.12.09 / Mustermann |

Zwischenzeitliche Sichtkontrolle durch den nächst höheren fachlichen Vorgesetzten:

Datum: 11.02.09 / Volker Vorsitz Datum: 15.03.09 / Volker Vorsitz Datum: 16.09.09 / Volker Vorsitz

## 6.8.2 Einarbeitung in Prozesse

ENSMANNCONSULTING

**Praxispass zur Einarbeitung neuer Mitarbeiter im Elektrobereich (Prozesse)**

MEBEDO CONSULTING ENTWICKLUNG TECHNOLOGIE

Durch den **Einarbeitenden** Peter Prüfmann wird in der Kontrollspalte bestätigt, dass die **einzuarbeitende Elektrofachkraft** Hans Mustermann nachfolgend aufgeführte Anlagen einschließlich deren Prozesse und Verfahren innerhalb der **aufgeführten Zeiträume** selbständig und erfolgreich unter Aufsicht einer bereits ausführungsberechtigten Fachkraft (Datum und Unterschrift) bedient und kennengelernt hat. Die Freigabe eines einzelnen Prozesses durch den fachlichen Vorgesetzten erfolgt erst, wenn der vorgesehene Einarbeitungszeitraum des entsprechenden Prozesses vollständig abgeschlossen ist. Der Einarbeitende und der einzuarbeitende Mitarbeiter unterschreiben in gegenseitigem Einvernehmen die Kontrollspalte und dokumentieren so, dass der Mitarbeiter für den freigegebenen Prozess ausgebildet ist und sich die alleinige Durchführung, Prozessüberwachung sowie Einhaltung aller technischen und sicherheitsrelevanten Bestimmungen zutraut.

| Laufende Nummer | Anlageneinarbeitung | Zeitraum | | | | | Kontrollspalte Datum / Unterschrift Einarbeitender und Einzuarbeitender |
|---|---|---|---|---|---|---|---|
| 1 | **Abkantanlage** | 11.02.09 - 12.03.09 | | | | | 12.03.09/ Peter Prüfmann<br>13.03.09 / Hans Mustermann |
| 2 | **Nasslackieranlage** | | 16.03.09 - 08.04.08 | | | | 09.04.09 / Peter Prüfmann<br>09.04.09 / Hans Mustermann |
| 3 | **Schäumanlage** | | | | 25.05.09 - 21.08.09 | | 22.08.09 / Peter Prüfmann<br>23.08.09 / Hans Mustermann |
| 4 | **Abwasser - Aufbereitungsanlage** | | | | | 02.09.09 - 12.10.09 | 12.10.09 / Peter Prüfmann<br>13.10.09 / Hans Mustermann |
| 5 | **Regalbedienanlage** | | 23.03.09 - 22.05.09 | | | | 22.05.09 / Peter Prüfmann<br>22.05.09 / Hans Mustermann |

Zwischenzeitliche Sichtkontrolle durch den nächst höheren fachlichen Vorgesetzen:

Datum: 19.02.09 / Volker Vorsitz    Datum: 25.03.09 / Volker Vorsitz    Datum: 16.09.09 / Volker Vorsitz

## 6.9 Beschaffungsfreigabeliste

ENSMANNCONSULTING

MEBEDO
CONSULTING ENTWICKLUNG TECHNOLOGIE

**Freigabeliste zur Beschaffung elektrischer Arbeitsmittel**

*Nachfolgend aufgelistete Arbeitsmittel sind durch die verantwortliche Elektrofachkraft (VEFK) zur Bestellung freigegeben. Das sicherheitstechnische Niveau bei der Benutzung von Arbeitsmitteln wird damit aufrechterhalten. Den rechtlichen Anforderungen des § 4 Betriebssicherheitsverordnung muss weiterführend Rechnung getragen werden, da nur Arbeitsmittel bereitgestellt und verwendet werden dürfen, welche den Umgebungsbedingungen während des Einsatzes standhalten.*

| Hersteller | Art | Typ | Artikelnummer |
|---|---|---|---|
| Kopp | Steckdosenleiste | 3-fach m. Schalter | 129713007 |
| Hilti | Bohrhammer | TE 7-C | 228040 |
| Elspro | Leitungsroller | LRK/33m 3-fach Schuko | 4202202 |
| Elspro | Leitungsroller | LRM/30m 2-fach Schuko m. RCD | 4512201 |
| Elspro | PRCDS | PRCDS mit Kabel-Stecker-Kupplung | PR03/S1,5K |
| Brennenstuhl | Steckdosenleiste | Alu 4-fach m. Schalter | 1391000014 |
| Brennenstuhl | Steckdosenleiste | Alu 6-fach m. Schalter | 1391000016 |
| Fein | Stichsäge | ASTe 638 | 723415 |
| Metabo | Winkelschleifer | W14-125 Ergo | 6.06250.00 |
| Nivona | Kaffeemaschine | CafeArte Nica 320T m. Zeitabschaltung | 310200230 |
| Waldmann | Stehleuchte | LCS 455/D 4x55W | 121299008 |
| Braun | Wasserkocher | WK 210 | WK 210 |
| Bonamat | Kaffeemaschine | Novo (für den gewerblichen Bereich) | 4326288 |

## 6.10 Formulierungsvorschläge für entlastende Schriftstücke

### 6.10.1 Qualifikationsüberprüfung Fremddienstleister

ENSMANNCONSULTING

MEBEDO
CONSULTING ENTWICKLUNG TECHNOLOGIE

Köln, 09.01.2011

***Qualifikationsüberprüfung im Rahmen der Transformatorenwartung im Produktionszentrum Köln***

Sehr geehrte Damen und Herren,

Ihr Unternehmen wurde seitens unserer Immobiliengesellschaft beauftragt, am 19.01.2011 im Produktionszentrum Köln die Transformatorenwartung und –reinigung vorzunehmen.

Im Rahmen unserer stichprobenartigen Überwachungsverpflichtung als Betreiberin der Anlagen gegenüber unseren Dienstleistern sind Sie von unserem Qualitätsmanagementsystem zur Überprüfung ausgewählt worden. Daher bitten wir Sie, uns vor Beginn der Arbeiten jeweils Qualifikations- und Befähigungsnachweise der zum Einsatz kommenden Mitarbeiter zukommen zu lassen. Hierzu sind Kopien der Facharbeiter- bzw. Meisterbriefe als Qualifikationsnachweise und Kopien der letzten durchgeführten Schulungs- und Weiterbildungsmaßnahmen (in diesem Fall auch die Schaltbefähigung für Mittelspannung) als Befähigungsnachweise ausreichend. Bitten leiten Sie uns die Unterlagen bis zum 14.01.2011 an unten stehende Adresse zu.

Wir sichern Ihnen zu dass die mitarbeiterbezogenen Daten ausschließlich im Rahmen dieser Qualifikationsprüfung verwendet werden.

Wir bitten bei dieser Maßnahme um Ihr Verständnis. Sie dient der Sicherheit und dem Gesundheitsschutz Ihrer und unserer Mitarbeiter. Für Fragen stehen wir Ihnen gerne zur Verfügung.

Mit freundlichen Grüßen

| Köln, 09.01.2011 | Peter Prüfmann |
|---|---|
| Ort, Datum | Leiter Betriebstechnik und verantwortliche Elektrofachkraft |

## 6.10.2 Partielle Rückgabe der Verantwortung an den Unternehmer

ENSMANNCONSULTING

MEBEDO
CONSULTING ENTWICKLUNG TECHNOLOGIE

---

### *Partielle Rückgabe der elektrotechnischen Verantwortung an den Unternehmer*

**Standort Köln**
Köln, 21.01.2011

---

In meiner Funktion als verantwortliche Elektrofachkraft weise ich unmissverständlich und nachdrücklich darauf hin, dass ~~die Anlage~~ / der Anlagenteil / ~~das Betriebsmittel~~ / ~~die Maschine~~

| | |
|---|---|
| des Typs | Abfüllanlage |
| aus dem Betriebsbereich | Produktionslinie 1 |
| mit der Identifikationsnummer | XG 16 (Linie 1) |

wegen akuter Gefährdung von Personen und Sachwerten unverzüglich außer Betrieb genommen werden muss. Ich lehne für die oben genannte ~~Anlage~~ / Anlagenteil / ~~Betriebsmittel~~ / ~~Maschine~~ jegliche Haftungsfolgen ab.

Köln, 21.01.2011 — Peter Prüfmann

Ort, Datum — Verantwortliche Elektrofachkraft Peter Prüfmann

**Empfang und Rücknahme der Verantwortung für oben bezeichnete ~~Anlage~~ / Anlagenteil / ~~Betriebsmittel~~ / ~~Maschine~~ durch den Unternehmer bestätigt:**

Köln, 21.01.2011 — Karl Kapitalist

Ort, Datum — Unternehmer Karl Kapitalist

Nach Unterzeichnung erhält die VEFK das Original, der disziplinarische Vorgesetzte erhält eine Zweitschrift/ Kopie.

Seite 1 von 1

## 6.10.3 Gesprächsnotiz Handlungsbedarf Elektrosicherheit

ENSMANNCONSULTING

MEBEDO
CONSULTING ENTWICKLUNG TECHNOLOGIE

***Aktenvermerk zur Aufgabenübernahme der verantwortlichen Elektrofachkraft***

Sehr geehrter Herr Unternehmer,

bezugnehmend auf unser gestriges Gespräch fasse ich die wichtigsten Gesprächspunkte und -ergebnisse anbei noch einmal kurz zusammen.

Der Unterzeichner hat im Rahmen seiner Aufgabenübernahme als verantwortliche Elektrofachkraft für das Gesamtunternehmen eine erste Zielmatrix erstellt, die für die Elektrosicherheit bedeutsamen Maßnahmen enthält, die bisher im Unternehmen nicht oder nur unvollständig umgesetzt wurden. Sie wird Ihnen mit dem heutigen Tag vorgelegt. Sie haben der Umsetzung in der unten dargestellten Form zugestimmt und den Unterzeichner ermächtigt in Abstimmung mit den jeweiligen Budgetverantwortlichen und dem Bereich Einkauf die erforderlichen Schritte einzuleiten.

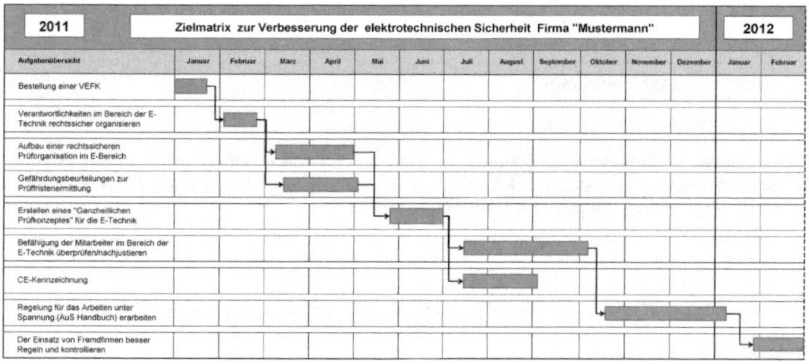


Ich gehe davon aus, dass ich die Inhalte unserer Besprechung richtig und vollständig wiedergegeben habe. Sollten Sie Fragen oder Einwände zu dieser Zusammenfassung haben, bitte ich darum, mir diese schriftlich mitzuteilen.

Viele Grüße

*Köln, 21.01.2011* *Peter Prüfmann, VEFK*

Seite 1 von 1

### 6.10.4 Mängeldokumentation für elektrische Arbeitsmittel

ENSMANNCONSULTING

MEBEDO CONSULTING ENTWICKLUNG TECHNOLOGIE

## Mängelanzeige für elektrische Arbeitsmittel

**Standort Köln**
Köln, 21.1.2011

Gemäß unserer internen Arbeitsschutz-Grundsätze und aufgrund gesetzlicher Vorgaben aus dem Arbeitsschutzgesetz (ArbSchG) und § 10 Betriebssicherheitsverordnung (BetrSichV) bzw. TRBS 1201 sowie den Vorschriften der Unfallversicherer (§ 5 Abs. 1 Nr. 2 BGV A3) sind wir als Arbeitgeber verpflichtet ortsfeste elektrischen Anlagen von Gebäuden, Maschinen und sämtliche ortsveränderlichen elektrischen Arbeitsmittel (gemäß DIN VDE 0701-0702) in bestimmten Zeitabständen zu überprüfen. Bei der o. g. Wiederholungsprüfung hat

| | |
|---|---|
| der Prüfling des Typs | *Handbohrmaschine (Bosch)* |
| aus dem Betriebsbereich | *Schreinerei* |
| mit der Identifikationsnummer | *107 905* |

die vorgegebenen Prüf-Parameter nicht erfüllt. Der Prüfling wurde danach deutlich gekennzeichnet und das weitere Betreiben des Gerätes ist hiermit untersagt.

| | |
|---|---|
| Das Arbeitsmittel ist reparabel / ~~irreparabel~~ | *Arbeitsmittel muss zwecks Reparatur zum Hersteller-Kundendienst geschickt werden* |

Für die Reparatur bzw. eine mögliche Ersatzbeschaffung des defekten elektrischen Arbeitsmittels ist der zuständige Vorgesetzte verantwortlich. Arbeitsmittel, die widerrechtlich betrieben werden, unterliegen der Verantwortung des zuständigen Vorgesetzten.

Wir danken Ihnen für Ihre Unterstützung. Bei Fragen steht Ihnen die verantwortliche Elektrofachkraft, Herr Peter Prüfmann (Telefon –3427), gerne zur Verfügung.

*Köln, 21.01.2011* *Peter Prüfmann*

Ort, Datum Verantwortliche Elektrofachkraft Peter Prüfmann

Seite 1 von 1

## 6.11 Sammlung wichtiger Vorschriften für die VEFK

**Sammlung wichtiger elektrotechnischer Vorschriften für die VEFK**

**Europäische Richtlinien**

| | |
|---|---|
| 89/391/EWG | Richtlinie 89/391/EWG des Rates vom 12. Juni 1989 über die Durchführung von Maßnahmen zur Verbesserung der Sicherheit und des Gesundheitsschutzes der Arbeitnehmer bei der Arbeit (Rahmenrichtlinie Arbeitsschutz) |
| 2009/104/EG | Richtlinie 2009/104/EG des Europäischen Parlaments und des Rates vom 16. September 2009 über Mindestvorschriften für Sicherheit und Gesundheitsschutz bei Benutzung von Arbeitsmitteln durch Arbeitnehmer bei der Arbeit (zweite Einzelrichtlinie im Sinn des Art. 16 Abs. 1 der Richtlinie 89/391/EWG) |
| 2006/42/EG | Richtlinie 2006/42/EG des Europäischen Parlaments und des Rates vom 17. Mai 2006 über Maschinen und zur Änderung der Richtlinie 95/16/EG (Neufassung Maschinenrichtlinie) |
| 2006/95/EG | Richtlinie 2006/95/EG des Europäischen Parlaments und des Rates vom 12. Dezember 2006 zur Angleichung der Rechtsvorschriften der Mitgliedstaaten betreffend elektrische Betriebsmittel zur Verwendung innerhalb bestimmter Spannungsgrenzen (Niederspannungsrichtlinie) |
| 2004/40/EG | Richtlinie 2004/40/EG des Europäischen Parlaments und des Rates vom 29. April 2004 über Mindestvorschriften zum Schutz von Sicherheit und Gesundheit der Arbeitnehmer vor der Gefährdung durch physikalische Einwirkungen (elektromagnetische Felder) (18. Einzelrichtlinie im Sinn des Art. 16 Abs. 1 der Richtlinie 89/391/EWG) |
| 2008/46/EG | Richtlinie 2008/46/EG des Europäischen Parlaments und des Rates vom 23. April 2008 zur Änderung der Richtlinie 2004/40/EG über Mindestvorschriften zum Schutz von Sicherheit und Gesundheit der Arbeitnehmer vor der Gefährdung durch physikalische Einwirkungen (elektromagnetische Felder) (18. Einzelrichtlinie im Sinn des Art. 16 Abs. 1 der Richtlinie 89/391/EWG) |

**Staatliche Gesetze und Vorschriften**

| | |
|---|---|
| GG | Grundgesetz für die Bundesrepublik Deutschland |
| BGB | Bürgerliches Gesetzbuch |
| SGB VII | Siebtes Buch Sozialgesetzbuch – Gesetzliche Unfallversicherung |

| | |
|---|---|
| OwiG | Ordnungswidrigkeitengesetz |
| StGB | Strafgesetzbuch |
| JArbSchG | Gesetz zum Schutz der arbeitenden Jugend |
| ArbSchG | Gesetz über die Durchführung von Maßnahmen des Arbeitsschutzes zur Verbesserung der Sicherheit und des Gesundheitsschutzes der Beschäftigten bei der Arbeit (Arbeitsschutzgesetz) |
| GPSG | Gesetz über technische Arbeitsmittel und Verbraucherprodukte (Geräte- und Produktsicherheitsgesetz) |
| ProdHaftG | Gesetz über die Haftung für fehlerhafte Produkte (Produkthaftungsgesetz) |
| EnWG | Gesetz über die Elektrizitäts- und Gasversorgung (Energiewirtschaftsgesetz) |
| EMVG | Gesetz über die elektromagnetische Verträglichkeit von Betriebsmitteln |
| UVMG | Gesetz zur Modernisierung der gesetzlichen Unfallversicherung |

**Staatliche Verordnungen und Regeln**

| | |
|---|---|
| ArbStättV | Arbeitsstättenverordnung. Verordnung über Arbeitsstätten vom 12. August 2004 (BGBl. I 66 (2004) Nr. 44 vom 24.8.2004, S. 2179–2189. – ISSN 0341-1095) |
| BetrSichV | Verordnung über Sicherheit und Gesundheitsschutz bei der Bereitstellung von Arbeitsmitteln und deren Benutzung bei der Arbeit, über Sicherheit beim Betrieb überwachungsbedürftiger Anlagen und über die Organisation des betrieblichen Arbeitsschutzes (Betriebssicherheitsverordnung) vom 27. September 2002 (BGBl. I 54 (2002) Nr. 70 vom 2.10.2002, S. 3777–3816. – ISSN 0341-1095) |
| GefStoffV | Verordnung zum Schutz vor Gefahrstoffen (Gefahrstoffverordnung – GefStoffV) vom 1.12.2010 |
| GPSGV | Verordnungen zum Geräte- und Produktsicherheitsgesetz (1. GPSGV – 14. GPSGV)<br>Beispiel: 9. GPSGV – Neunte Verordnung zum Geräte- und Produktsicherheitsgesetz (Maschinenverordnung) |
| TRBS 1111 | Technische Regel für Betriebssicherheit zu Gefährdungsbeurteilungen |
| TRBS 1201 | Technische Regel für Betriebssicherheit zur Prüfung von Arbeitsmitteln und Anlagen |

| | |
|---|---|
| TRBS 1201 Teil 1 | Technische Regel für Betriebssicherheit zur Prüfung von Arbeitsmitteln und Anlagen in Ex-Bereichen |
| TRBS 1203 | Technische Regel für Betriebssicherheit zur befähigten Person für Explosions-, Druck- und elektrische Gefährdungen |
| TRBS 2131 (wurde am 16.7.2010 zurückgezogen) | Technische Regel für Betriebssicherheit zu elektrischen Gefährdungen |
| TRBS 2210 | Technische Regeln für Betriebssicherheit TRBS 2210 – Gefährdungen durch Wechselwirkungen vom Dezember 2006 |

**Normen**

| | |
|---|---|
| DIN VDE 0100-100 (**VDE 0100-100**) | Errichten von Niederspannungsanlagen – Teil 1: Allgemeine Grundsätze, Bestimmungen allgemeiner Merkmale, Begriffe |
| DIN VDE 0100-410 (**VDE 0100-410**) | Errichten von Niederspannungsanlagen – Teil 4-41: Schutzmaßnahmen – Schutz gegen elektrischen Schlag |
| DIN VDE 0100-510 (**VDE 0100-510**) | Errichten von Niederspannungsanlagen – Teil 5-51: Auswahl und Errichtung elektrischer Betriebsmittel – Allgemeine Bestimmungen |
| DIN VDE 0100-540 (**VDE 0100-540**) | Errichten von Niederspannungsanlagen – Teil 5-54: Auswahl und Errichtung elektrischer Betriebsmittel – Erdungsanlagen, Schutzleiter und Schutzpotentialausgleichsleiter |
| DIN VDE 0100-600 (**VDE 0100-600**) | Errichten von Niederspannungsanlagen – Teil 6: Prüfungen |
| DIN VDE 0100-701 (**VDE 0100-701**) | Errichten von Niederspannungsanlagen – Teil 7-701: Anforderungen für Betriebsstätten, Räume und Anlagen besonderer Art – Räume mit Badewanne oder Dusche |
| DIN EN 50191 (**VDE 0104**) | Errichten und Betreiben elektrischer Prüfanlagen |
| DIN EN 50110-1 (**VDE 0105-1**) | Betrieb von elektrischen Anlagen |
| DIN VDE 0105-100 (**VDE 0105-100**) | Betrieb von elektrischen Anlagen – Teil 100: Allgemeine Festlegungen |
| DIN VDE 0105-103 (**VDE 0105-103**) | Betrieb von elektrischen Anlagen – Zusatzfestlegungen für Bahnen |
| DIN EN 60204-1 (**VDE 0113-1**) | Sicherheit von Maschinen – Elektrische Ausrüstung von Maschinen – Teil 1: Allgemeine Anforderungen |
| DIN VDE 0132 (**VDE 0132**) | Brandbekämpfung und Hilfeleistung im Bereich elektrischer Anlagen |

| | |
|---|---|
| DIN IEC/TS 60479-1 (**VDE V 0140-479-1**) | Wirkungen des elektrischen Stromes auf Menschen und Nutztiere – Teil 1: Allgemeine Aspekte |
| DIN EN 50186-1 (**VDE 0143-1**) | Abspritzeinrichtungen für Starkstromanlagen mit Nennspannungen über 1 kV – Teil 1: Allgemeine Anforderungen |
| DIN EN 60079-14 (**VDE 0165-1**) | Explosionsfähige Atmosphäre – Teil 14: Projektierung, Auswahl und Errichtung elektrischer Anlagen |
| DIN EN 61241-14 (**VDE 0165-2**) | Elektrische Betriebsmittel zur Verwendung in Bereichen mit brennbarem Staub – Teil 14: Auswahl und Errichten |
| DIN EN 62305-1 (**VDE 0185-305-1**) | Blitzschutz – Teil 1: Allgemeine Grundsätze |
| DIN EN 61010-1 (**VDE 0411-1**) | Sicherheitsbestimmungen für elektrische Mess-, Steuer-, Regel- und Laborgeräte – Teil 1: Allgemeine Anforderungen |
| DIN EN 60974-1 (**VDE 0544-1**) | Lichtbogenschweißeinrichtungen – Teil 1: Schweißstromquellen |
| DIN EN 60974-4 (**VDE 0544-4**) | Lichtbogenschweißeinrichtungen – Teil 4: Inspektion und Prüfung während des Betriebes |
| DIN EN 60439-4 (**VDE 0660-501**) | Niederspannungs-Schaltgerätekombinationen – Teil 4: Besondere Anforderungen an Baustromverteiler (BV) |
| DIN EN 60439-3 (**VDE 0660-504**) | Niederspannungs-Schaltgerätekombinationen – Teil 3 Besondere Anforderungen an Niederspannungs-Schaltgerätekombinationen zu deren Bedienung Laien Zutritt haben – Installationsverteiler |
| DIN EN 50274 (**VDE 0660-514**) | Niederspannungs-Schaltgerätekombinationen – Schutz gegen elektrischen Schlag – Schutz gegen direktes Berühren gefährlicher aktiver Teile |
| DIN EN 61439-1 (**VDE 0660-600-1**) | Niederspannungs-Schaltgerätekombinationen – Teil 1: Allgemeine Festlegungen |
| DIN EN 61439-2 (**VDE 0660-600-2**) | Niederspannungs-Schaltgerätekombinationen – Teil 2: Energie-Schaltgerätekombinationen |
| DIN VDE 0681-1 (**VDE 0681-1**) | Geräte zum Betätigen, Prüfen und Abschranken unter Spannung stehender Teile mit Nennspannungen über 1 kV |
| DIN VDE 0701-0702 (**VDE 0701-0702**) | Prüfung nach Instandsetzung, Änderung elektrischer Geräte – Wiederholungsprüfung elektrischer Geräte – Allgemeine Anforderungen für die elektrische Sicherheit |
| DIN EN 62353 (**VDE 0751-1**) | Medizinische elektrische Geräte – Wiederholungsprüfungen und Prüfung nach Instandsetzung von medizinischen elektrischen Geräten |
| DIN VDE 1000-10 (**VDE 1000-10**) | Anforderungen an den im Bereich der Elektrotechnik tätigen Personen |

**Berufsgenossenschaftliche Vorschriften, Regeln und Informationen**

| | |
|---|---|
| BGV A1 | Berufsgenossenschaftliche Vorschrift „Grundsätze der Prävention“ vom April 2005 in der Fassung Januar 2008 |
| BGV A2 | Berufsgenossenschaftliche Vorschrift „Betriebsärzte/Fachkräfte für Arbeitssicherheit“ vom 1. März 2005 |
| BGV A3 | Berufsgenossenschaftliche Vorschrift „Elektrische Anlagen und Betriebsmittel“ vom 1. April 1979 in der Fassung vom 1. Januar 1997 mit Durchführungsanweisungen vom Oktober 1996, aktualisierte Nachdruckfassung 2005 |
| BGV A4 | Berufsgenossenschaftliche Vorschrift „Arbeitsmedizinische Vorsorge“, in der Fassung 1. Januar 1997 |
| BGV A8 | Berufsgenossenschaftliche Vorschrift „Sicherheits- und Gesundheitsschutzkennzeichnung am Arbeitsplatz“ vom 1. Oktober 1995 in der Fassung vom 1. April 2002 mit Durchführungsanweisungen vom April 2002 |
| BGV B3 | Berufsgenossenschaftliche Vorschrift „Lärm“ vom 1. Januar 1990 in der Fassung vom 1. Januar 1997, aktualisierte Fassung Januar 2005 |
| BGV B11 | Unfallverhütungsvorschrift „Elektromagnetische Felder“, Berufsgenossenschaft der Feinmechanik und Elektrotechnik, Fassung vom 1. Juni 2001 |
| BGV D1 | Berufsgenossenschaftliche Vorschrift „Schweißen, Schneiden und verwandte Verfahren“ vom April 2001 (außer Kraft gesetzt) |
| BGR A3 | Berufsgenossenschaftliche Regel „Arbeiten unter Spannung an elektrischen Anlagen und Betriebsmitteln“ vom Januar 2006 |
| BGR B11 | Berufsgenossenschaftliche Regel „Elektromagnetische Felder“, Stand: Oktober 2001, aktualisierte Fassung Januar 2006, Herausgeber: Hauptverband der gewerblichen Berufsgenossenschaften |
| BGR 500 | Berufsgenossenschaftliche Regel „Betreiben von Arbeitsmitteln – Zusammenstellung ausgewählter Betriebsbestimmungen aus Unfallverhütungsvorschriften, die seit dem 1. Januar 2004 außer Kraft gesetzt worden sind“ |
| BGI 508 | Übertragung von Unternehmerpflichten |
| BGI 519 | Arbeitsschutz konkret „Sicherheit bei Arbeiten an elektrischen Anlagen“, Berufsgenossenschaft Energie Textil Elektro (BG ETE), 2009 |
| BGI 548 | Sicherheitslehrbrief für Elektrofachkräfte |

| | |
|---|---|
| BGI 553 | „Lichtbogenschweißer“, Vereinigung der Metall-Berufsgenossenschaften (VMBG), Oktober 2005 |
| BGI 568 | Leitfaden für den Unternehmer als Organisationshilfe und zur Unterweisung von Neulingen |
| BGI 594 | Einsatz von elektrischen Betriebsmitteln bei erhöhter elektrischer Gefährdung |
| BGI 600 | Regeln für Sicherheit und Gesundheitsschutz bei Auswahl und Betrieb ortsveränderlicher elektrischer Betriebsmittel nach Einsatzbereichen, Berufsgenossenschaft der Feinmechanik und Elektrotechnik (BGFE), Dezember 1997 |
| BGI 608 | Auswahl und Betrieb elektrischer Anlagen und Betriebsmittel auf Bau- und Montagestellen, Berufsgenossenschaft der Feinmechanik und Elektrotechnik (BGFE), Juni 2004 |
| BGI 697 | Prüfpflichten – Schutzalter – Alleinarbeit |
| BGI 758 | Kennzeichnung von Arbeitsbereichen in elektrischen Anlagen mit $U_N > 1$ kV, Berufsgenossenschaft der Feinmechanik und Elektrotechnik (BGFE), Oktober 2001 |
| BGI 845 | Arbeiten mit Kabelschneidgeräten, Fachausschuss „Elektrotechnik“ der Deutschen Gesetzlichen Unfallversicherung (DGUV) vom November 2002 |
| BGI 867 | Auswahl und Betrieb von Ersatzstromerzeugern auf Bau- und Montagestellen, Berufsgenossenschaft der Feinmechanik und Elektrotechnik (BGFE), Mai 2005 |
| BGI 5190 (GUV-I 5190) | Wiederkehrende Prüfungen ortsveränderlicher elektrischer Arbeitsmittel – Organisation durch den Unternehmer, Ausgabe Juni 2010 |
| BGG 944 | Ausbildungskriterien für festgelegte Tätigkeiten im Sinne der Durchführungsanweisungen zur BG-Vorschrift „Elektrische Anlagen und Betriebsmittel“, Berufsgenossenschaft der Feinmechanik und Elektrotechnik (BGFE), Juli 2000 |

**Richtlinien des Gesamtverbandes der Deutschen Versicherungswirtschaft e. V. (GDV)**

| | |
|---|---|
| VdS 2025 | Elektrische Leitungsanlagen – Richtlinien zur Schadensverhütung |
| VdS 2033 | Elektrische Anlagen in feuergefährdeten Betriebstätten und diesen gleichzustellende Risiken – Richtlinien zur Schadenverhütung |
| VdS 2046/AFB 87 (§ 7) | Allgemeine Bedingungen für die Feuerversicherung Klausel 3602/3603 |

| | |
|---|---|
| VdS 2349 | Störungsarme Elektroinstallationen – Richtlinien zur Schadenverhütung |
| VdS 2871 | VdS-Richtlinien für die Prüfung elektrischer Anlagen – Prüfrichtlinien nach Klausel 3602 |
| VdS 3501 | Isolationsfehlerschutz in elektrischen Anlagen mit elektronischen Betriebsmitteln – RCD und FU |

**Leitlinien**

| | |
|---|---|
| Länderausschuss für Arbeitsschutz und Sicherheitstechnik (LASI) – LV35 | Leitlinien zur Betriebssicherheitsverordnung (BetrSichV) |
| Länderausschuss für Arbeitsschutz und Sicherheitstechnik (LASI) – LV35 | Aktualisierung vom März 2009 zur dritten überarbeiteten Auflage „Leitlinien zur Betriebssicherheitsverordnung" vom August 2008 |
| Länderausschuss für Arbeitsschutz und Sicherheitstechnik (LASI) – LV40 | Leitlinien zur Arbeitsstättenverordnung |
| Länderausschuss für Arbeitsschutz und Sicherheitstechnik (LASI) – LV45 | Leitlinien zur Gefahrstoffverordnung |
| Länderausschuss für Arbeitsschutz und Sicherheitstechnik (LASI) – LV46 | Leitlinien zum Geräte- und Produktsicherheitsgesetz |

# 7 Abkürzungen

| | |
|---|---|
| AA | Arbeitsanweisung |
| ANLB | Anlagenbetreiber |
| ANLV | Anlagenverantwortlicher |
| ANWB | Anweisungsberechtigter |
| ArbG | Arbeitgeber |
| ArbN | Arbeitnehmer |
| AuS | Arbeiten an unter Spannung stehenden Anlagen und Betriebsmitteln |
| AUSFB | Ausführungsberechtigter |
| AV | Arbeitsverantwortlicher |
| BAuA | Bundesanstalt für Arbeitsschutz und Arbeitsmedizin |
| BDSH | Bundesverband Deutscher Sachverständiger des Handwerks e. V. |
| BetrSichV | Betriebssicherheitsverordnung |
| BetrVG | Betriebsverfassungsgesetz |
| BG | Berufsgenossenschaft |
| BG ETE | Berufsgenossenschaft Energie Textil Elektro |
| BG ETEM | Berufsgenossenschaft Energie Textil Elektro Medienerzeugnisse |
| BGV | Berufsgenossenschaftliche Vorschriften |
| BMAS | Bundesministerium für Arbeit und Soziales |
| bP | befähigte Person |
| BetrVG | Betriebsverfassungsgesetz |
| BVEFK | Bereichsverantwortliche Elektrofachkraft |
| DGUV | Deutsche Gesetzliche Unfallversicherung e. V. |
| EFK | Elektrofachkraft |
| DKE | Deutsche Kommission Elektrotechnik Elektronik Informationstechnik im DIN und VDE |

| | |
|---|---|
| DVAK | Deutsche Verbindungsstelle Krankenversicherung Ausland |
| EU | Europäische Union |
| EuGVVO | EG-Verordnung über die gerichtliche Zuständigkeit und die Anerkennung und Vollstreckung von Entscheidungen in Zivil- und Handelssachen |
| EuP | Elektrotechnisch unterwiesene Person |
| GVEFK | Gesamtverantwortliche Elektrofachkraft |
| KVP | kontinuierlicher Verbesserungsprozess |
| KVS | Kabelverteilerschrank |
| MRL | Maschinenrichtlinie |
| NS | Niederspannung |
| NVEFK | Verantwortliche Elektrofachkraft einer Niederlassung oder nachgeordnete verantwortliche Elektrofachkraft |
| OWi | Ordnungswidrigkeit |
| OWiG | Ordnungswidrigkeitengesetz |
| PRCD-S | Portable Residual Current Device – Safety (portabler Fehlerstromschutzschalter für Sicherheitszwecke) |
| PSA | Persönliche Schutzausrüstung |
| RVEFK | Regional verantwortliche Elektrofachkraft |
| SGB | Sozialgesetzbuch |
| StGB | Strafgesetzbuch |
| TRBS | Technische Regel für Betriebssicherheit |
| UP | Unterwiesene Person gemäß § 9 BetrSichV (nicht mit dem feststehenden elektrotechnischen Begriff der „elektrotechnisch unterwiesenen Person“ zu verwechseln) |
| UVMG | Unfallversicherungsmodernisierungsgesetz |
| VDE | Verband der Elektrotechnik, Elektronik und Informationstechnik |
| VEFK | Verantwortliche Elektrofachkraft |
| ZÜS | Zugelassene Überwachungsstelle |

# 8 Literatur


[1] Die Betriebssicherheitsverordnung. Informationsschrift Nr. 08/02. Wilhelmshaven: Unfallkasse des Bundes, 2008. – Online-Dokument unter www.uk-bund.de/Informationsschriften

[2] *Schliephacke, J.*: Führungsverantwortung für elektrotechnische Sicherheit. Reihe Weka-Praxislösungen. Kissing: Weka, 2004. – ISBN 3-8111-1285-6

[3] *Fischermann, E.*: Arbeitssicherheit für elektrotechnische Betriebsabteilungen. Reihe Weka-Praxislösungen. Kissing: Weka, 2004

[4] *Eilers, B.*; *Heuchel, R.*: Die verantwortliche Elektrofachkraft. Informationsschrift BG-Praxis. Bochum: Verlag Technik & Information, 2008. – 1. Auflage

[5] BGI 519 BG-Information. Sicherheit bei Arbeiten an elektrischen Anlagen. Reihe Arbeitsschutz konkret. Berufsgenossenschaft Energie, Textil, Elektro (Hrsg.). Köln: Heymanns, 2009

[6] *Lange, K.*: Grenzenlos geschützt – Arbeiten im Ausland. BG-ETEM-Mitteilungsblatt Brücke 2 (2009) H. 5, S. 22–23. – ISSN 1869-0777

[7] *Thümmel, R. C.*: Persönliche Haftung von Managern und Aufsichtsräten. Stuttgart u. a.: Boorberg, 2008. – ISBN 978-3-415-04011-3

[8] *Schilling, J.*: D & O-Versicherung und Managerhaftung für Unternehmensleiter und Aufsichtsräte. Karlsruhe (Baden): VVW, 2007. – ISBN 978-3-89952-329-4

[9] *Ihlas, H.*: Directors & officers liability. Berlin: Duncker & Humblot, 2009. – ISBN 978-3-428-13036-8

[10] Elektrotechnisches Organisationshandbuch der für den Geschäftsbereich 16. Firmenschrift (unveröffentlicht). Bonn: Deutsche Post AG. – Version 1.0 vom 11.8.2010

[11] *Olbrich, C.*: Die D-&-O-Versicherung. Zugleich Dissertation Universität Münster, 2003. Karlsruhe: VVW, 2007. – ISBN 978-3-89952-274-7

[12] Bundesanstalt für Arbeitsschutz und Arbeitsmedizin, Dortmund: www.baua.de → Themen-von-A–Z → Anlagen- und Betriebssicherheit

[13] Internetzeitschrift „Elektrofachkraft“. Weka Media, Kissing: www.elektrofachkraft.de

# Stichwortverzeichnis